Nutrition

개정신판

영양학의 올바른 이해

영양학

김명희 · 노희경 · 오현경 · 최인선 · 최차란 · 허영란

지식인

Profile

김명희
전) 목포과학대학교 식품영양과 교수
전남대학교 식품영양학과(이학박사)

노희경
동신대학교 식품영양학과 교수
전남대학교 식품영양학과(이학박사)

오현경
전남대학교 식품영양과학부 외래교수
전남대학교 식품영양학과(이학박사)

최인선
전남대학교 식품영양과학부 외래교수
전남대학교 식품영양학과(이학박사)

최차란
남부대학교 식품영양학과 교수
전남대학교 식품영양학과(이학박사)

허영란
전남대학교 식품영양과학부 교수
전남대학교 식품영양학과(이학박사)

영양학

2014년 1월 15일 초　　판 1쇄 발행
2017년 2월 15일 개정신판 1쇄 발행

지은이 | 김명희 · 노희경 · 오현경 · 최인선 · 최차란 · 허영란
펴낸이 | 김종욱
펴낸곳 | 지식인
등　록 | 제301-2013-134호
주　소 | 서울시 도봉구 도봉로 476, 415호(삼성쉐르빌퍼스티)
전　화 | 02)2266-8606 (대)
팩　스 | 02)2266-8607
E-mail | jisikin2013@naver.com
홈페이지 | www.jisikinbook.co.kr

ISBN 978-89-98591-99-1 (93590)

값 23,000원

영양학의 올바른 이해

영양학

NUTRITION

PREFACE

99 88 234라는 유행어 속에는 건강백세를 원하는 현대인의 바람이 내재되어 있다. 그러나 평균수명의 증가와 더불어 영양섭취의 불균형과 관련성이 높은 암, 당뇨병 및 심혈관계 질환 등의 발병률이 증가하고 있다. 따라서 건강유지 차원을 넘어서 질병 예방을 위하여 식품과 영양에 대한 관심은 점점 커지고 있다.

인간의 건강에 가장 큰 영향을 미치는 요인은 식생활이라고 할 수 있는데, 이는 곧 올바른 식생활을 통한 균형 잡힌 영양소의 섭취가 건강유지에 가장 중요한 요소라는 것이다. 그러나 인터넷 매체 등을 통한 넘쳐나는 정보 속에서 올바른 정보를 구별해 내는 일이나, 식품산업의 발달로 인해 매일매일 쏟아져 나오는 식품들 속에서 올바른 먹거리를 선택하는 일은 영양이나 식품에 대한 지식 없이는 쉬운 일이 아니다.

'영양학'은 음식을 통해 섭취하는 영양소의 종류, 특성, 체내에서의 대사 및 이들 영양소가 건강과 질병에 미치는 영향 등을 다루는 학문이다. 이 영양학 교재는 식품영양학을 전공하는 학생뿐만 아니라 조리학 및 보건 관련 전공자들이 영양학을 쉽게 이해할 수 있도록 내용은 쉽고 간결하게 하였으며, 눈으로 보아도 쉽게 이해할 수 있도록 표와 그림을 많이 삽입하고자 노력하였다.

이 책을 통해 습득한 영양소의 특성과 대사과정, 급원식품 및 건강과의 관련성에 대한 지식이 올바른 식생활을 통한 건강유지 및 영양 관련 질병을 예방하는데 많은 도움이 되기를 바라며, 이 책이 나오기까지 지원해 주신 지식인출판사 사장님을 비롯한 직원 여러분들께 감사를 드립니다.

저자 일동

N U T R I T I O N

CHAPTER 7

수용성 비타민

CHAPTER 8

다량무기질

CHAPTER 9

미량무기질

CHAPTER 10

수분

NUTRITION

Nutrition

1 영양학의 개요

1 식생활과 건강

건강이란 신체적 · 정신적 · 사회적으로 완전하게 양호한 상태를 말한다. 질병이 없다거나 허약하지 않다는 것만을 의미하지 않으므로, 개인의 생활양식과 관련된 건강관리는 물론, 개인이 속한 사회의 보건과 건강을 위한 모든 여건이 잘 관리되어야 좋은 건강상태가 유지되는데, 그 중 식생활이 건강에 미치는 영향은 매우 크다.

현대인의 잘못된 식생활은 영양부족, 영양과잉 및 잘못된 영양정보에 의해 영양불량을 초래하기 쉽다. 영양불량은 영양부족이 많은 편이고, 이것은 일반적으로 영양소 섭취의 양이 적기 때문에 생기는 경우가 많으며 빈혈 등 여러 질병을 일으키게 된다.

이와 반대로 영양소의 과잉 섭취로 인한 체중과다 및 비만은 오늘날 보건문제로 대두되고 있을 뿐만 아니라 동맥경화, 당뇨병, 고혈압과 같은 만성퇴행성 질환의 발병을 더욱 가중시키게 된다.

올바른 식생활은 건강의 유지 및 증진, 질병의 예방 및 치료, 노화 억제 등에 밀접한 관계가 있으며 건강하게 장수할 수 있는 기반을 만드는 반면에, 잘못된 식생활은 건강의 장애 및 병의 발병을 가져온다. 따라서 우리 삶의 질을 높이기 위해서는 개개인이 바람직한 식생활을 실천할 수 있도록 해야 한다.

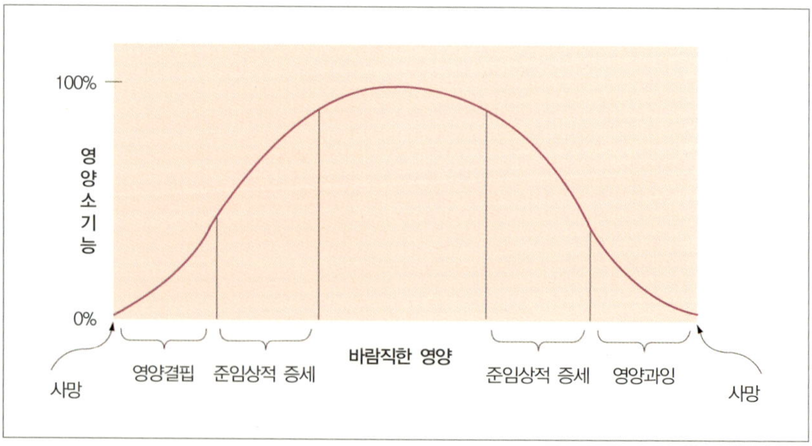

그림 1-1. 바람직한 영양소의 섭취와 건강

2 영양소

1) 영양의 정의와 영양학의 범위

식품 food

식품은 우리 각자가 생존, 성장, 육체적인 활동 건강을 위하여 적절한 양으로 섭취해야 하는 식품재료와 그 자체로 이용되는 식품을 포함하는 것으로, 유독하지 않고 소화가 잘되어야 하며, 맛과 향기는 물론 영양소가 적절히 함유되어야 한다.

영양 nutrition

영양은 생물체가 생명을 유지하고 성장, 출산, 건강유지 등의 생활 현상을 이끌어 나가기 위해서는 외부에서 여러 가지 물질을 체내로 받아들여 이를 분해하고 이용하는 것을 말한다. 즉 외부에서 음식을 섭취하여 이것을 소화·흡수시킨 후 이용하는 전 과정이 영양이다.

영양소 nutrient

영양소는 식품으로부터 공급되어 몸을 구성하고 조절해 주며 신체활동에 필요한 에너지를 내는 역할을 한다. 신체 내에서 충분히 합성되지 못하는 영양소는 성장과 인체의 정상적 기능을 위해 반드시 식품으로서 필요한 영양소를 공급하여야 하며 이를 필수영양소라고 한다. 영양소는 크게 탄수화물, 단백질, 지방, 무기질, 비타민 및 물로 이를 6대 영양소라 부른다(표 1-1). 우리 몸은 약 50여 종에 가까운 영양소를 필요로 하는데 탄수화물, 단백질, 지방은 열량을 내는 열량영양소이고, 단백질, 비타민, 무기질은 우리 몸을 구성하고 보수하는 구성 영양소이다. 또한 비타민, 무기질, 물은 여러 가지 몸의 기능을 조절하는 역할을 하는 조절 영양소라고도 한다.

영양학은 식품에 함유된 영양소를 섭취한 후 체내에서 일어나는 대사적 과정을 다루는 학문으로, 인체에 영양소를 공급하여 건강을 유지하기 위한 과정을 연구한다. 따라서 영양학에는 영양소의 특성, 소화·흡수, 대사작용, 결핍증과 과잉증, 급원식품, 영양섭취기준 등을 다룬다.

표 1-1. 체내에 필요한 영양소와 중요 성분

영양소		중요 성분
탄수화물		포도당, 과당, 자당, 글리코겐, 전분 등
지방(지질)		리놀레산, 리놀렌산, DHA, 콜레스테롤, 인지질
단백질(아미노산)		히스티딘, 이소루신, 루신, 메티오닌, 리신, 페닐알라닌, 트레오닌, 트립토판, 발린 외 다수
비타민	수용성	티아민, 리보플라빈, 니아신, 판토텐산, 비오틴, 비타민B_6, 비타민B_{12}, 엽산, 비타민C
	지용성	비타민A, 비타민D, 비타민E, 비타민K
무기질	다량	칼슘, 마그네슘, 인, 포타슘, 소디움, 염소, 황
	미량	철, 아연, 구리, 불소, 요오드, 망간, 셀레늄 등
물		물

2) 영양소의 기능과 역할

영양소는 크게 다음 3가지 기능과 역할로 나눌 수 있다.

(1) 몸의 구성물질로서의 영양소

인체를 구성하는 영양소 중 수분은 60~65%를 차지하여 가장 많으며, 단백질 및 지질은 30~35% 정도 함유되어 있어 이 3가지 영양소가 체중의 약 95%를 차지한다.

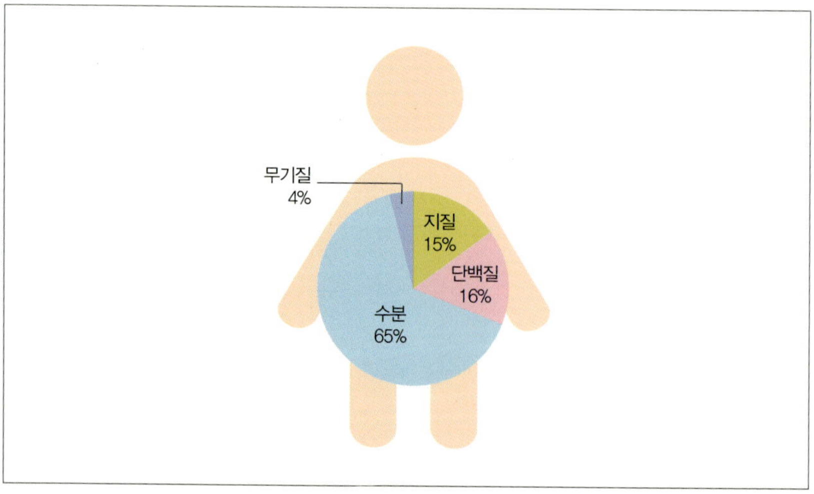

그림 1-2. 구성소로서의 영양소

체내 무기질의 함유 비율은 4~5%이며 뼈와 치아의 성분으로 작용한다(그림 1-2). 이와 같이 영양소는 우리 몸의 구성물질로서 세포와 조직의 구성 및 유지에 작용하므로 충분한 영양소의 공급이 필요하다.

(2) 에너지 공급원으로서의 영양소

영양소 중에서 탄수화물, 단백질, 지방 등 유기물질은 우리 몸에서 연소하여 에너지를 발생한다. 이 유기물질들은 우리 몸 안에서 서서히 연소하여 열을 발생하기 때문에 이를 '열량영양소'라고도 말하며 탄수화물, 단백질은 1g이 4kcal, 그리고 지질은 9kcal의 에너지를 발생한다. 에너지는 활동에너지와 체온유지를 위한 열에너지로 사용된다. 또한 전기에너지로 일부 전환되어 뇌와 신경의 활동을 원활하게 하고 기계에너지, 전기화학에너지, 전자와 빛에너지 등으로 전환되어 일을 할 수 있도록 한다.

(3) 생리기능 조절자로서의 영양소

탄수화물, 단백질, 지질, 비타민, 무기질, 수분 등 6대 영양소 모두 수분평형, 산과 알칼리의 평형, 혈액응고, 효소의 활성화, 체온유지, 에너지 대사 등과 같은 체내 대사과정에 조절 혹은 촉진작용을 한다.

우리가 좋은 건강을 유지하려면 일생을 통하여 섭취하는 영양소, 각자의 신체조건, 건강상태에 따라 하루에 필요로 하는 양은 다르지만 필요한 모든 영양소를 골고루 섭취해야 한다.

표 1-2. 영양소의 주요 작용 분류

영양소	에너지 공급	신체 구성	대사과정 조절
탄수화물	○		○
지질	○	○	○
단백질	○	○	○
비타민			○
무기질		○	○
물		○	○

3 영양과 성장발달

인간이 성장하는 데는 유전적인 요소와 환경적인 요소가 함께 작용한다. 키가 작은 부모에게서 태어난 자녀는 또래의 다른 아이들보다 키가 작은 경우가 많고 체형 역시 부모와 비슷하다. 그러나 대부분 자녀의 체위가 부모보다 크고, 같은 민족에서도 세대가 거듭될수록 평균 신장과 체중이 증가되는 것을 볼 수 있다. 질병 등의 스트레스가 없다면, 영양은 인간이 가진 성장 잠재력을 충분히 발현시키는데 중요한 요인으로 작용한다.

4 한국인 영양섭취기준

한국인 영양섭취기준이란, 질병이 없는 대다수의 사람들이 건강을 최적 상태로 유지하고 질병을 예방하는데 도움이 되도록 필요한 영양소 섭취 수준을 제시하는 기준이다. 종전의 영양권장량에서는 각 영양소별로 단일값으로 제시하였으나, 만성질환이나 영양소 과다 섭취에 관한 우려와 예방의 필요성을 고려하여 여러 수준으로의 영양섭취기준을 2005년도에 새로이 설정하였고, 2010년도 1차 개정에 이어 2015년도에 2차 개정이 이루어졌다.

표 1-3. 영양소별 한국인 영양섭취기준 설정 현황

영양소		영양섭취기준			
		평균필요량	권장섭취량	충분섭취량	상한섭취량
에너지	에너지	○[1]			
다량영양소	단백질	○	○		
	아미노산	○	○		
	식이섬유			○	
	수분			○	
지용성 비타민	비타민A	○	○		○
	비타민D			○	○
	비타민E			○	○
	비타민K			○	
수용성 비타민	비타민C	○	○		○
	티아민	○	○		
	리보플라빈	○	○		
	니아신	○	○		○
	비타민B_6	○	○		○
	엽산	○	○		○
	비타민B_{12}	○	○		
	판토텐산			○	
	비오틴			○	
다량무기질	칼슘	○	○		○
	인	○	○		○
	나트륨			○	○[2]
	염소			○	
	칼륨			○	
	마그네슘	○	○		○
미량무기질	철	○	○		○
	아연	○	○		○
	구리	○	○		○
	불소			○	○
	망간			○	○
	요오드	○	○		○
	셀레늄	○	○		○
	몰리브덴				○
	크롬			○	

1) 에너지의 경우 필요추정량(EER) 값임 2) 목표섭취량

1) 영양섭취기준의 구성

영양섭취기준
DRIs : dietary reference intakes

영양섭취기준(DRIs)은 평균필요량(EAR), 권장섭취량(RNI), 충분섭취량(AI), 상한섭취량(UL) 등 4가지로 구성되어 있다.

(1) 평균필요량

평균필요량
EAR : estimated average requirements

평균필요량(EAR)은 대상집단을 구성하는 건강한 사람들의 절반에 해당하는 사람들의 일일필요량을 충족시키는 값이다. 현재 모든 영양소에 대해 이러한 기준을 충족시키는 지표가 개발되어 있지는 않으며, 측정지표의 적절성 기준이 연령에 따라 다를 수 있다. 따라서 현재 모든 영양소에 대해 평균필요량의 설정이 가능하지 않다.

(2) 권장섭취량

권장섭취량
RNI : recommended nutrient intake

권장섭취량(RNI)은 평균필요량에 표준편차의 2배를 더하여 정한다.

(3) 충분섭취량

충분섭취량
AI : adequate intake

충분섭취량(AI)은 영양소 필요량에 대한 정확한 자료가 부족하거나 필요량의 중앙값과 표준편차를 구하기 어려워 권장섭취량을 산출할 수 없는 경우에 제시한다. 주로 역학조사에서 관찰된 건강한 사람들의 영양소 섭취 수준을 기준으로 정한다.

(4) 상한섭취량

상한섭취량
UL : tolerable upper intake level

상한섭취량(UL)은 인체건강에 유해영향이 나타나지 않는 최대 영양소 섭취 수준이다. 과량 섭취 시 건강에 악영향의 위험이 있다는 자료가 있는 경우에 설정이 가능하다. 따라서 유해영향이 확인된 영양소의 경우, 영양소의 과잉 섭취로 인한 위험을 예방하기 위하여 일반적인 집단의 대다수 구성원들에게 건강상 유해영향의 위험을 나타내지 않을 섭취 수준을 상한섭취량으로 설정한다.

2) 영양섭취기준의 활용

영양섭취기준은 건강한 개인 또는 집단을 대상으로 식생활의 내용을 보다 정밀하게 평가하고 식사에 적용할 수 있도록 제정되었다. 영양섭취기준은 한 영양소에 대하여 2~3가지 수치가 있으므로, 내용을 충분히 이해하여 목적에 맞게 올바로 사용하는 것이 중요하다.

5 식사구성안

1) 식사구성안의 이해

식사구성안은 일반인에게 영양섭취기준에 만족할 만한 식사를 제공할 수 있도록 식품군별 대표식품과 섭취 횟수를 이용하여 식사의 기본구성 개념을 설명한 것이다. 식사구성안의 영양적 목표는 한국인 영양섭취기준과 한국인을 위한 식생활지침을 기본으로 하여 설정되었다.

(1) 식사구성안의 목표

- 전반적인 건강을 염두에 두어야 한다.
- 최근의 연구결과가 반영되어야 한다.
- 전반적인 식생활에 대하여 권장된다.
- 일반 사람들이 유용하게 사용할 수 있어야 한다.
- 영양섭취 목표를 실생활에서 실용적으로 사용 가능하도록 한다.
- 사용자의 미각이나 생활습관에 따라 변화나 대체가 용이해야 한다.

(2) 6가지 식품군과 식품군별 대표식품의 1인 1회 분량

대표식품은 각 식품군별로 섭취량이 상대적으로 높고, 각 영양소별로 기여도가 높으며, 연령별로 상용하는 식품들을 고려하여 선정하였다.

표 1-4. 식품군별 대표식품의 1인 1회 분량

식품군	1인 1회 분량					
곡류	밥 1공기 (210g) 	백미 (90g) 	국수 1대접 (건면 100g) 	냉면국수 1대접 (건면 100g) 	떡국용 떡 1인분(130g) 	식빵 2쪽 (100g) 
고기 · 생선 달걀 · 콩류	육류 1접시 (생 60g) 	닭고기 1조각 (생 60g) 	생선 1토막 (생 60g) 	콩 (20g) 	두부 2조각 (80g) 	달걀 1개 (60g) 
채소류	콩나물 1접시 (생 70g) 	시금치나물 1접시 (생 70g) 	배추김치 1접시 (생 40g) 	오이소박이 1접시 (생 60g) 	버섯 1접시 (생 30g) 	물미역 1접시 (생 30g) 
과일류	사과(중) 1/2개 (100g) 	귤(중) 1개 (100g) 	참외(중) 1/2개 (200g) 	포도 1/3송이 (100g) 	수박 1쪽 (200g) 	오렌지주스 1/2컵 (100g) 
우유 · 유제품류	우유 1컵 (200g) 	치즈 1장 (20g) 	호상요구르트 1/2컵(100g) 	액상요구르트 3/4컵(150g) 	아이스크림 1/2컵 (100g) 	
유지 · 당류	식용유 1작은술 (5g) 	버터 1작은술 (5g) 	마요네즈 1작은술 (5g) 	커피믹스 1회 (12g) 	설탕 1큰술 (10g) 	꿀 1큰술 (10g) 

자료 : 한국영양학회, 보건복지부, 식품의약품안전처, 한국인 영양섭취기준 개정판, 2010

표 1-5. 식품군의 분류

식품군	식품 종류
곡류	곡류, 면류, 떡류, 빵류, 시리얼류, 감자류, 기타
고기 · 생선 · 달걀 · 콩류	육류, 어패류, 난류, 콩류, 견과류
채소류	채소류, 해조류, 버섯류
과일류	과일류, 주스류
우유 · 유제품류	우유, 유제품
유지 · 당류	유지류, 당류

(3) 권장식사 패턴

권장식사 패턴은 영양섭취기준을 만족하는 1일 식사구성, 즉 식품군별 1일 권장섭취 횟수를 제시하기 위해 개발되었다. 어린이와 성인의 음식 섭취 양상이 다르고, 우유 · 유제품에 대한 기호도 차이가 큼을 고려하여 어린이와 청소년은 A타입, 성인은 B타입이며 필요 열량별로 제시하였다.

표 1-6. 권장식사 패턴의 예

(섭취 횟수)

	A타입		B타입	
	2,000	2,600	1,900	2,400
식품군 \ 적용대상	12~18세(여)	12~18세(남)	19~64세(여)	19~64세(남)
곡류	3	4	3	4
고기 · 생선 · 달걀 · 콩류	4	6	4	5
채소류	7	7	7	7
과일류	2	2	2	3
우유 · 유제품류	2	2	1	1
유지 · 당류	4	6	4	5

표 1-7. 청소년기 남자 12~18세(2,600kcal, A타입) 식단구성의 예

		아침	점심	저녁	간식
식품군별 권장 횟수	식단	잡곡밥 두부된장국 어묵야채볶음 양배추샐러드 오이생채	쌀밥 콩나물국 갈치구이 김구이 배추김치	현미밥 미역국 제육볶음 호박나물 무생채	에그샌드위치 호상요구르트 우유 사과 오렌지
곡류	4회	잡곡밥 210g 1	쌀밥 210g 1	현미밥 210g 1	식빵 100g 1
고기 · 생선 달걀 · 콩류	6회	두부 40g 0.5 어묵 60g 1	갈치 120g 2	돼지고기 120g 2	달걀 30g 0.5
채소류	7회	양배추 70g 1 양파 35g 0.5 오이 70g 1	콩나물 35g 0.5 김 1g 0.5 배추김치 40g 1	미역 15g 0.5 양파 35g 0.5 호박 70g 1 무 35g 0.5	
과일류	2회				사과 1/2개(100g) 1 오렌지 1/2개 (100g) 1
우유 · 유제품류	2회				우유 1컵(200ml) 1 호상요구르트 1개 (100g) 1
식사					
간식		 우유 사과	  에그샌드위치(좌) 호상요구르트(우)	 오렌지	

유지 · 당류(6회) : 조리 시 소량씩 사용됨

2) 식사모형과 식품구성자전거

식품구성자전거
food balance wheels

2015 한국인영양섭취기준에는 운동을 권장하기 위해 자전거 이미지를 사용하여, 권장식사 패턴을 반영한 균형 잡힌 식단을 통해 중요성을 전달하고자 하였다. 또 하나의 바퀴에 물잔 이미지를 삽입함으로써 수분의 중요성을 상징하였다. 이는 적절한 영양과 건강을 유지하기 위하여 권장식사 패턴을 기준으로 한 균형 잡힌 식사와 수분 섭취의 중요성을 의미하며, 적절한 운동을 통해 비만을 예방하자는 메시지를 도식화한 것이다.

그림 1-3. 식품구성자전거(Food Balance Wheels)

6 한국인을 위한 식생활지침

2003년 보건복지부는 만성질환의 원인이 되는 부적절한 식생활 습관을 개선하기 위해, 우리나라 국민의 질병 양상과 식생활 특성을 반영한 한국인을 위한 식생활 목표와 한국인을 위한 식생활지침을 설정하였다.

2009년에는 국민건강영양조사의 영양소 섭취량, 식품 섭취량, 비만율 등의 자료와 국내·외에 발표된 문헌을 체계적으로 분석하여 임신·수유부, 영유아, 어린이, 청소년, 성인, 어르신을 위한 생애주기별 특성에 맞는 식생활 실천방안을 제시하였다. 식생활지침은 영양부족 혹은 영양과잉과 같은 영양불균형과 신체활동 감소로 발생하는 비만 및 저체중과 같은 건강위험을 줄이기 위해 국민이 생애주기별로 스스로 건강을 보호하고, 건강돌봄을 실천할 수 있도록 만들어진 것이다.

information

국민 공통 식생활지침

1. 쌀·잡곡, 채소, 과일, 우유·유제품, 육류, 생선, 달걀, 콩류 등 다양한 식품을 섭취하자.
2. 아침밥을 꼭 먹자.
3. 과식을 피하고 활동량을 늘리자.
4. 덜 짜게, 덜 달게, 덜 기름지게 먹자.
5. 단 음료 대신 물을 충분히 마시자.
6. 술자리를 피하자.
7. 음식은 위생적으로, 필요한 만큼만 마련하자.
8. 우리 식재료를 활용한 식생활을 즐기자.
9. 가족과 함께 하는 식사 횟수를 늘리자.

표 1-8. 임신 · 수유부의 식생활지침

임신 · 수유부를 위한 식생활지침	임신 · 수유부를 위한 식생활 실천지침
우유제품을 매일 3회 이상 먹자.	• 우유를 매일 세 컵 이상 마신다. • 요구르트, 치즈, 뼈째 먹는 생선 등을 자주 먹는다.
고기나 생선, 채소, 과일을 매일 먹자.	• 다양한 채소와 과일을 매일 먹는다. • 생선, 살코기, 콩제품, 달걀 등 단백질 식품을 매일 한 번 이상 먹는다.
청결한 음식을 알맞은 양으로 먹자.	• 끼니를 거르지 않고 식사를 규칙적으로 한다. • 음식을 만들 때는 식품을 위생적으로 다루고 먹을 만큼만 준비한다. • 살코기, 생선 등은 충분히 익혀 먹는다. • 보관했던 음식은 충분히 가열한 후 먹는다. • 식품을 구매하거나 외식할 때 청결한 것을 선택한다.
짠 음식을 피하고 싱겁게 먹자.	• 음식을 만들거나 먹을 때는 소금, 간장, 된장 등 양념을 적게 사용한다. • 국물은 싱겁게 만들어 적게 먹는다. • 김치는 싱겁게 만들어 먹는다.
술은 절대로 마시지 말자.	• 술은 절대로 마시지 않는다. • 커피, 콜라, 녹차, 홍차, 초콜릿 등 카페인 함유 식품을 적게 먹는다. • 물을 충분히 마신다.
활발한 신체활동을 유지하자.	• 임신부는 적절한 체중 증가를 위해 알맞게 먹고, 활발한 신체활동을 규칙적으로 한다. • 산후 체중조절을 위해 가벼운 운동으로 시작하여 점차 운동량을 늘려간다. • 모유 수유는 산후 체중조절에도 도움이 된다.

표 1-9. 영유아의 식생활지침

영유아를 위한 식생활지침	영유아를 위한 식생활 실천지침
생후 6개월까지는 반드시 모유를 먹이자.	• 초유는 꼭 먹이도록 한다. • 생후 2년까지 모유를 먹이면 더욱 좋다. • 모유를 먹일 수 없는 경우에만 조제유를 먹인다. • 조제유는 정해진 양대로 물에 타서 먹인다. • 수유 시에는 아기를 안고 먹이며, 수유 후에는 꼭 트림을 시킨다. • 자는 동안에는 젖병을 물리지 않는다.
이유 보충식은 성장단계에 맞추어 먹이자.	• 이유 보충식은 생후 만 4개월 이후, 6개월 사이에 시작한다. • 이유 보충식은 여러 식품을 섞지 말고 한 가지씩 시작한다. • 이유 보충식은 신선한 재료를 사용하여 간을 하지 않고 조리해서 먹인다. • 이유 보충식은 숟가락으로 떠먹인다. • 과일주스를 먹일 때는 컵에 담아 먹인다.
유아의 성장과 식욕에 따라 알맞게 먹이자.	• 일정한 장소에서 먹인다. • 쫓아다니며 억지로 먹이지 않는다. • 한꺼번에 많이 먹이지 않는다.
곡류, 과일, 채소, 생선, 고기, 유제품 등 다양한 식품을 먹이자.	• 과일, 채소, 우유 및 유제품 등의 간식을 매일 2~3회 규칙적으로 먹인다. • 유아 음식은 싱겁고 담백하게 조리한다. • 유아 음식은 씹을 수 있는 크기와 형태로 조리한다.

표 1-10. 어린이의 식생활지침

어린이를 위한 식생활지침	어린이를 위한 식생활 실천지침
음식은 다양하게, 골고루	• 편식하지 않고 골고루 먹는다. • 끼니마다 다양한 채소반찬을 먹는다. • 생선, 살코기, 콩제품, 달걀 등 단백질 식품을 매일 한 번 이상 먹는다. • 우유를 매일 두 컵 정도 마신다.
많이 움직이고, 먹는 양은 알맞게	• 매일 한 시간 이상 적극적으로 신체활동을 한다. • 나이에 맞는 키와 몸무게를 알아서, 표준체형을 유지한다. • TV 시청과 컴퓨터게임을 모두 합해서 하루에 두 시간 이내로 제한한다. • 식사와 간식은 적당한 양을 규칙적으로 먹는다.
식사는 제때에, 싱겁게	• 아침식사는 꼭 먹는다. • 음식은 천천히 꼭꼭 씹어 먹는다. • 짠 음식, 단 음식, 기름진 음식을 적게 먹는다.
간식은 안전하고, 슬기롭게	• 간식으로는 신선한 과일과 우유 등을 먹는다. • 과자나 탄산음료, 패스트푸드를 자주 먹지 않는다. • 불량식품을 구별할 줄 알고 먹지 않으려고 노력한다. • 식품의 영양표시와 유통기한을 확인하고 선택한다.
식사는 가족과 함께, 예의 바르게	• 가족과 함께 식사하도록 노력한다. • 음식을 먹기 전에 반드시 손을 씻는다. • 음식은 바른 자세로 앉아서 감사한 마음으로 먹는다. • 음식은 먹을 만큼 담아서 먹고 남기지 않는다.

표 1-11. 청소년의 식생활지침

청소년을 위한 식생활지침	청소년을 위한 식생활 실천지침
각 식품군을 매일 골고루 먹자.	• 밥과 다양한 채소, 생선, 육류를 포함하는 반찬을 골고루 매일 먹는다. • 간식으로는 신선한 과일을 주로 먹는다. • 우유를 매일 2컵 이상 마신다.
짠 음식과 기름진 음식을 적게 먹자.	• 짠 음식, 짠 국물을 적게 먹는다. • 인스턴트 음식을 적게 먹는다. • 튀긴 음식과 패스트푸드를 적게 먹는다.
건강 체중을 바로 알고 알맞게 먹자.	• 내 키에 따른 건강 체중을 안다. • 매일 한 시간 이상 적극적으로 신체활동을 한다. • 무리한 다이어트를 하지 않는다. • TV 시청과 컴퓨터게임을 모두 합해서 하루에 두 시간 이내로 제한한다.
물이 아닌 음료를 적게 마시자.	• 물을 자주 충분히 마신다. • 탄산음료, 가당음료를 적게 마신다. • 술을 절대 마시지 않는다.
식사를 거르거나 과식하지 말자.	• 아침식사를 거르지 않는다. • 식사는 제시간에 천천히 먹는다. • 배가 고프더라도 한꺼번에 많이 먹지 않는다.
위생적인 음식을 선택하자.	• 불량식품을 먹지 않는다. • 식품의 영양표시와 유통기한을 확인하고 선택한다.

표 1-12. 성인의 식생활지침

성인을 위한 식생활지침	성인을 위한 식생활 실천지침
각 식품군을 매일 골고루 먹자.	• 곡류는 다양하게 먹고 전곡을 많이 먹는다. • 여러 가지 색깔의 채소를 매일 먹는다. • 다양한 제철과일을 매일 먹는다. • 간식으로 우유, 요구르트, 치즈와 같은 유제품을 먹는다. • 가임기 여성은 기름기 적은 붉은 살코기를 적절히 먹는다.
활동량을 늘리고 건강 체중을 유지하자.	• 일상생활에서 많이 움직인다. • 매일 30분 이상 운동을 한다. • 건강 체중을 유지한다. • 활동량에 맞추어 에너지 섭취량을 조절한다.
청결한 음식을 알맞게 먹자.	• 식품을 구매하거나 외식을 할 때 청결한 것으로 선택한다. • 음식은 먹을 만큼만 만들고, 먹을 만큼만 주문한다. • 음식을 만들 때는 식품을 위생적으로 다룬다. • 매일 세 끼 식사를 규칙적으로 한다. • 밥과 다양한 반찬으로 균형 잡힌 식생활을 한다.
짠 음식을 피하고 싱겁게 먹자.	• 음식을 만들 때는 소금, 간장 등을 보다 적게 사용한다. • 국물을 짜지 않게 만들고, 적게 먹는다. • 음식을 먹을 때 소금, 간장을 더 넣지 않는다. • 김치는 덜 짜게 만들어 먹는다.
지방이 많은 고기나 튀긴 음식을 적게 먹자.	• 고기는 기름을 떼어내고 먹는다. • 튀긴 음식을 적게 먹는다. • 음식을 만들 때 기름을 적게 사용한다.
술을 마실 때는 그 양을 제한하자.	• 남자는 하루 2잔, 여자는 1잔 이상 마시지 않는다. • 임신부는 절대로 술을 마시지 않는다.

표 1-13. 노인의 식생활지침

노인을 위한 식생활지침	노인을 위한 식생활 실천지침
각 식품군을 매일 골고루 먹자.	• 고기, 생선, 달걀, 콩 등의 반찬을 매일 먹는다. • 다양한 채소 반찬을 매 끼 먹는다. • 다양한 우유제품이나 두유를 매일 먹는다. • 신선한 제철과일을 매일 먹는다.
짠 음식을 피하고 골고루 먹자.	• 음식을 싱겁게 먹는다. • 국과 찌개의 국물을 적게 먹는다. • 식사할 때 소금이나 간장을 더 넣지 않는다.
식사는 규칙적이고 안전하게 하자.	• 세 끼 식사를 꼭 한다. • 외식할 때는 영양과 위생을 고려하여 선택한다. • 오래된 음식은 먹지 않고, 신선하고 청결한 음식을 먹는다. • 식사로 건강을 지키고, 식이 보충제가 필요한 경우는 신중히 선택한다.
물은 많이 마시고 술은 적게 마시자.	• 목이 마르지 않더라도 물을 자주 충분히 마신다. • 술은 하루 1잔을 넘기지 않는다. • 술을 마실 때에는 반드시 다른 음식과 같이 먹는다.
활동량을 늘리고 건강한 체중을 갖자.	• 앉아있는 시간을 줄이고 가능한 한 많이 움직인다. • 나를 위한 건강 체중을 알고 이를 유지하도록 노력한다. • 매일 최소 30분 이상 숨이 찰 정도로 유산소운동을 한다. • 일주일에 최소 2회, 20분 이상 힘이 들 정도로 근육운동을 한다.

임신 · 수유부를 위한 식생활지침

우유 제품을 매일 3회 이상 먹자
- 우유를 매일 3컵 이상 마십니다.
- 요구르트, 치즈, 뼈째 먹는 생선 등을 자주 먹습니다.

고기나 생선, 채소, 과일을 매일 먹자
- 다양한 채소와 과일을 매일 먹습니다.
- 생선, 살코기, 콩제품, 달걀 등 단백질 식품을 매일 1회 이상 먹습니다.

청결한 음식을 알맞은 양으로 먹자
- 끼니를 거르지 않고 식사를 규칙적으로 합니다.
- 음식을 만들 때는 식품을 위생적으로 다루고, 먹을 만큼만 준비합니다.
- 살코기, 생선 등은 충분히 익혀 먹습니다.
- 보관했던 음식은 충분히 가열한 후 먹습니다.
- 식품을 구매하거나 외식할 때 청결한 것을 선택합니다.

짠 음식을 피하고 싱겁게 먹자
- 음식을 만들거나 먹을 때는 소금, 간장, 된장 등의 양념을 보다 적게 사용합니다.
- 나트륨 섭취량을 줄이기 위해 국물은 싱겁게 만들어 적게 먹습니다.
- 김치는 싱겁게 만들어 먹습니다.

술은 절대로 마시지 말자
- 술은 절대로 마시지 않습니다.
- 커피, 콜라, 녹차, 홍차, 초콜릿 등 카페인 함유식품을 적게 먹습니다.
- 물을 충분히 마십니다.

활발한 신체활동을 유지하자
- 임신부는 적절한 체중증가를 위해 알맞게 먹고, 활발한 신체활동을 규칙적으로 합니다.
- 산후 체중조절을 위해 가벼운 운동으로 시작하여 점차 운동량을 늘려 갑니다.
- 모유 수유는 산후 체중조절에도 도움이 됩니다.

영유아를 위한 식생활지침

생후 6개월까지는 반드시 모유를 먹이자
- 초유는 꼭 먹이도록 합니다.
- 생후 2년까지 모유를 먹이면 더욱 좋습니다.
- 모유를 먹일 수 없는 경우에만 조제유를 먹입니다.
- 조제유는 정해진 양대로 물에 타서 먹입니다.
- 수유 시에는 아기를 안고 먹이며, 수유 후에는 꼭 트림을 시킵니다.
- 자는 동안에는 젖병을 물리지 않습니다.

이유 보충식은 성장단계에 맞추어 먹이자
- 이유 보충식은 생후 만 4개월 이후 6개월 사이에 시작합니다.
- 이유 보충식은 여러 식품을 섞지 말고, 한 가지씩 시작합니다.
- 이유 보충식은 신선한 재료를 사용하여 간을 하지 않고, 조리해서 먹입니다.
- 이유 보충식은 숟가락으로 떠먹입니다.
- 과일주스를 먹일 때는 컵에 담아 먹입니다.

유아의 성장과 식욕에 따라 알맞게 먹이자
- 일정한 장소에서 먹입니다.
- 쫓아다니며 억지로 먹이지 않습니다.
- 한꺼번에 많이 먹이지 않습니다.

곡류, 과일, 채소, 생선, 고기, 유제품 등 다양한 식품을 먹이자
- 과일, 채소, 우유 및 유제품 등의 간식을 매일 2~3회 규칙적으로 먹입니다.
- 유아 음식은 싱겁고 담백하게 조리합니다.
- 유아 음식은 씹을 수 있는 크기와 형태로 조리합니다.

어린이를 위한 식생활지침

음식은 다양하게 골고루
- 편식하지 않고 골고루 먹습니다.
- 끼니마다 다양한 채소 반찬을 먹습니다.
- 생선, 살코기, 콩제품, 달걀 등 단백질 식품을 매일 1회 이상 먹습니다.
- 우유를 매일 2컵 정도 마십니다.

많이 움직이고, 먹는 양은 알맞게
- 매일 1시간 이상 신체활동을 적극적으로 합니다.
- 나이에 맞는 키와 몸무게를 알아서, 표준체형을 유지합니다.
- TV시청과 컴퓨터게임 등을 모두 합해서 하루에 2시간 이내로 제한합니다.
- 식사와 간식은 적당한 양을 규칙적으로 먹습니다.

식사는 제때에, 싱겁게
- 아침식사는 꼭 먹습니다.
- 음식은 천천히 꼭꼭 씹어 먹습니다.
- 짠 음식, 단 음식, 기름진 음식을 적게 먹습니다.

간식은 안전하고 슬기롭게
- 간식으로 신선한 과일과 우유 등을 먹습니다.
- 과자나 탄산음료, 패스트푸드를 자주 먹지 않습니다.
- 불량식품을 구별할 줄 알고, 먹지 않으려고 노력합니다.
- 식품의 영양표시와 유통기한을 확인하고 선택합니다.

식사는 가족과 함께, 예의바르게
- 가족과 함께 식사하도록 노력합니다.
- 음식을 먹기 전에 반드시 손을 씻습니다.
- 음식은 바른 자세로 앉아서 감사한 마음으로 먹습니다.
- 음식은 먹을 만큼 담아서 먹고, 남기지 않습니다.

청소년을 위한 식생활지침

각 식품군을 매일, 골고루 먹자
- 밥과 다양한 채소, 생선, 육류를 포함하는 반찬을 골고루 매일 먹습니다.
- 간식으로 신선한 과일을 주로 먹습니다.
- 우유를 매일 2컵 이상 마십니다.

짠 음식과 기름진 음식을 적게 먹자
- 짠 음식, 짠 국물을 적게 먹습니다.
- 인스턴트 음식을 적게 먹습니다.
- 튀긴 음식과 패스트푸드를 적게 먹습니다.

건강 체중을 바로 알고, 알맞게 먹자
- 내 키에 따른 건강 체중을 알아봅시다.
- 매일 1시간 이상의 신체활동을 적극적으로 합니다.
- 무리한 다이어트를 하지 않습니다.
- TV시청과 컴퓨터게임 등을 모두 합해서 하루에 2시간 이내로 제한합니다.

물이 아닌 음료를 적게 마시자
- 물을 자주, 충분히 마십니다.
- 탄산음료, 가당음료를 적게 마십니다.
- 술을 절대 마시지 않습니다.

식사를 거르거나 과식하지 말자
- 아침식사를 거르지 않습니다.
- 식사는 제시간에 천천히 먹습니다.
- 배가 고프더라도 한꺼번에 많이 먹지 않습니다.

위생적인 음식을 선택하자
- 불량식품을 먹지 않습니다.
- 식품의 영양표시와 유통기한을 확인하고 선택합니다.

성인을 위한 식생활지침

각 식품군을 매일 골고루 먹자
- 곡류는 다양하게 먹고 전곡을 많이 먹습니다.
- 여러 가지 색깔의 채소를 매일 먹습니다.
- 다양한 제철과일을 매일 먹습니다.
- 간식으로 우유, 요구르트, 치즈와 같은 유제품을 먹습니다.
- 가임기 여성은 기름기 적은 붉은 살코기를 적절히 먹습니다.

활동량을 늘리고 건강 체중을 유지하자
- 일상생활에서 많이 움직입니다.
- 매일 30분 이상 운동을 합니다.
- 건강 체중을 유지합니다.
- 활동량에 맞추어 에너지 섭취량을 조절합니다.

청결한 음식을 알맞게 먹자
- 식품을 구매하거나 외식을 할 때 청결한 것으로 선택합니다.
- 음식은 먹을 만큼만 만들고, 먹을 만큼만 주문합니다.
- 음식을 만들 때는 식품을 위생적으로 다룹니다.
- 매일 세 끼 식사를 규칙적으로 합니다.
- 밥과 다양한 반찬으로 균형 잡힌 식사를 합니다.

짠 음식을 피하고 싱겁게 먹자
- 음식을 만들 때는 소금, 간장 등을 보다 적게 사용합니다.
- 국물을 짜지 않게 만들고, 적게 먹습니다.
- 음식을 먹을 때 소금, 간장을 더 넣지 않습니다.
- 김치는 덜 짜게 만들어 먹습니다.

지방이 많은 고기나 튀긴 음식을 적게 먹자
- 고기는 기름을 떼어내고 먹습니다.
- 튀긴 음식을 적게 먹습니다.
- 음식을 만들 때 기름을 적게 사용합니다.

술을 마실 때는 그 양을 제한하자.
- 남자는 하루 2잔, 여자는 1잔 이상 마시지 않습니다.
- 임신부는 절대로 술을 마시지 않습니다.

노인을 위한 식생활지침

각 식품군을 매일 골고루 먹자
- 고기, 생선, 계란, 콩 등의 반찬을 매일 먹는다.
- 다양한 채소반찬을 매 끼 먹는다.
- 다양한 우유제품이나 두유를 매일 먹는다.
- 신선한 제철과일을 매일 먹는다.

짠 음식을 피하고 골고루 먹자
- 음식을 싱겁게 먹는다.
- 국과 찌개의 국물을 적게 먹는다.
- 식사할 때 소금이나 간장을 더 넣지 않는다.

식사는 규칙적이고 안전하게 하자
- 세 끼 식사를 꼭 한다.
- 외식할 때는 영양과 위생을 고려하여 선택한다.
- 오래된 음식은 먹지 않고, 신선하고 청결한 음식을 먹는다.
- 식사로 건강을 지키고 식이보충제가 필요한 경우는 신중히 선택한다.

물은 많이 마시고 술은 적게 마시자
- 목이 마르지 않더라도 물을 자주 충분히 마신다.
- 술은 하루 1잔을 넘기지 않는다.
- 술을 마실 때에는 반드시 다른 음식과 같이 먹는다.

활동량을 늘리고 건강한 체중을 갖자
- 앉아있는 시간을 줄이고 가능한 한 많이 움직인다.
- 나를 위한 건강체중을 알고 이를 유지하도록 노력한다.
- 매일 최소 30분 이상 숨이 찰 정도로 유산소운동을 한다.
- 일주일에 최소 2회, 20분 이상 힘이 들 정도로 근육운동을 한다.

그림 1-4. 한국인을 위한 생애주기별 식생활지침 (계속)

한국인을 위한 생애주기별 식생활지침 (계속)

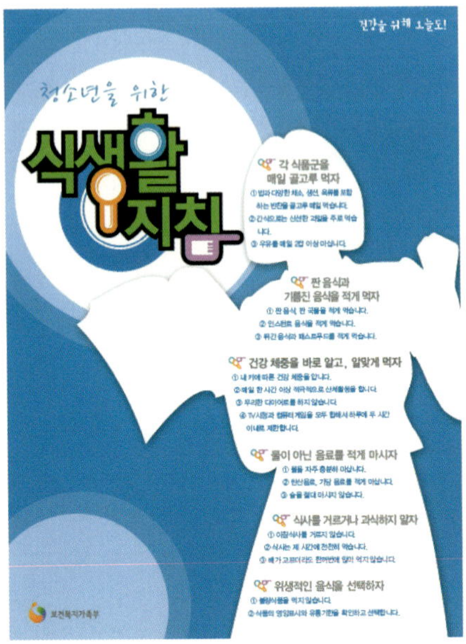

한국인을 위한 생애주기별 식생활지침

[참고자료] 한국인 영양섭취기준(KDRIs : Dietary Reference Intakes for Korean)

성별	연령	에너지(kcal/일)				탄수화물(g/일)				지방(g/일)				n-6계 지방산(g/일)			
		필요추정량	권장섭취량	충분섭취량	상한섭취량	평균필요량	권장섭취량	충분섭취량	상한섭취량	평균필요량	권장섭취량	충분섭취량	상한섭취량	평균필요량	권장섭취량	충분섭취량	상한섭취량
영아	0~5(개월)	550						60				25				2.0	
	6~11	700						90				25				4.5	
유아	1~2(세)	1,000															
	3~5	1,400															
남자	6~8(세)	1,700															
	9~11	2,100															
	12~14	2,500															
	15~18	2,700															
	19~29	2,600															
	30~49	2,400															
	50~64	2,200															
	65~74	2,000															
	75 이상	2,000															
여자	6~8(세)	1,500															
	9~11	1,800															
	12~14	2,000															
	15~18	2,000															
	19~29	2,100															
	30~49	1,900															
	50~64	1,800															
	65~74	1,600															
	75 이상	1,600															
임신부*		+0															
		+340															
		+450															
수유부		+320															

보건복지부, 2015

① 다량영양소

성별	연령	n-3계지방산(g/일) 평균필요량	권장섭취량	충분섭취량	상한섭취량	단백질(g/일) 평균필요량	권장섭취량	충분섭취량	상한섭취량	식이섬유(g/일) 평균필요량	권장섭취량	충분섭취량	상한섭취량	수분(mL/일) 평균필요량	권장섭취량	충분섭취량 액체	충분섭취량 총수분	상한섭취량
영아	0~5(개월)			0.3				10								700	700	
	6~11			0.8		10	15									500	800	
유아	1~2(세)					12	15					10				800	1,100	
	3~5					15	20					15				1,100	1,500	
남자	6~8(세)					25	30					20				900	1,800	
	9~11					35	40					20				1,000	2,100	
	12~14					45	55					25				1,000	2,300	
	15~18					50	65					25				1,200	2,600	
	19~29					50	65					25				1,200	2,600	
	30~49					50	60					25				1,200	2,500	
	50~64					50	60					25				1,000	2,200	
	65~74					45	55					25				1,000	2,100	
	75 이상					45	55					25				1,000	2,100	
여자	6~8(세)					20	25					20				900	1,700	
	9~11					30	40					20				900	1,900	
	12~14					40	50					20				900	2,000	
	15~18					40	50					20				900	2,000	
	19~29					45	55					20				1,000	2,100	
	30~49					40	50					20				1,000	2,000	
	50~64					40	50					20				900	1,900	
	65~74					40	45					20				900	1,800	
	75 이상					40	45					20				900	1,800	
임신부*						+0	+0											
						+12	+15					+5					+200	
						+25	+30											
수유부						+20	+25					+5				+500	+700	

* 에너지, 단백질 : 임신 1, 2, 3분기별 부가량

② 지용성 비타민

성별	연령	비타민A(μgRAE/일)				비타민D(μg/일)				비타민E(mg α-TE/일)				비타민K(μg/일)			
		평균필요량	권장섭취량	충분섭취량	상한섭취량	평균필요량	권장섭취량	충분섭취량	상한섭취량	평균필요량	권장섭취량	충분섭취량	상한섭취량*	평균필요량	권장섭취량	충분섭취량	상한섭취량
영아	0~5(개월)			350	600			5	25			3				4	
	6~11			450	600			5	25			4				7	
유아	1~2(세)	200	300		600			5	30			5	200			25	
	3~5	230	350		700			5	35			6	250			30	
남자	6~8(세)	320	450		1,000			5	40			7	300			45	
	9~11	420	600		1,500			5	60			9	400			55	
	12~14	540	750		2,100			10	100			10	400			70	
	15~18	620	850		2,300			10	100			11	500			80	
	19~29	570	800		3,000			10	100			12	540			75	
	30~49	550	750		3,000			10	100			12	540			75	
	50~64	530	750		3,000			10	100			12	540			75	
	65~74	500	700		3,000			15	100			12	540			75	
	75 이상	500	700		3,000			15	100			12	540			75	
여자	6~8(세)	290	400		1,000			5	40			7	300			45	
	9~11	380	500		1,500			5	60			9	400			55	
	12~14	470	650		2,100			10	100			10	400			65	
	15~18	440	600		2,300			10	100			11	540			65	
	19~29	460	650		3,000			10	100			12	540			65	
	30~49	450	650		3,000			10	100			12	540			65	
	50~64	430	600		3,000			10	100			12	540			65	
	65~74	410	600		3,000			15	100			12	540			65	
	75 이상	410	600		3,000			15	100			12	540			65	
임신부		+50	+70		3,000			+0	100			+0	540			+0	
수유부		+350	+490		3,000			+0	100			+3	540			+0	

* RRR-α-tocopherol

③ 수용성 비타민

성별	연령	비타민C(mg/일)				티아민(mg/일)				리보플라빈(mg/일)				니아신(mg/일)				
		평균필요량	권장섭취량	충분섭취량	상한섭취량	평균필요량	권장섭취량	충분섭취량	상한섭취량	평균필요량	권장섭취량	충분섭취량	상한섭취량	평균필요량	권장섭취량	충분섭취량	상한섭취량[1]	상한섭취량[2]
영아	0~5(개월)			35				0.2				0.3				2		
	6~11			45				0.3				0.4				3		
유아	1~2(세)	30	35		350	0.4	0.5			0.5	0.5			4	6		10	180
	3~5	30	40		500	0.4	0.5			0.5	0.6			5	7		10	250
남자	6~8(세)	40	55		700	0.6	0.7			0.7	0.9			7	9		15	350
	9~11	55	70		1,000	0.7	0.9			1.0	1.2			9	12		20	500
	12~14	70	90		1,400	1.0	1.1			1.2	1.5			11	15		25	700
	15~18	80	105		1,500	1.1	1.3			1.4	1.7			13	17		30	800
	19~29	75	100		2,000	1.0	1.2			1.3	1.5			12	16		35	1,000
	30~49	75	100		2,000	1.0	1.2			1.3	1.5			12	16		35	1,000
	50~64	75	100		2,000	1.0	1.2			1.3	1.5			12	16		35	1,000
	65~74	75	100		2,000	1.0	1.2			1.3	1.5			12	16		35	1,000
	75 이상	75	100		2,000	1.0	1.2			1.3	1.5			12	16		35	1,000
여자	6~8(세)	45	60		700	0.6	0.7			0.6	0.8			7	9		15	350
	9~11	60	80		1,000	0.7	0.9			0.8	1.0			9	12		20	500
	12~14	75	100		1,400	0.9	1.1			1.0	1.2			11	14		25	700
	15~18	70	95		1,500	1.0	1.2			1.0	1.2			11	14		30	800
	19~29	75	100		2,000	0.9	1.1			1.0	1.2			11	14		35	1,000
	30~49	75	100		2,000	0.9	1.1			1.0	1.2			11	14		35	1,000
	50~64	75	100		2,000	0.9	1.1			1.0	1.2			11	14		35	1,000
	65~74	75	100		2,000	0.9	1.1			1.0	1.2			11	14		35	1,000
	75 이상	75	100		2,000	0.9	1.1			1.0	1.2			11	14		35	1,000
임신부		+10	+10		2,000	+0.4	+0.4			+0.3	+0.4			+3	+4		35	1,000
수유부		+35	+40		2,000	+0.3	+0.4			+0.4	+0.5			+2	+5		35	1,000

1) 니코틴산(mg/일) 2) 니코틴아미드(mg/일)

성별	연령	비타민B_6(mg/일)				엽산(μg DFE/일)[1]				비타민B_{12}(μg/일)				판토텐산(mg/일)				비오틴(μg/일)			
		평균필요량	권장섭취량	충분섭취량	상한섭취량	평균필요량	권장섭취량	충분섭취량	상한섭취량	필요추정량	권장섭취량	충분섭취량	상한섭취량	평균필요량	권장섭취량	충분섭취량	상한섭취량	평균필요량	권장섭취량	충분섭취량	상한섭취량
영아	0~5(개월)			0.1				65				0.3				1.7				5	
	6~11			0.3				80				0.5				1.9				7	
유아	1~2(세)	0.5	0.6		25	120	150		300	0.8	0.9					2				9	
	3~5	0.6	0.7		35	150	180		400	0.9	1.1					2				11	
남자	6~8(세)	0.7	0.9		45	180	220		500	1.1	1.3					3				15	
	9~11	0.9	1.1		55	250	300		600	1.5	1.7					4				20	
	12~14	1.3	1.5		60	300	360		800	1.9	2.3					5				25	
	15~18	1.3	1.5		65	320	400		900	2.2	2.7					5				30	
	19~29	1.3	1.5		100	320	400		1,000	2.0	2.4					5				30	
	30~49	1.3	1.5		100	320	400		1,000	2.0	2.4					5				30	
	50~64	1.3	1.5		100	320	400		1,000	2.0	2.4					5				30	
	65~74	1.3	1.5		100	320	400		1,000	2.0	2.4					5				30	
	75 이상	1.3	1.5		100	320	400		1,000	2.0	2.4					5				30	
여자	6~8(세)	0.7	0.9		45	180	220		500	1.1	1.3					3				15	
	9~11	0.9	1.1		55	250	300		600	1.5	1.7					4				20	
	12~14	1.2	1.4		60	300	360		800	1.9	2.3					5				25	
	15~18	1.2	1.4		65	320	400		900	2.0	2.4					5				30	
	19~29	1.2	1.4		100	320	400		1,000	2.0	2.4					5				30	
	30~49	1.2	1.4		100	320	400		1,000	2.0	2.4					5				30	
	50~64	1.2	1.4		100	320	400		1,000	2.0	2.4					5				30	
	65~74	1.2	1.4		100	320	400		1,000	2.0	2.4					5				30	
	75 이상	1.2	1.4		100	320	400		1,000	2.0	2.4					5				30	
임신부		+0.7	+0.8		100	+200	+220		1,000	+0.2	+0.2					+1				+0	
수유부		+0.7	+0.8		100	+130	+150		1,000	+0.3	+0.4					+2				+5	

1) Dietary Folate Equivalents, 가임기 여성의 경우 400μg/일의 엽산 보충제 섭취를 권장함. 엽산의 상한섭취량은 보충제 또는 강화식품의 형태로 섭취한 μg/일에 해당됨

④ 다량무기질

성별	연령	칼슘(mg/일)				인(mg/일)				나트륨(mg/일)			
		평균 필요량	권장 섭취량	충분 섭취량	상한 섭취량	평균 필요량	권장 섭취량	충분 섭취량	상한 섭취량	평균 필요량	권장 섭취량	충분 섭취량	상한 섭취량
영아	0~5(개월)			210	1,000			100				120	
	6~11			300	1,500			300				370	
유아	1~2(세)	390	500		2,500	380	450		3,000			900	
	3~5	470	600		2,500	460	550		3,000			1,000	
남자	6~8(세)	580	700		2,500	490	600		3,000			1,200	2,000
	9~11	650	800		3,000	1,000	1,200		3,500			1,400	2,000
	12~14	800	1,000		3,000	1,000	1,200		3,500			1,500	2,000
	15~18	720	900		3,000	1,000	1,200		3,500			1,500	2,000
	19~29	650	800		2,500	580	700		3,500			1,500	2,000
	30~49	630	800		2,500	580	700		3,500			1,500	2,000
	50~64	600	750		2,000	580	700		3,500			1,500	2,000
	65~74	570	700		2,000	580	700		3,500			1,300	2,000
	75 이상	570	700		2,000	580	700		3,000			1,100	2,000
여자	6~8(세)	580	700		2,500	450	550		3,000			1,200	2,000
	9~11	650	800		3,000	1,000	1,200		3,500			1,400	2,000
	12~14	740	900		3,000	1,000	1,200		3,500			1,500	2,000
	15~18	660	800		3,000	1,000	1,200		3,500			1,500	2,000
	19~29	530	700		2,500	580	700		3,500			1,500	2,000
	30~49	510	700		2,500	580	700		3,500			1,500	2,000
	50~64	590	800		2,000	580	700		3,500			1,500	2,000
	65~74	590	800		2,000	580	700		3,500			1,300	2,000
	75 이상	560	800		2,000	580	700		3,000			1,100	2,000
임신부		+0	+0		2,500	+0	+0		3,000			1,500	2,000
수유부		+0	+0		2,500	+0	+0		3,500			1,500	2,000

성별	연령	염소(mg/일)				칼륨(mg/일)				마그네슘(mg/일)			
		평균 필요량	권장 섭취량	충분 섭취량	상한 섭취량	평균 필요량	권장 섭취량	충분 섭취량	상한 섭취량	평균 필요량	권장 섭취량	충분 섭취량	상한 섭취량[1]
영아	0~5(개월)			180				400				30	
	6~11			560				700				55	
유아	1~2(세)			1,300				2,000		60	80		65
	3~5			1,500				2,300		85	100		90
남자	6~8(세)			1,900				2,600		135	160		130
	9~11			2,100				3,000		190	230		180
	12~14			2,300				3,500		265	320		250
	15~18			2,300				3,500		335	400		350
	19~29			2,300				3,500		295	350		350
	30~49			2,300				3,500		305	370		350
	50~64			2,300				3,500		305	370		350
	65~74			2,000				3,500		305	370		350
	75 이상			1,700				3,500		305	370		350
여자	6~8(세)			1900				2,600		125	150		130
	9~11			2100				3,000		180	210		180
	12~14			2,300				3,500		245	290		250
	15~18			2,300				3,500		285	340		350
	19~29			2,300				3,500		235	280		350
	30~49			2,300				3,500		235	280		350
	50~64			2,300				3,500		235	280		350
	65~74			2,000				3,500		235	280		350
	75 이상			1,700				3,500		235	280		350
임신부				2,300				+0		+32	+40		350
수유부				2,300				+400		+0	+0		350

1) 식품 외 급원의 마그네슘에만 해당

⑤ 미량무기질

성별	연령	철(mg/일)				아연(mg/일)				구리(μg/일)				불소(mg/일)			
		평균 필요량	권장 섭취량	충분 섭취량	상한 섭취량	평균 필요량	권장 섭취량	충분 섭취량	상한 섭취량	평균 필요량	권장 섭취량	충분 섭취량	상한 섭취량	평균 필요량	권장 섭취량	충분 섭취량	상한 섭취량
영아	0~5(개월)			0.3	40			2				240				0.01	0.6
	6~11	5	6		40	2	3					310				0.5	0.9
유아	1~2(세)	4	6		40	2	3		6	220	280		1,500			0.6	1.2
	3~5	5	6		40	3	4		9	250	320		2,000			0.8	1.7
남자	6~8(세)	7	9		40	5	6		13	330	440		3,000			1.0	2.5
	9~11	8	10		40	7	8		20	440	580		5,000			2.0	10
	12~14	11	14		40	7	8		30	570	740		7,000			2.5	10
	15~18	11	14		45	8	10		35	670	840		7,000			3.0	10
	19~29	8	10		45	8	10		35	600	800		10,000			3.5	10
	30~49	8	10		45	8	10		35	600	800		10,000			3.0	10
	50~64	7	10		45	8	9		35	600	800		10,000			3.0	10
	65~74	7	9		45	7	9		35	600	800		10,000			3.0	10
	75 이상	7	9		45	7	9		35	600	800		10,000			3.0	10
여자	6~8(세)	6	8		40	4	5		13	340	440		3,000			1.0	2.5
	9~11	7	10		40	6	7		20	440	580		5,000			2.0	10
	12~14	13	16		40	6	7		25	570	740		7,000			2.5	10
	15~18	11	14		45	7	9		30	650	840		7,000			2.5	10
	19~29	11	14		45	7	8		35	600	800		10,000			3.0	10
	30~49	11	14		45	7	8		35	600	800		10,000			2.5	10
	50~64	6	8		45	6	8		35	600	800		10,000			2.5	10
	65~74	6	8		45	6	7		35	600	800		10,000			2.5	10
	75 이상	5	7		45	6	7		35	600	800		10,000			2.5	10
임신부		+8	+10		45	+2.0	+2.5		35	+100	+130		10,000			+0	10
수유부		+0	+0		45	+4.0	+5.0		35	+370	+480		10,000			+0	10

성별	연령	망간(mg/일)				요오드(μg/일)				셀레늄(μg/일)				몰리브덴(μg/일)				크롬(μg/일)			
		평균필요량	권장섭취량	충분섭취량	상한섭취량	평균필요량	권장섭취량	충분섭취량	상한섭취량	평균필요량	권장섭취량	충분섭취량	상한섭취량	평균필요량	권장섭취량	충분섭취량	상한섭취량	평균필요량	권장섭취량	충분섭취량	상한섭취량
영아	0~5(개월)			0.01				130	250			9	45							0.2	
	6~11			0.8				170	250			11	65							5.0	
	1~2(세)			1.5	2	55	80		300	19	20		75				100			12	
	3~5			2.0	3	65	90		300	22	25		100				100			12	
유아	6~8(세)			2.5	4	75	100		500	30	35		150				200			20	
	9~11			3.0	5	85	110		500	39	45		200				300			25	
	12~14			4.0	7	90	130		1,800	49	60		300				400			35	
	15~18			4.0	9	95	130		2,200	55	65		300				500			40	
남자	19~29			4.0	11	95	150		2,400	50	60		400	25	30		550			35	
	30~49			4.0	11	95	150		2,400	50	60		400	20	25		550			35	
	50~64			4.0	11	95	150		2,400	50	60		400	20	25		550			35	
	65~74			4.0	11	95	150		2,400	50	60		400	20	25		550			35	
여자	75 이상			4.0	11	95	150		2,400	50	60		400	20	25		550			35	
	6~8(세)			2.5	4	75	100		500	30	35		150				200			15	
	9~11			3.0	5	85	110		500	39	45		200				300			20	
	12~14			3.5	7	90	130		2,000	49	60		300				400			25	
임신부	15~18			3.5	9	95	130		2,200	55	65		300				400			25	
	19~29			3.5	11	95	150		2,400	50	60		400	20	25		450			25	
	30~49			3.5	11	95	150		2,400	50	60		400	20	25		450			25	
	50~64			3.5	11	95	150		2,400	50	60		400	20	25		450			25	
수유부	65~74			3.5	11	95	150		2,400	50	60		400	20	25		450			25	
	75 이상			3.5	11	95	150		2,400	50	60		400	20	25		450			25	
				+0	11	+65	+90			+3	+4		400				450			+5	
				+0	11	+130	+190			+9	+10		400				450			+20	

Quiz

1 영양과 영양소의 차이점을 설명하시오.

2 열량영양소는 무엇인가요?

3 영양의 부족 혹은 과잉이 건강에 미치는 영향을 설명하시오.

Nutrition

2 탄수화물

식물체에서 광합성작용에 의해 합성되는 탄수화물은 자연계에서 가장 흔한 유기물질로 탄소, 수소, 산소가 1 : 2 : 1의 비율로 구성되어 있다. 식물에는 당과 녹말 및 섬유소의 형태로 존재하고, 동물에는 당과 글리코겐의 형태로 존재한다. 단당류와 이당류인 당류는 단순탄수화물, 녹말, 글리코겐, 식이섬유 등의 다당류는 복합탄수화물이라고 한다. 탄수화물의 주요 기능은 에너지 공급원이며 총 열량의 60~65%를 탄수화물로 섭취하고 있다.

1 탄수화물의 분류

탄수화물 carbohydrate
단당류 monosaccharides
이당류 disaccharides
올리고당류 oligosaccharides
다당류 polysaccharides

탄수화물의 기본 구성단위는 단당류이며, 단당류의 중합도에 따라 단당류가 2개 결합된 이당류, 단당류가 3개 이상 10개 이내 결합된 올리고당류, 10개 이상의 단당류가 결합된 다당류로 분류한다. 다당류는 동일 단당류로 구성된 단순다당류와 2종 이상의 단당류로 구성된 복합다당류가 있으며, 생체 내에서 소화되지 못하나 다양한 생리적 역할을 하는 식이섬유를 포함한다. 탄수화물의 분류는 표 2-1과 같다.

표 2-1. 탄수화물의 분류

단당류	
5탄당	리보오스, 디옥시리보오스, 자일로오스
6탄당	포도당, 과당, 갈락토오스, 만노오스
2당류	
2당류	맥아당, 자당, 유당
올리고당류	
3당류	라피노오스
4당류	스타키오스
다당류	
단순다당류	전분, 글리코겐, 셀룰로오스
복합다당류	펙틴, 검, 헤미셀룰로오스

1) 단당류

단당류는 더 이상 분해되지 않는 탄수화물의 구성단위로, 소화과정 없이 바로 흡수될 수 있다. 단당류는 카르보닐기에 따라 알데히드기를 갖는 알도오스와 케톤기를 갖는 케토오스로 분류하고, 탄소수에 따라 3탄당, 4탄당, 5탄당, 6탄당, 7탄당으로 분류할 수 있다. 영양학상 중요한 단당류는 5탄당과 6탄당이다(그림 2-1). 광학활성도에 따라 D-형과 L-형으로 분류되는데, 자연계에는 주로 D-형이 존재하며 생체도 D-형만을 대사할 수 있다.

알데히드기 aldehyde
케톤기 ketone
알도오스 aldose
케토오스 ketose
5탄당 pentose
6탄당 hexose

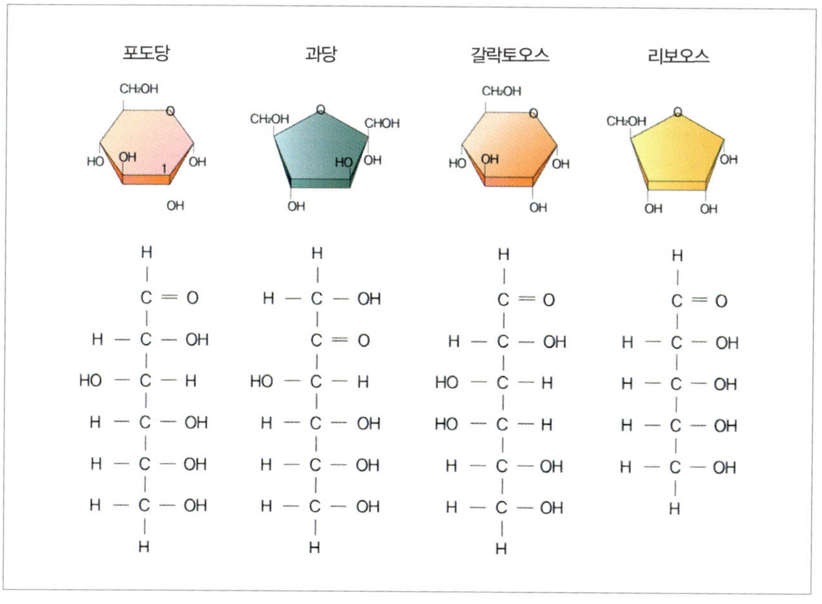

그림 2-1. 단당류의 구조

(1) 리보오스

리보오스는 오탄당으로 핵산인 RNA의 구성성분이고, 디옥시리보오스는 체내에서 리보오스로부터 생성되며 핵산인 DNA의 구성성분으로 중요하다.

리보오스 ribose
RNA ribonucleic acid
디옥시리보오스 deoxyribose
DNA deoxyribonucleic acid

(2) 포도당

포도당 glucose
우선당 dextrose

포도당은 대표적인 알도오스이고, 수용액이 우선성의 광학활성을 나타내므로 우선당이라 한다. 포도당은 체내 당대사의 중심물질로, 대부분의 탄수화물은 포도당으로 전환되어 이용된다. 포도당은 혈액 중에 0.1% 농도로 존재하고 세포의 에너지원이 되며, 특히 뇌와 적혈구의 중요한 에너지원으로 사용된다. 포도당은 과일, 특히 포도와 꿀, 시럽 등에 많이 함유되어 있다.

(3) 과당

과당 fructose
좌선당 levulose

과당은 대표적인 케토오스이고 수용액이 좌선성의 광학활성을 나타내므로 좌선당이라 한다. 포도당과 결합하여 자당을 이루고 돼지감자의 주성분인 이눌린의 구성성분이기도 하다. 과당은 단당류 중 단맛이 가장 강하고 상쾌하여 감미료로 사용된다. 과당은 유리상태로 과일과 꿀 등에 많이 존재한다.

(4) 갈락토오스

갈락토오스 galactose

갈락토오스는 천연식품 중에 유리상태로 존재하는 경우는 거의 없고, 유즙의 성분인 유당의 형태로 존재한다. 갈락토오스는 영유아의 뇌 발달에 중요한 영양소로 동물체의 뇌신경 세포막에 당지질인 세레브로시드, 강글리오시드의 구성성분으로 많이 존재한다.

2) 이당류

이당류는 단당류가 2개 결합된 당류로 맥아당, 자당, 유당이 있다(그림 2-2).

(1) 맥아당

맥아당 maltose
글리코시드 결합 glycosidic bond

맥아당은 포도당 2분자가 α-1,4 글리코시드 결합한 것으로 환원당이다. 천연식품에는 거의 존재하지 않고 곡류가 발아할 때나 전분이 산 또는 아밀레이즈에 의해 가수분해 될 때 생성된다. 특히 엿기름을 넣어 흰밥을 당화시킨 식혜는 엿기름의 β-아밀레이즈가 작용하여 맥아당이 생성되어 단맛이 난다. 단맛은 자당을 100으로 했을 때 50~60 정도이다.

그림 2-2. 이당류의 구조

(2) 자당

자당은 포도당과 과당이 α-1,2 글리코시드 결합한 것으로 비환원당이다. 자당은 사탕수수나 사탕무의 즙을 농축·정제하여 얻을 수 있다. 자당은 단맛의 표준물질로 사용되며, 자당의 단맛은 100으로 한다. 자당의 가수분해 혼합물을 전화당이라 하는데, 자당보다 단맛이 더 강하다.

자당 sucrose

전화당 invert sugar

information

전화당이란?

자당을 수크레이즈나 묽은 산으로 가수분해하면 포도당과 과당으로 분해된다. 자당의 광학활성도는 우선성인데 반해, 포도당과 과당 혼합물의 광학활성도는 좌선성이다. 이러한 변화를 전화라 하고, 포도당과 과당의 혼합물을 전화당이라 한다. 전화당의 감미는 자당의 1.3배 정도이다.

(3) 유당

유당은 포도당과 갈락토오스가 β-1,4 글리코시드 결합한 것으로 환원당이다. 유당

유당 lactose

은 유즙에만 존재하는데, 우유에 약 4.5%, 모유에 약 7% 함유되어 있다. 유당은 영유아의 뇌 발달에 중요한 갈락토오스를 제공하고, 유산균에 의해 발효되어 유산을 생성함으로써 칼슘의 흡수를 돕고 정장작용을 한다. 단맛은 자당을 100으로 했을 때 16~28 정도이다.

3) 올리고당

올리고당은 3~10개의 단당류가 결합한 것으로 난소화성으로 소화되지 않으나, 대장에서 비피더스균에 의해 분해되어 가스를 생성한다. 모유의 올리고당은 비피더스균의 성장촉진인자로서 정장작용을 한다. 천연 올리고당으로는 대두 속의 라피노오스와 스타키오스가 대표적이다. 체내에는 주로 세포막의 당지질이나 당단백질의 구성성분으로 존재한다.

라피노오스 raffinose

스타키오스 stachyose

information

기능성 올리고당 그리고 프레바이오틱스와 프로바이오틱스

기능성 올리고당이란, 단당류가 3~10개 연결된 것으로 소화효소에 의해 분해되지 않고 대장 내의 비피더스균의 증식을 촉진하여 장의 건강 증진에 도움을 주는 기능성 성분을 의미한다. 주요 기능은 장내 환경 개선이지만, 이외에도 혈청 콜레스테롤 저하, 혈당치 개선, 충치 예방 등이 알려져 있다. 설탕에 비해 단맛이 낮고 부드러우며 시원한 단맛으로 설탕의 대체 감미료로 각광받고 있다. 그러나 과량 섭취 시 더부룩함, 팽만감, 복통, 설사 등의 증세를 유발할 수도 있다.

프리바이오틱스란, 대장 내 유용미생물의 생육이나 활성을 촉진함으로써 건강 개선효과를 나타내는 비소화성 식품성분을 말한다. 프리바이오틱스의 예로는 라피노오스, 대두올리고당, 프락토올리고당, 갈락토올리고당 등의 기능성 올리고당류와 기타 락툴로오스, 락티톨, 자일리톨 등이 있다.

프리바이오틱스 prebiotics

프로바이오틱스란, 체내에 들어가서 건강에 좋은 효과를 주는 살아있는 균을 말한다. 지금까지 알려진 대부분의 프로바이오틱스는 유산균들이다. 전통적으로 프로바이오틱스 제품들은 락토바실러스 등의 유산균을 이용한 발효유 제품으로 섭취되어 왔으나, 최근에는 락토바실러스 이외에 비피더스균, 장내구균의 일부 균주 등을 포함한 발효유뿐 아니라 과립, 분말 형태의 제품도 있다.

프로바이오틱스 probiotics

4) 다당류

다당류는 단당류가 10개 이상부터 수천 개 결합된 고분자 물질로 복합탄수화물이라고도 한다. 다당류는 동 · 식물의 주요 에너지 저장 형태이며, 영양학상 중요한 다당류는 전분, 글리코겐 및 식이섬유이다.

(1) 전분

전분은 식물의 대표적인 저장 탄수화물로 포도당의 중합체이다. 포도당의 결합방식에 따라 아밀로오스와 아밀로펙틴으로 존재한다. 아밀로오스는 100~1,000개의 포도당이 α-1,4 결합으로 연결된 직선상의 긴 사슬이 나선구조를 이루고 있다. 아밀로펙틴은 α-1,4 결합의 직선상의 사슬 중간에 α-1,6 결합에 의해 가지를 친 구조를 하고 있다(그림 2-3). 생체 내에서 아밀로펙틴은 300~6,000개의 포도당 잔기를 함유한다. 전분은 물과 함께 가열하면 호화되어 소화되기 쉽다. 인체에서는 아밀레이즈에 의해 가수분해되어 호정을 거쳐 맥아당까지 분해된다. 전분은 곡류, 서류, 콩류 등에 많이 함유되어 있다. 멥쌀 전분은 아밀로오스와 아밀로펙틴이 보통 1 : 4의 비율로 구성되어 있고, 찹쌀 전분은 거의 대부분 아밀로펙틴으로 되어 있다.

전분
starch

아밀로오스
amylose

아밀로펙틴
amylopectin

(2) 글리코겐

글리코겐은 동물체의 저장 다당류로 간과 근육에 저장되어 있다. 글리코겐의 구조는 아밀로펙틴의 구조와 유사하나 아밀로펙틴보다 가지가 많고 사슬이 짧은 구형의 형태로, 한 개의 환원 말단과 수많은 비환원 말단을 가지고 있다. 글리코겐은 식후 혈당이 상승하면 간과 근육에서 합성되어 저장되며, 혈당이 저하되면 포도당으로 분해되어 혈당원이나 에너지원으로 이용된다. 성인의 경우 간에 약 100g, 근육에 약 250g 정도의 글리코겐이 저장되어 있다.

글리코겐
glycogen

(3) 식이섬유

식이섬유는 자연계에 가장 풍부한 다당류로, 식물체 세포벽의 주성분으로 식물의 골격을 형성한다. 인체의 소화효소에 의해 소화되지 않으며 가용성 식이섬유와 불용

식이섬유
dietary fiber

가용성 식이섬유
soluble dietary fiber

성 식이섬유 두 종류가 있다.

① 가용성 식이섬유

펙틴 pectin
검류 gums
점질물 mucilage
β-글루칸 β-glucan

펙틴, 검류, 해조 다당류, 점질물(뮤실리지), β-글루칸 등이 가용성 식이섬유에 속하며 과일류, 채소류, 콩류, 해조류 등에 많이 함유되어 있다. 가용성 식이섬유는 물속에서 쉽게 팽윤되어 겔을 형성함으로써 포만감을 주고 포도당의 흡수 속도를 지연시킨다. 또한 장내에서 담즙산과 결합하여 담즙산의 배설을 증가시킴으로써 콜레스테롤의 체내 이용을 증가시키고 혈중 콜레스테롤 농도를 저하시킨다.

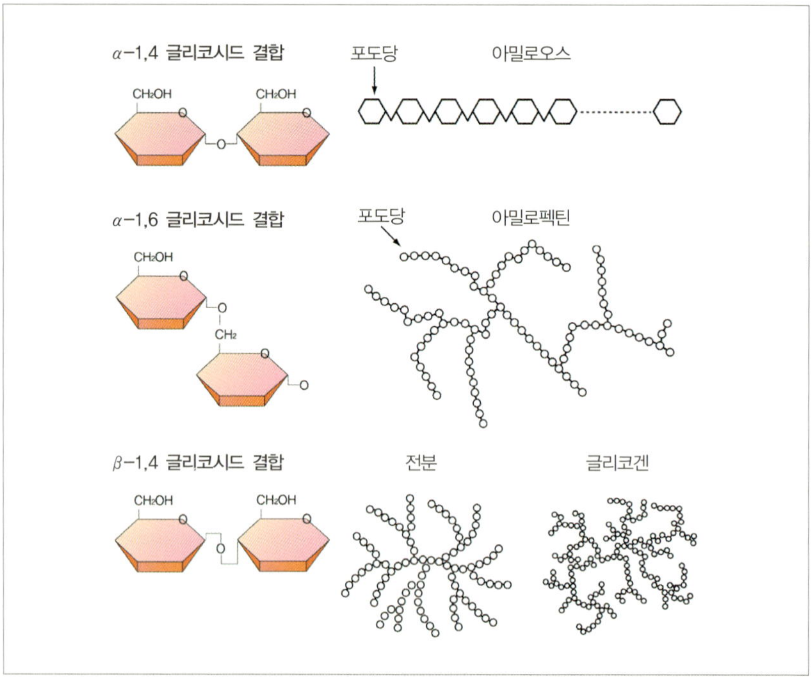

그림 2-3. 다당류의 구조와 결합 형태

불용성 식이섬유 insoluble dietary fiber
셀룰로오스 cellulose
헤미셀룰로오스 hemicellulose
리그닌 lignin

② 불용성 식이섬유

셀룰로오스, 헤미셀룰로오스, 리그닌 등이 불용성 식이섬유에 속하며 곡류의 겨층, 식물의 줄기, 채소 등에 많이 함유되어 있다. 불용성 식이섬유는 겔 형성 능력이 낮고 장내 미생물에 의해서도 분해되지 않으므로 배변량을 증가시키고, 장의 연동운동을 촉진하여 배변속도를 증가시킴으로써 변비를 예방하는 작용을 한다. 전분이나 글리코겐과 달리 포도당의 β-1,4 결합 중합체인 셀룰로오스는 인체의 소화효소에 의해 분해되지 않는다. 그러나 반추동물은 위 내에는 셀룰레이즈를 분비하는 세균이 있어 셀룰로오스를 에너지원으로 이용할 수 있다.

셀룰레이즈
cellulase

표 2-2. 식이섬유의 분류와 체내 기능

분 류	종 류	급원식품	생리적 기능
가용성 식이섬유	펙틴, 검류	감귤류, 사과, 딸기, 해조류	위장 통과시간 지연(포만감) 포도당의 흡수 지연 콜레스테롤 흡수 억제
	헤미셀룰로오스 일부	보리, 귀리, 바나나	
	뮤실리지(점액질)	해조류, 두류	
	β-글루칸	버섯, 보리, 귀리	
불용성 식이섬유	셀룰로오스	현미, 통밀, 호밀, 채소 등 식물의 줄기	배변량 증가 배변 촉진 : 장 통과속도 단축
	헤미셀룰로오스		
	리그닌	식물의 줄기	

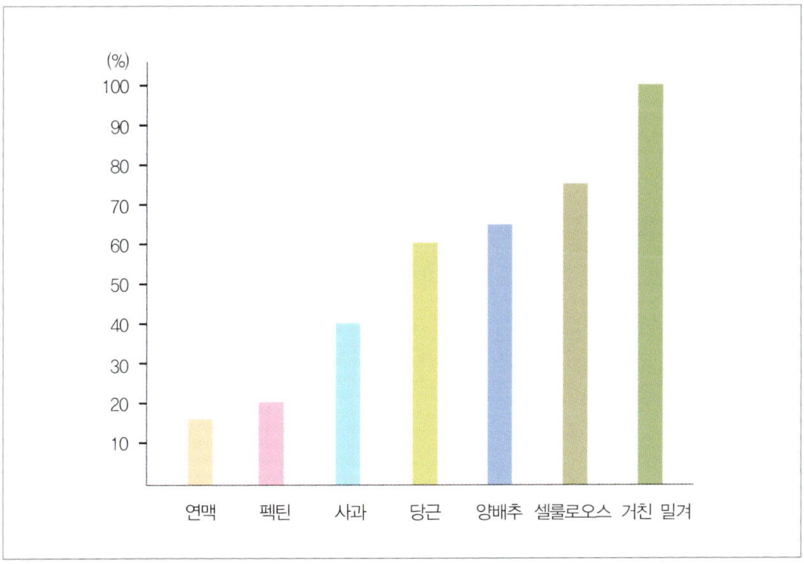

그림 2-4. 식이섬유 급원에 따른 대변의 부피 증가율

information 고섬유 식사의 문제점

하루 60g 정도의 고섬유 식사는 건강에 위험할 수 있고 다량의 수분을 필요로 한다. 만일 수분 섭취가 부족하면 분변이 매우 단단해져 배설이 어려워진다. 고섬유식은 열량영양소뿐만 아니라 칼슘, 아연, 철분 등의 무기질 흡수를 저해할 수 있으므로 성장기 어린이나 저체중 성인의 경우 고섬유식은 바람직하지 않다. 고섬유식은 가끔 위장에서 피토베조르라는 섬유공을 만드는데, 이 섬유공은 장의 흐름을 막을 수도 있다.

피토베조르 phytobezoar

2 탄수화물의 소화와 흡수

우리가 평소 섭취하는 탄수화물의 주된 형태는 전분, 설탕, 유당 및 식이섬유 등이다. 섭취한 탄수화물은 구강과 췌장에서 분비되는 α-아밀레이즈, 소장 점막세포의 이당류 분해효소와 글루코시데이즈에 의해 최종적으로 포도당, 과당 및 갈락토오스 등의 단당류로 분해되어 흡수된다. 식이섬유는 인체 내에서 소화되지 않으므로 흡수되지 않지만 장내에서 중요한 생리작용을 한다. 탄수화물의 소화흡수율은 98%이다.

1) 소화

(1) 구강

타액 아밀레이즈 salivary amylase

덱스트린 dextrin

탄수화물은 타액과 혼합되면서부터 소화되기 시작한다. 타액 아밀레이즈는 α-아밀레이즈로 전분의 α-1,4 결합을 무작위로 분해하여 전분을 덱스트린이나 맥아당으로 분해한다. 그러나 음식물이 입 안에 머무는 시간이 짧기 때문에 구강에서의 탄수화물 소화는 크지 않다.

(2) 위

위에서는 탄수화물 소화효소가 분비되지 않는다. 단지 타액 아밀레이즈가 위산에 의해 불활성화되기 전까지 타액 아밀레이즈가 약 15~20분 정도 더 작용할 수 있다. 위는 음식물을 유미즙 상태로 만들어 십이지장으로 보낸다.

(3) 소장

소장은 위와 연결된 유문 괄약근에서 시작하여 십이지장, 공장, 회장의 세 부분으로 되어 있다. 십이지장에서는 가장 강력한 소화가 이루어지는데, 이는 담즙과 췌장의 소화효소가 모두 십이지장으로 분비되기 때문이다. 췌장 α-아밀레이즈는 전분의 α-1,4 결합을 분해하여 전분을 맥아당과 말토트리오스 및 α-한계 덱스트린으로 분해한다. 맥아당과 이소맥아당은 말테이즈와 이소말테이즈에 의해 포도당 2분자로, 자당은 수크레이즈에 의해 포도당과 과당으로, 유당은 락테이즈에 의해 포도당과 갈락토오스로 분해된다(그림 2-5). α-1,6 글루코시데이즈는 α-한계 덱스트린의 α-1,6 결합을 분해하여 포도당을 생성한다.

췌장 아밀레이즈
pancreatic amylase

말토트리오스
maltotriose

α-한계 덱스트린
α-limited dextrin

이소맥아당
isomaltose

말테이즈
maltase

이소말테이즈
isomaltase

수크레이즈
sucrase

락테이즈
lactase

α-1,6 글루코시데이즈
α-1,6-glucosidase

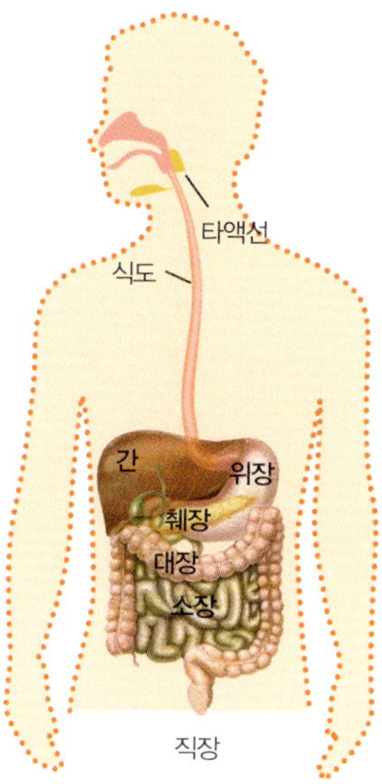

① **구강**: 타액 α-아밀레이즈
전분 ⟶ 덱스트린, 맥아당

② **위**: 탄수화물 소화효소 분비 안됨
타액 α-아밀레이즈의 불활성화

③ **췌장**: 췌장 α-아밀레이즈를 십이지장으로 분비
전분, 덱스트린 ⟶ 맥아당, 말토트리오스
α-한계 덱스트린

④ **소장**: 이당류 분해효소, α-글루코시데이즈
맥아당 $\xrightarrow{\text{말테이즈}}$ 포도당+포도당
자 당 $\xrightarrow{\text{수크레이즈}}$ 포도당+과당
유 당 $\xrightarrow{\text{락테이즈}}$ 포도당+갈락토오스
α-한계 덱스트린 $\xrightarrow{\alpha\text{-글루코시데이즈}}$ 포도당

⑤ 단당류들은 모세혈관으로 흡수 ⟶ 간문맥 ⟶ 간으로 운반

⑥ 가용성 식이섬유 중 일부가 대장 내 세균에 의해 발효되어 산과 가스 생성

⑦ 흡수되지 않은 불용성 식이섬유와 식이 탄수화물 일부가 배설됨

그림 2-5. 탄수화물의 소화와 흡수

(4) 대장

올리고당이나 식이섬유는 인체 내에 소화효소가 없어서 소화되지 않은 체 대장에 도달한다. 일부 가용성 식이섬유는 대장세균에 의해 분해되어 단쇄지방산과 가스를

생성한다. 불용성 식이섬유는 대부분 그대로 배설된다.

2) 흡수

촉진확산 facilitated diffusion
단순확산 passive diffusion
만노오스 mannose
자일로오스 xylose
아라비노오스 arbinose

탄수화물의 최종 소화 산물인 단당류, 즉 포도당, 과당, 갈락토오스는 소장 내강에서 미세융모를 통과해 장 점막세포를 거쳐 모세혈관으로 흡수되고 문맥을 통해 간으로 운반된다. 과당과 갈락토오스는 간에서 포도당으로 전환된다. 포도당과 갈락토오스는 능동수송에 의해 흡수되는데, 포도당 운반체는 나트륨 의존성으로 나트륨을 필요로 한다.

과당은 촉진확산에 의해 리보오스나 자일로오스 등 오탄당은 단순확산에 의해 흡수된다. 단당류의 흡수 속도는 갈락토오스 〉 포도당 〉 과당 〉 만노오스 〉 자일로오스〉 아라비노오스의 순이다.

3 탄수화물의 대사

음식물의 소화 · 흡수 과정을 통해 체내로 들어온 영양소들을 이용하기 위해 체내

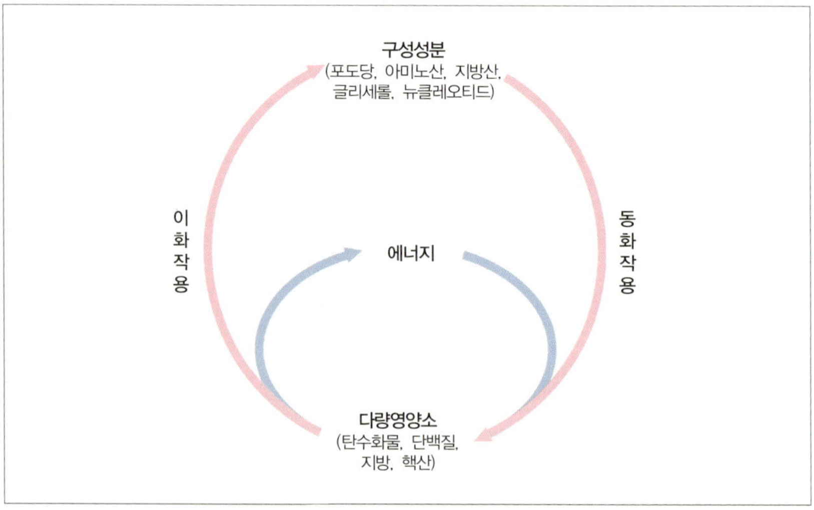

그림 2-6. 대사 : 이화작용과 동화작용

에서 일어나는 모든 화학반응을 통틀어 대사라 한다. 대사는 에너지를 생성하기 위해 분해되는 과정인 이화작용과 에너지를 사용하여 다른 물질을 합성하는 동화작용으로 나눌 수 있다(그림 2-6). 탄수화물은 단당류로 소화·흡수된 후 간에서 모두 포도당으로 바뀌어 각 세포로 운반되어 에너지원으로 사용된다. 그러므로 가장 중심이 되는 것이 포도당 대사이다.

대사 metabolism
이화작용 catobolic pathway
동화작용 anabolic pathway

탄수화물을 섭취한 후 소화·흡수되어 혈당이 상승하면 인슐린이 분비되어 포도당을 세포 내로 들여보냄으로써 혈당을 낮춘다. 세포 내로 들어온 포도당은 에너지가 필요한 경우에는 산화되어 에너지를 공급하고(해당과정, 구연산회로, 전자전달계), 에너지가 충분한 상태에서는 글리코겐이나 지방으로 저장되거나(글리코겐 합성, 지방 합성) 아미노산이나 핵산 등의 생분자 합성을 위한 중간물질로 전환된다(구연산

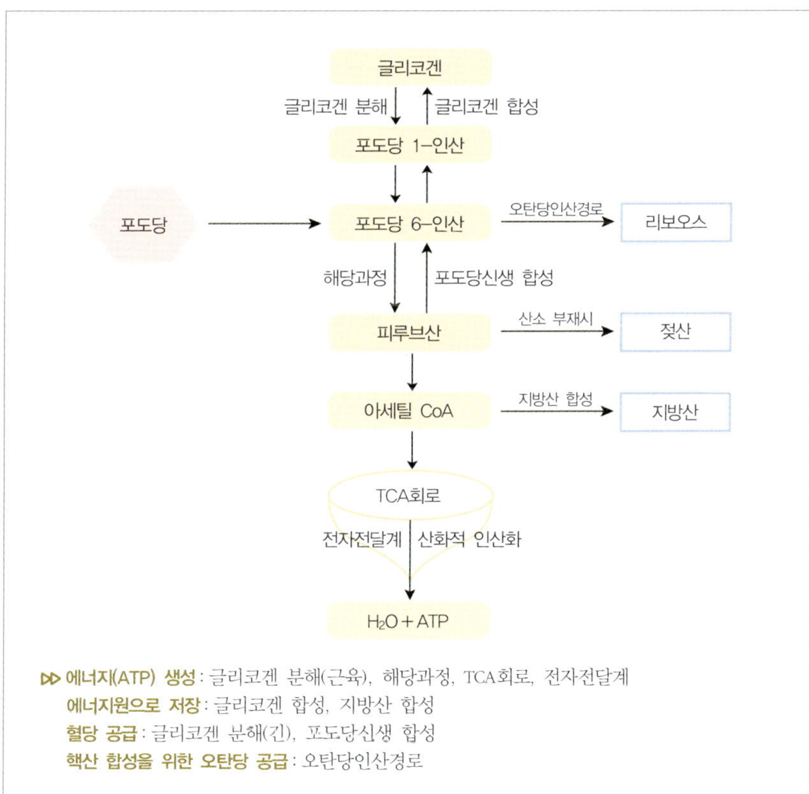

그림 2-7. 탄수화물 대사의 주요 경로

회로, 오탄당인산경로). 그러나 탄수화물의 섭취가 부족하여 혈당이 저하되면 글루카곤과 에피네프린이 분비되고 간과 근육에 저장된 글리코겐이 분해되어 혈당원이나 에너지원으로 사용된다(글리코겐 분해). 또한 비탄수화물 전구물질로부터 포도당을 새로 합성하여 혈당을 상승시킨다(포도당신생 합성) (그림 2-7).

1) 포도당 대사

(1) 해당과정

해당과정 glycolysis
피루브산 pyruvic acid
세포질 cytosol
ATP adenosine triphosphate
NAD micotinamide adenine dinucleotide
미토콘드리아 mitochondria

해당과정은 포도당이 2분자의 피루브산으로 분해되는 과정으로 모든 조직세포의 세포질에서 일어나며 산소가 없어도 진행되는 혐기적 반응이다. 즉 해당과정의 결과 포도당 1분자당 ATP 2분자, NADH 2분자, 피루브산 2분자가 생성된다.

$$1포도당 + 2NAD^{+} + 2ADP \rightarrow 2피루브산 + 2NADH + 2H^{+} + 2ATP$$

산소 존재 시 피루브산은 미토콘드리아로 들어가 아세틸 CoA를 거쳐 TCA회로를 통하여 완전히 산화된다.

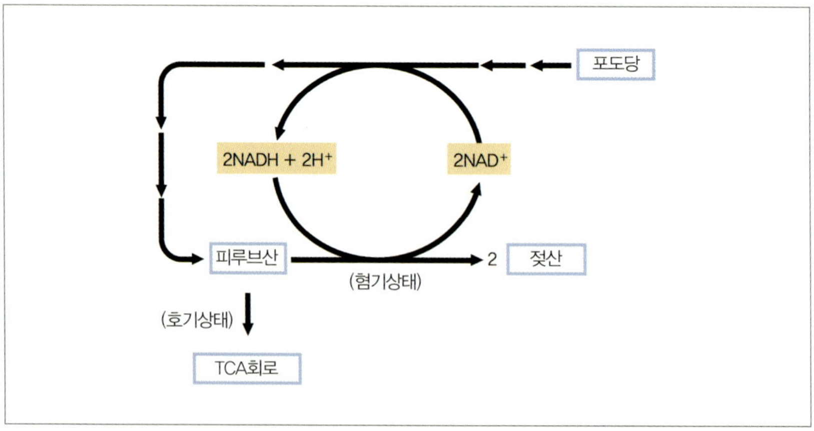

그림 2-8. 호기상태 및 혐기상태에서 피루브산의 대사 방향

산소가 공급되지 않는 경우에 피루브산은 젖산으로 환원된다(그림 2-8). 고강도의 작업 시 젖산이 많이 축적되면 pH가 감소되고 피로와 통증을 느낄 수 있다. 혐기적 해당과정의 에너지 효율은 낮지만, 산소가 없는 상태에서 또는 미토콘드리아가 없는 세포에서 에너지를 얻을 수 있는 유일한 경로이므로 그 중요성은 크다고 할 수 있다.

젖산
lactic acid

(2) TCA회로

TCA회로는 구연산회로라고도 한다. TCA회로는 산소가 필요한 호기성 과정으로 탄수화물을 비롯한 단백질, 지방 및 알코올을 포함한 모든 열량영양소가 완전히 산화되기 위해 거쳐야 하는 과정이다. 해당과정에서 생성된 피루브산은 세포질에서 미토콘드리아로 이동한 후 아세틸 CoA로 산화되면서 NADH 1분자를 생성한다.

TCA회로
tricarboxylic acid cycle

구연산회로
citric acid cycle

아세틸 CoA
acetyl CoA

$$2\text{피루브산} + 2NAD^+ + 2CoA \rightarrow 2\text{아세틸}CoA + 2NADH + 2H^+ + 2CO_2$$

TCA회로는 아세틸 CoA와 옥살로아세트산의 축합반응에 의해 구연산을 생성하면서 시작하여 8개의 반응이 순환적 과정을 한다. TCA회로가 1회전 할 때마다 아세틸 CoA의 탄소는 2분자의 CO_2로 방출되고, 4번의 산화·환원반응에 의해 3분자의 NADH, 1분자의 $FADH_2$와 기질수준 인산화로 1분자의 GTP를 생성하고 옥살로아세트산이 재생성된다.

옥살로아세트산
oxaloacetic acid

기질수준 인산화
substrate level phosphorylation

$$\text{아세틸 } CoA + \text{옥살로아세트산} + 3NAD^+ + 1FAD + 1GDP$$
$$\rightarrow 2CO_2 + 3NADH + 3H^+ + 1FADH_2 + 1GTP + \text{옥살로아세트산}$$

FAD
flavin adenin dinucleotide

TCA회로에서 생성된 NADH와 $FADH_2$는 전자전달계로 들어가 산화적 인산화를 통하여 ATP를 생성한다. TCA회로는 에너지를 생산하는 이화작용뿐만 아니라 다른 물질의 생합성을 위하여 전구물질을 공급하는 동화작용의 역할도 한다. 즉 TCA회로의 중간대사 물질은 회로를 나와 비필수아미노산, 뉴클레오티드, 지방산 및 포도당 합성을 위한 탄소골격으로 이용된다. 따라서 TCA회로는 분해와 합성의 양방향 대사경로로 작용한다.

산화적 인산화
oxidative phosphorylaltion

(3) 전자전달계

전자전달계 electron transport system

TCA회로에서 생성된 NADH와 $FADH_2$의 전자쌍은 미토콘드리아 내막에 있는 전자운반체들의 집합체인 전자전달계로 들어가 산화되어 ATP를 생성하는데, 이 과정을 산화적 인산화라 한다. 즉 전자전달계와 산화적 인산화는 짝지어서 일어난다. NADH와 $FADH_2$는 전자전달계에서 완전 산화되면 각각 2.5ATP와 1.5ATP를 생성한다. 따라서 포도당 1분자가 해당과정과 TCA회로를 통하여 완전 산화되면 해당과정에서 생성된 NADH가 미토콘드리아로 이동되는 경로에 따라 30~32분자의 ATP를 생성한다.

(4) 글리코겐 합성과 분해

혈당을 일정하게 유지하는 것은 생명유지에 필수적이다. 혈당이 높을 때는 글리코겐을 합성하고, 혈당이 낮을 때는 글리코겐 분해 및 포도당신생 합성을 통하여 혈당을 일정범위 내에서 유지한다.

① 글리코겐 합성

글리코겐 합성 glycogenesis

인슐린 insulin

고당질 식사로 과잉의 포도당이 흡수되었을 때 고혈당 상태가 되면 인슐린이 분비되어 글리코겐 합성이 촉진된다. 글리코겐 합성은 주로 간과 근육에서 일어난다. 간에는 약 100g(간 중량의 4~6%), 근육에는 약 250g(근육 중량의 1%)의 글리코겐이 저장되어 있다.

② 글리코겐 분해

글리코겐 분해 glycogenolysis

글루카곤 glucagon

에피네프린 epinephrine

포도당 6-인산 분해효소 glucose 6-phosphatase

혈당이 저하되면 글루카곤과 에피네프린이 분비되고 글리코겐 분해가 시작된다. 간의 글리코겐은 포도당 1-인산을 거쳐 포도당 6-인산으로 분해된 후 포도당 6-인산 분해효소에 의해 포도당으로 분해되어 혈당을 유지하는데 기여한다. 그러나 근육에는 포도당 6-인산 분해효소가 없어서 근육 글리코겐은 포도당으로 분해되지 못하고 에너지원으로 사용된다. 간 글리코겐은 12~18시간 금식 후에는 거의 모두 혈당으로 소모되며, 근육 글리코겐은 격심한 운동을 할 때 고갈된다.

(5) 포도당신생 합성

포도당신생 합성은 글리세롤, 피루브산, 젖산 및 아미노산 등을 이용하여 포도당을 합성하는 과정으로 간과 신장에서 일어난다. 대부분의 세포들은 에너지원으로 포도당과 지방산을 사용하나 뇌와 신경세포는 포도당을 우선적으로 사용하고, 적혈구는 포도당만을 사용하므로 혈당유지는 매우 중요하다. 혈당이 저하되면 일차적으로 간에 저장된 글리코겐을 분해하여 포도당을 공급할 수 있다. 그러나 아침 식전이나 단식 및 심한 운동 후에는 글리코겐이 고갈될 수 있는데, 이때는 포도당신생 합성을 통하여 혈당을 유지하게 된다.

포도당신생 합성
gluconeogenesis

(6) 오탄당 인산경로

오탄당 인산경로는 다양한 물질의 생합성에 필요한 환원제인 NADPH와 핵산의 구성성분인 오탄당을 공급하는 데에 그 목적이 있다. 따라서 오탄당 인산경로는 지방산이나 스테로이드호르몬 합성이 왕성한 조직(간, 수유 중인 유선, 지방조직, 부신피질, 성선 등)이나 세포분열이 왕성한 조직(골수, 피부, 소장 점막 등)에서 활발하게 일어난다.

오탄당 인산경로
pentose phosphate pathway

2) 과당과 갈락토오스 대사

과당은 간에서 포도당으로 전환된다. 과당이 세포 내로 이동할 때는 인슐린이 필요없지만 과당도 결국 포도당으로 전환되므로 과량 섭취 시 혈당을 높일 수 있다.

갈락토오스도 간에서 UDP-포도당으로 전환되어 글리코겐으로 합성되거나 포도당 1-인산으로 전환되어 포도당과 같은 경로를 통해 대사된다.

3) 혈당 조절

혈액 중의 포도당 농도는 0.1%로, 정상인의 공복 시 혈당 수준은 70~100mg/dL이다. 혈당은 식후 30분 정도 후에는 120~130mg/dL까지 상승하지만, 2시간 정도 경과하면 거의 정상 수준으로 회복된다. 혈당이 상승하면 췌장의 β-세포에서 인슐린이 분비되어

혈당
blood sugar

조직세포로 포도당의 유입을 촉진시킴으로써 혈당을 저하시킨다(표 2-3). 그러나 혈당이 떨어지면 췌장의 α-세포에서 글루카곤, 부신피질에서 당질코티코이드, 부신수질에서 에피네프린이 분비되어 글리코겐의 분해나 포도당신생 합성을 촉진시킴으로써 혈당을 상승시킨다. 혈당이 170mg/dL 이상으로 상승하면 고혈당증으로 당뇨현상이 나타나며, 혈당이 40~50mg/dL 이하로 떨어지면 저혈당증으로 공복감과 두통을 느끼고 심하면 저혈당 쇼크를 일으킨다.

고혈당증 hyperglycemia

저혈당증 hypoglycemia

표 2-3. 혈당 조절에 관여하는 호르몬과 그 기능

혈당 조절	호르몬	분비기관	표적기관
혈당 감소	인슐린	췌장(β-세포)	간, 근육, 지방조직
혈당 상승	글루카곤	췌장(α-세포)	간
	에피네프린	부신수질	간, 근육
	당질코티코이드	부신피질	간, 근육

4 탄수화물의 체내 기능

1) 에너지 공급원

탄수화물의 가장 중요한 기능은 신체활동에 필요한 에너지를 공급하는 것이다. 탄수화물은 체내에서 g당 4kcal를 제공하며 우리가 필요로 하는 하루 총 에너지의 55~65% 이상을 공급한다. 열량영양소는 탄수화물 외에도 지질과 단백질이 있으나 적혈구, 뇌, 신경세포는 주로 포도당을 에너지원으로 사용하므로 이들 세포의 기능유지를 위하여 탄수화물의 섭취는 필수적이다. 쓰고 남은 여분의 탄수화물은 글리코겐이나 지방으로 전환되어 저장된다.

2) 단백질 절약작용

탄수화물의 섭취가 부족하면 혈당이 감소한다. 혈당이 내려가면 포도당신생 합성이 활발하게 일어나게 된다. 이때 체조직 합성에 이용되어야 할 단백질이 포도당신생 합성을 위하여 사용되므로 단백질 본연의 기능을 수행하지 못하게 된다. 따라서 탄수화물을 충분히 섭취하여 에너지 공급이 원활하면 단백질이 포도당신생 합성에 쓰이지 않으므로 단백질을 절약할 수 있다.

3) 케톤증 예방

아세토아세트산, β-히드록시부티르산, 아세톤을 케톤체라 하고, 혈액이나 조직에 케톤체가 축적되는 것을 케톤증이라 한다. 케톤증은 단식이나 기아상태 또는 인슐린 의존성 당뇨병 환자에게서 발생하기 쉬운데, 이런 경우 체내에서는 에너지원으로서 지방의 분해가 증가함과 동시에 간에서 포도당신생 합성도 증가하게 된다. 즉 지방산의 분해 증가로 아세틸 CoA는 다량 생성되는 반면, 옥살로아세트산은 포도당신생 합성에 이용되므로 급격히 감소하게 된다. 옥살로아세트산이 부족할 경우 아세틸 CoA는 TCA회로로 들어가 산화되지 못하고 서로 축합하여 케톤체를 생성하게 된다. 그러므로 옥살로아세트산이 충분히 공급되면 케톤증을 예방할 수 있는데, 이를 위해서는 하루에 50~100g의 탄수화물 섭취가 필요하다. 이는 밥 1공기(탄수화물 69g 함유) 정도를 먹으면 섭취될 수 있는 양이다.

케톤증
ketosis

아세토아세트산
acetoacetic acid

β-히드록시부티르산
β-hyroxybutyric acid

아세톤
acetone

케톤체
keton body

4) 단맛 제공

단당류와 이당류는 단맛을 가지고 있어서 식품 조리나 가공 시 단맛을 제공할 뿐만 아니라 식품의 물성을 향상시키는데 이용된다(표 2-4). 단맛의 정도는 설탕의 당도를 100으로 기준 삼아 다른 당류의 당도를 상대값으로 나타내는데 과당 170, 포도당 70, 맥아당 40, 갈락토오즈 30, 유당 20 정도이다(표 2-5).

표 2-4. 식품가공 시 첨가되는 당류의 이름

갈색 설탕 (brown sugar)	포도당 (glucose)	말토덱스트린 (maltodextrin)	만니톨 (mannitol)	꿀 (honey)
단풍당 (maple syrup)	자일리톨 (xylitol)	설탕 (sugar)	전화당 (invert sugar)	당밀 (molasses)
옥수수시럽 (corn sweeteners)	덱스트로스 (dextrose)	젖당 (lactose)	폴리덱스트로스 (polydextrose)	과당 (fructose)
고과당시럽 (high fructose syrup)	맥아당 (maltose)	소르비톨 (sorbitol)	제과용 설탕 (powdered sugar)	레불로오스 (levulose)

표 2-5. 감미료의 상대적 당도와 급원식품

감미료의 종류			상대적 당도	주요 급원
영양감미료	당류	유당	0.2	유제품
		갈락토오스	0.3	유제품
		맥아당	0.4	맥아, 곡류의 싹, 식혜, 알코올 음료
		포도당	0.7	콘시럽, 꿀
		자당	1.0	식탁용 설탕, 대부분의 단음식
		전화당	1.3	사탕, 꿀
		과당	1.7	과일, 꿀, 고과당콘시럽
	당알코올	솔비톨	0.6	사탕, 껌
		만니톨	0.7	사탕
		자일리톨	0.9	껌
대체감미료		사이클라메이트	30	식탁용 감미료
		아스파탐	200	저열량 음료, 껌, 다이어트용 음료
		사카린	300	저열량 음료
		수크랄로스	600	다이어트용 음료, 껌, 잼, 냉동 후식류

5) 체구성 성분

5탄당인 리보오스와 디옥시리보오스는 핵산의 구성성분으로 체세포를 구성하고 있다. 점액의 주성분인 뮤신은 당단백의, 6탄당인 갈락토오스와 만노오스는 당지질과 당단백의 구성성분이다.

5 탄수화물의 섭취와 건강

1) 당뇨병

당뇨병은 췌장에서 분비되는 인슐린이 부족하거나 효율적으로 작용하지 못할 때 발생하는 대사성 질환이다. 인슐린이 부족하면 혈액 속의 포도당은 세포 내로 들어가지 못하고 혈액 속에 높은 농도로 존재하여 고혈당이 된다. 혈당이 170mg/dL 이상이 되면 소변으로 포도당이 배설된다. 당뇨 환자는 혈당을 조절하기 위하여 탄수화물의 섭취량을 총 열량의 55~65%가 되도록 섭취하고 단순당질보다는 복합탄수화물의 형태로 섭취하여야 한다. 당뇨병의 예방 및 치료에서 식이섬유는 포도당의 흡수를 지연시켜 혈당조절 기능을 나타내는데 가용성 식이섬유가 더 효과적이다. 당뇨 환자의 식이섬유 권장량은 하루 25~35g이다.

식품의 혈당지수는 식품 내 탄수화물의 혈당 상승효과를 나타내는 상대적인 척도이다(표 2-6). 백미나 감자같이 혈당지수가 높은 식품은 체내 혈당부하도를 높인다(표 2-7). 실제 혈당과 인슐린에 영향을 미치는 것은 혈당부하도이다. 복합탄수화물이라도 소화·흡수가 빠르게 진행되는 경우 혈당부하도는 단순당질과 거의 비슷해지는 반면, 수용성 식이섬유를 함유한 식품은 소화가 천천히 진행되므로 혈당을 서서히 상승시킨다. 또한 단백질은 충분히 섭취하도록 하며 규칙적인 식사와 일정한 식사량의 유지 및 적절한 운동으로 혈당의 심한 변동을 막아야 한다.

혈당지수
GI : glycemic index

혈당부하도
GL : glycemic load

information
혈당지수와 혈당부하도

혈당지수란, 음식물 중의 당이 체내에서 포도당으로 전환되는 지수이다. 즉 포도당 같은 표준치와 비교해서 어떤 식품의 혈당반응을 나타낸다. 으깬 감자, 구운 감자, 백미, 흰빵, 꿀 등은 혈당지수가 높은 식품들이다.

혈당부하도는 특정 식품의 혈당지수를 100으로 나누고, 그 식품의 1회 섭취 분량에 함유된 탄수화물의 총량(g)을 곱하면 구할 수 있는데, 탄수화물의 총량이나 혈당지수보다 실제로 어떤 식품이 혈당에 미치는 영향을 더 잘 나타낸다.

표 2-6. 식품 100g 섭취 시 혈당지수

고혈당지수 식품(70 이상)	중혈당지수 식품(56~69)	저혈당지수 식품(55 이하)
포도당(100)	보리빵(67)	오렌지주스(46~53)
흰식빵(93)	귀리빵(65)	오트밀(42)
백미(70)	요구르트(64)	올브랜플레이크(42)
감자(90)	아이스크림(61)	전곡빵(30~45)
콘플레이크(72~92)	잡곡플레이크(66)	우유(31~34)
떡(80~87)	초콜릿(60)	사과(34)
꿀(73)	현미(50~60)	배(28)
호박(75)	바나나(58)	초콜릿 바(14~23)
수박(72)	파인애플(52)	대두(15)
옥수수(70~75)		채소(10~15)

표 2-7. 식품의 혈당지수 및 혈당부하도

식품	혈당지수	1회분량(g)	1회분량 내탄수화물량	혈당부하도	식품	혈당지수	1회분량(g)	1회분량 내탄수화물량	혈당부하도
대추	103	60	40	41	팝콘	54	20	11	6
군감자	85	150	30	26	바나나	48	120	25	12
옥수수칩	83	30	30	25	옥수수	48	80	16	8
와플	76	35	13	10	통밀과자	48	150	26	12
아이스크림	61	250	31	19	초콜릿	49	30	18	9
베이글	72	70	35	25	귀리빵	44	30	18	8
엔젤케이크	67	50	29	19	감자칩	54	30	15	8
팬케이크	67	80	58	39	포도	43	120	17	7
건포도	64	60	44	28	사과주스	39	250	25	10
흰쌀	56	150	42	24	토마토주스	38	250	9	3
꿀	73	6	6	4	말린살구	24	120	14	3
자당	65	6	5	3	과당	23	6	5	1

2) 충치

충치의 원인은 치아 표면에 생성된 세균막인 프라그를 들 수 있다. 입 안에 남아있는 설탕이나 전분 등이 프라그를 이루고 있는 세균에 의해 분해되면서 발생하는 산이 치아 표면의 에나멜 층을 공격하여 손상되면 충치가 발생하게 된다(그림 2-9). 당류가 많이 함유된 음식과 음료수, 입 안에서 당류로 변할 수 있는 음식, 치아에 달라붙기 쉬운 음식 등의 섭취를 자제하는 것이 좋다. 특히 탄산수나 설탕이 들어간 끈적이는 간식은 치아에 나쁜 영향을 주므로 피해야 하고, 섭취한 경우에는 바로 헹궈내거나 양치질을 하는 것이 좋다. 반면 채소나 과일같이 섬유질이 많이 함유된 음식은 저절로 치아를 닦아주는 역할을 하므로 프라그의 생성을 억제함으로써 충치를 줄일 수 있다.

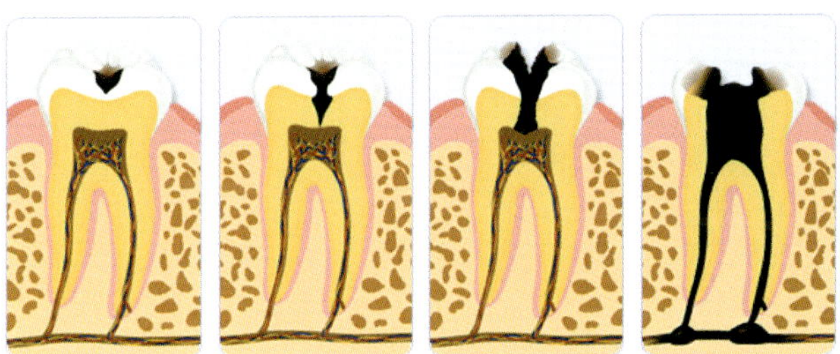

【충치 1단계】
· 법랑질까지 침범
· 증상은 거의 없음

【충치 2단계】
· 상아질까지 침범
· 시리고 약간의 통증
· 치수염의 초기단계 발병 가능

【충치 3단계】
· 신경까지 침범
· 상당한 통증
· 치수염의 발생 및 근관치료 필요
· 저작시 통증이 발생하거나 자발통 발생 가능

【충치 4단계】
· 뿌리 끝까지 침범
· 치아 뿌리 주변의 농양 형성, 치아가 흔들리기도 함
· 악화되는 경우 얼굴이 부어오르기도 함

자료 : 보건복지부, 대한치의학회

그림 2-9. 충치의 진행단계

information

자일리톨과 충치

자일리톨은 충치 예방효과가 있다고 알려진 설탕 대용 감미료인 천연 5탄당 알코올이다. 충치균은 6탄당은 쉽게 분해하지만 5탄당인 자일리톨은 분해하지 못한다. 따라서 자일리톨은 대표적인 충치 유발균인 뮤탄스균의 성장을 억제하고 치아 표면의 세균막인 프라그와 프라그 내에서의 산 생성을 감소시킴으로써 충치예방 기능을 한다.

3) 유당불내증

유당은 락테이스에 의해 포도당과 과당으로 분해되어 흡수된다. 그러나 락테이즈가 결핍되거나 불충분한 경우 유당은 분해되지 못하므로 흡수되지 못하고 대장으로 이동하게 된다. 대장 내에서 유당은 장내 세균에 의하여 발효되어 산과 가스를 생성

유당불내증 lactose intolerence

저락토오즈 우유 low-lactose milk

하고 삼투압에 의한 수분의 장 내 이동으로 설사와 복통을 일으키는데 이를 유당불내증이라 한다. 유당불내증이 있는 경우, 유당의 섭취를 삼가거나 요구르트나 치즈 같은 우유 발효제품을 섭취하도록 한다. 또는 락테이즈를 첨가하여 유당을 분해시킨 저락토오즈 우유를 섭취한다(그림 2-10).

영양성분 1회 제공량 1컵(200mL)

1회 제공량당 함량	*%영양소 기준치	1회 제공량당 함량	*%영양소 기준치
열량 85kcal		포화지방 2g	13%
탄수화물 7g	2%	트랜스지방 0g	
당류 7g		콜레스테롤 14mg	5%
(유당) (0)g		나트륨 100mg	5%
단백질 6g	10%	칼슘 412mg	59%
지방 3.6g	7%		

* %영양소기준치 : 1일 영양소기준치에 대한 비율

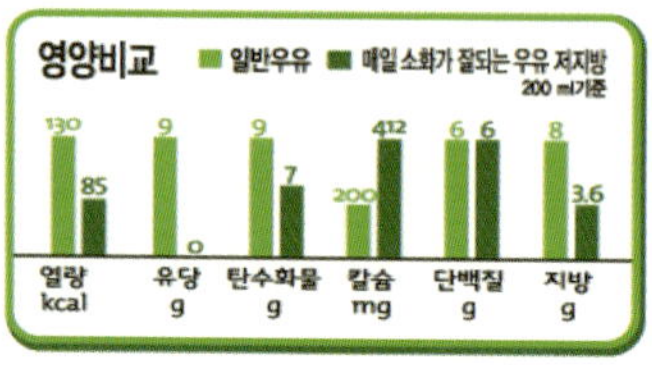

그림 2-10. 저락토오즈 우유와 그 영양성분

4) 고지혈증

고지혈증 hyperlipidemia

총 열량 및 탄수화물의 섭취가 과잉일 경우 에너지원으로 사용하고 남은 탄수화물은 간에서 중성지방으로 전환되어 혈액을 타고 이동하여 지방조직에 저장된다. 즉 고탄수화물 식사는 고중성지방혈증을 유발할 수 있다.

5) 게실증

게실증 diverticulosis

게실 diverticula

게실증이란, 대장벽에 작은 외형 주머니, 즉 게실을 형성한 상태를 말한다(그림 2-11). 게실은 변비로 인하여 대장 내의 압력이 증가하면 장벽의 약한 부분을 밀어냄으로써 형성된다. 저섬유식은 대변량을 줄이고, 결장 내 압력을 증가시켜 게실증을 악화시킨다. 게실성 질환은 식이섬유의 섭취가 부족한 노인에게 흔히 나타나며 70세 이상 성인의 절반이 게실 증세를 보이고 20% 정도는 게실염으로 악화된다. 고섬유식은 배변량을 증가시킬 뿐 아니라 수분을 보유하여 배변을 용이하게 함으로써 결장 내 압력을 낮출 수 있다. 따라서 노인기의 게실염을 예방하기 위해서는 고섬유식과 수분을 충분히 섭취하는 것이 중요하다.

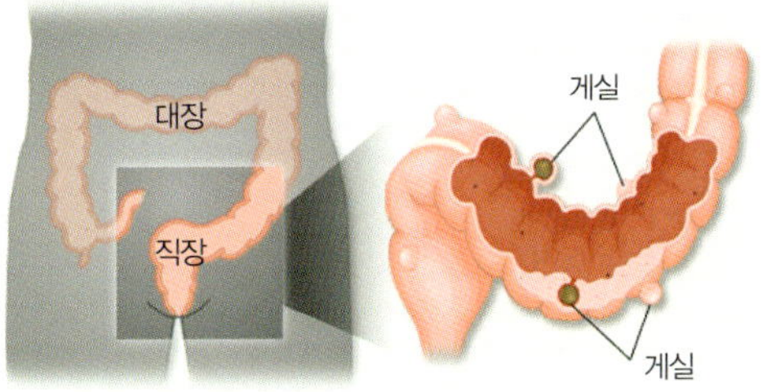

자료 : 보건복지부, 대한의학회

그림 2-11. 대장 게실

6 탄수화물의 영양섭취기준과 급원식품

1) 영양섭취기준

한국인 영양섭취기준에 탄수화물의 권장섭취량은 설정하지 않았으나, 열량영양소들 간의 상호작용과 균형을 위하여 1세 이후의 연령층에 대해 3대 열량영양소의 에너지 적정 비율을 정하였다. 탄수화물의 에너지 적정 비율은 1세 이상 모든 연령층에서 55~65%로 권장하고 있으며, 생후 1년 이내 영아의 경우 0~5개월과 6~11개월로 나누어 각각 60g/일, 90g/일로 충분섭취량을 설정하였다. 2015년 한국인 영양섭취기준이 개정되면서 총 당류 섭취기준을 총 에너지 섭취의 10~20%로 제한하였고, 특히 식품의 조리 및 가공 시 첨가되는 첨가당은 총 에너지 섭취량의 10% 이내로 섭취하도록 하였다. 첨가당의 주요 급원으로는 설탕, 액상과당, 물엿, 당밀, 꿀, 시럽, 농축과일주스 등이 있다.

식이섬유는 1970년대 초 한국인의 평균 식이섬유 추정섭취량을 근거로 1세 이상 모든 연령층에 충분섭취량을 설정하였다. 1~2세는 10g/일, 3~5세는 15g/일, 성인 남자는 25g/일, 성인 여자는 20g/일로 설정하였고, 임신·수유부는 추가에너지 필요량에 따라 5g씩 추가하였다.

2) 섭취 현황

2008~2012년 국민건강영양조사 결과 우리나라 국민의 만 1세 이상 1일 1인당 탄수화물 섭취량은 314.5g으로 높은 실정이다. 탄수화물 섭취의 주요 급원식품으로는 백미, 라면, 국수, 빵, 떡, 찹쌀, 커피, 설탕, 보리, 사과였다. 주식인 백미가 1위, 밀가루 제품인 라면, 국수, 빵 등이 그 뒤를 이었지만, 탄산음료나 봉지커피 등의 섭취가 늘어나면서 커피, 설탕 등의 섭취량이 늘어나고 있는 추세이다. 2014년 발표된 1일 평균 총 당류 섭취량은 61.4g이었고, 이는 1일 평균 에너지 섭취량의 12.8%에 해당되었다. 한편 우리나라 국민은 식품에 내재하는 당류보다 식품을 가공 또는 조리할 때 첨가하는 당류의 섭취량이 많은 것으로 나타났다.

3) 급원식품

탄수화물의 주요 급원식품은 쌀, 보리 등의 곡류와 감자, 고구마 등의 서류, 밀가루 등이 있으며, 과일이나 우유에도 상당량의 탄수화물이 함유되어 있다. 이외에 설탕, 꿀, 시럽 등의 단순당질이 있다. 특히 탄산음료나 에너지음료, 가공우유 및 요구르트, 캔커피 등의 음료에는 상당한 양의 단순당질이 함유되어 있다(표 2-8). 해조류나 채소류는 단순당질의 함량은 낮은 반면, 식이섬유의 함량은 높아서 식이섬유의 좋은 공급원이다(그림 2-12).

표 2-8. 식품 중의 탄수화물 함량

식 품	1회 분량(g)		1회 분량당 탄수화물 함량(g)	100g당 탄수화물 함량(g)
국수(마른 것)	1그릇 익힌 것	100	78.0	78.0
쌀밥(백미)	1공기	210	68.88	32.8
보리쌀	9큰스푼	90	68.58	76.2
가래떡		130	68.25	52.5
식빵	큰 것 2쪽	100	50.7	50.7
고구마(생것)	중 1/2개	90	27.27	30.3
시리얼(콘플레이크)	3/4컵	30	26.52	88.4

식 품	1회 분량(g)		1회 분량당 탄수화물 함량(g)	100g당 탄수화물 함량(g)
밤(생것)	큰 것 3개	60	21.48	35.8
묵(메밀묵)		150	19.2	12.8
감자(생것)	중 1개	130	18.72	14.4
설탕(백설탕)	1큰술	10	9.99	99.9
꿀		10	7.97	79.7
라면	1인분	120	73.3	61.1
콜라	1캔	250	30.0	12
옥수수	대 1/2개	130	37.5	28.8
크래커(에이스)	1봉지	120	70.3	58.6
우유	1팩	200	9.4	4.7
피자	1조각	130	35	26.9

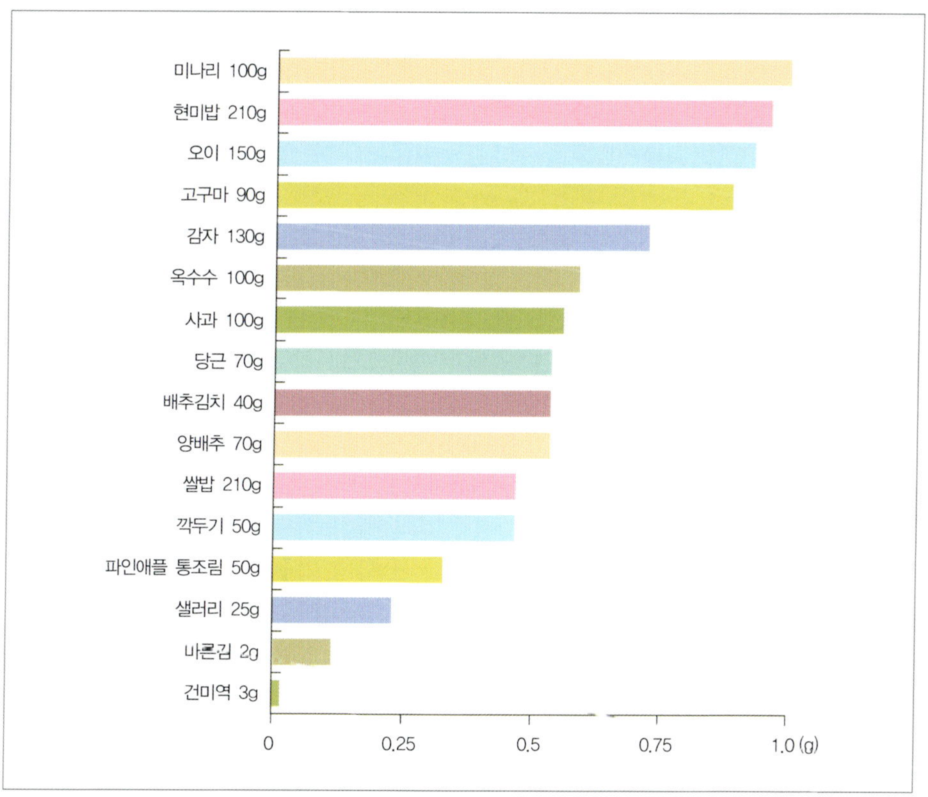

그림 2-12. 주요 식품 1회 분량당 식이섬유의 함량

information 빈 열량식품

빈 열량식품
empty calorie foods

에너지 이외의 다른 영양소가 거의 함유되어 있지 않은 식품으로 탄산음료, 사탕, 설탕, 알코올, 초콜릿 또는 마가린 같은 지방식품 등이 해당된다. 빈 열량식품을 많이 섭취하면 비만, 당뇨, 고지혈증 등이 유발될 수 있다.

Quiz

1. 5탄당과 6탄당의 종류와 체내에서의 기능을 설명하시오.
2. 이당류의 종류와 구성당, 섭취 경로를 설명하시오.
3. 전분, 글리코겐, 식이섬유를 비교 설명하시오.
4. 식이섬유의 체내 기능과 급원식품을 설명하시오.
5. 전분의 소화·흡수 과정을 설명하시오.
6. 포도당의 흡수방법을 설명하시오.
7. 인슐린과 글루카곤의 혈당조절기전을 설명하시오.
8. 포도당이 체내에서 대사되는 주요 경로를 설명하시오.
9. 탄수화물의 과잉 섭취 시 건강에 미치는 영향을 설명하시오.
10. 탄수화물의 섭취 부족이 건강에 미치는 영향을 설명하시오.

NUTRITION

Nutrition

3 단백질

1 단백질

프로테인
protein

단백질은 신체를 구성하고 있는 모든 세포의 기본성분으로 신체기능을 수행하는데 필수적인 역할을 담당하고 있는 영양소이다. 단백질은 영어로 프로테인이라고 하는데, 희랍어로 '가장 중요한'이라는 의미가 있다. 단백질은 신체 내 대사반응을 조절하는 효소와 호르몬, 면역반응을 담당하는 항체, 근육을 비롯한 신체의 구성성분으로서 작용하는 등 생명체에서 아주 핵심적인 중요한 역할을 한다.

1) 단백질의 일반적인 특징

단백질을 구성하고 있는 원소는 탄소, 수소, 산소 외에 질소를 가지고 있으며, 종류에 따라 황, 철, 요오드, 구리 등의 다양한 원소를 함유하고 있다. 모든 단백질은 일정 비율, 즉 16%의 질소를 함유하고 있으며, 이 질소로 인하여 탄수화물과 지질과는 다른 독특한 기능과 체내 대사과정을 거친다. 질소는 산소 및 탄소와 같이 지구의 생태계에서 순환하고 있다. 식물체는 토양으로부터 흡수한 질소와 광합성에 의해 생성된 탄소화합물을 이용하여 아미노산을 합성하고 이를 재료로 단백질을 합성한다. 인간은 식물성 식품 혹은 식물성 식품을 먹고 자란 동물성 식품을 섭취함으로써 질소를 함유한 단백질을 섭취하게 된다.

information
질소계수

대부분의 단백질 분자는 평균 16%(12~19%)의 질소를 함유하고 있다. 따라서 어떤 식품의 질소량을 정량하면 그 식품의 단백질 함량을 산출할 수 있다. 즉 식품 분해 후 얻어진 질소량에 질소계수 6.25(100/16 = 6.25)를 곱하면 식품 내의 단백질량을 산출할 수 있다. 이렇게 하여 산출된 단백질량을 조단백질이라 한다.

조단백질
crude protein

조단백질량 = 질소함량 × 질소계수(6.25)

2) 아미노산의 구조와 종류

(1) 아미노산의 구조

아미노산은 단백질의 기본 구성단위이다. 아미노산은 탄소가 갖는 4개의 결합 가능한 연결고리에 각각 수소(H), 아미노기($-NH_2$)와 카르복실기(-COOH)가 연결된 기본구조를 가지며, 나머지 연결고리에는 다양한 종류의 R기가 붙어있는 화합물이다(그림 3-1).

아미노산
amino acid

아미노기
amino group, $-NH_2$

카르복실기
carboxyl group, -COOH

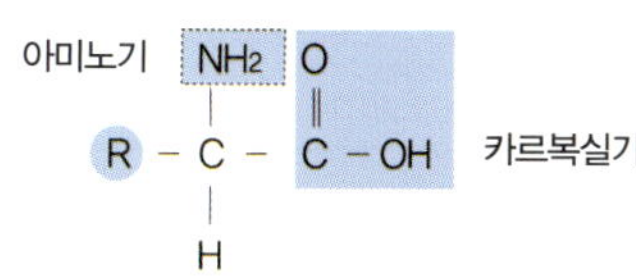

그림 3-1. 아미노산의 기본구조

자연계에 존재하는 아미노산은 현재까지 약 20여 가지가 알려져 있으며, 이들 20여 가지 아미노산은 아미노산 기본구조 중 R기에 의해 구분된다. R기가 수소인 경우 글리신이라는 아미노산이 되고, 메틸기($-CH_3$)인 경우 알라닌이 된다(그림 3-2).

아미노산은 R기의 화학적 조성에 따라 산성아미노산, 중성아미노산 및 염기성아미노산으로 분류된다. 아미노산은 기본적으로 구조 내에 산성을 띠고 있는 카르복실기와 염기성을 띠고 있는 아미노기를 가지고 있으므로 중성을 띠고 있으나, R기에 아미노기나 카르복실기가 첨가되면 염기성 혹은 산성아미노산이 된다. 중성아미노산은 R기의 특징에 따라 지방족아미노산, 방향족아미노산 및 곁가지아미노산으로 분류된다.

지방족 탄화수소 R기를 가진 아미노산은 글리신, 알라닌, 발린, 류신, 이소류신, 메티오닌이고 발린, 류신, 이소류신은 비선형의 지방족 R기를 가지고 있으므로 곁가지아미노산이라고 부른다. 또한 R기에 방향족 고리를 가지고 있는 아미노산인 페닐알라닌, 트립토판, 티로신은 방향족아미노산이라고 부르며, 메티오닌과 시스테인은 R기에 황원자를 포함하고 있으므로 함황아미노산이라고도 부른다.

곁가지아미노산
branched chain amino acid

함황아미노산
sulfur-containing amino acid

글리신 glycine
알라닌 alanine
발린 valine
류신 leucine
이소류신 isoleucine
프롤린 proline
메티오닌 methione
페닐알라닌 phenylalanine
트립토판 tryptophan
세린 serine
트레오닌 threonine
티로신 tyrosine
아스파라긴 asparagine
글루타민 glutamine
시스테인 cysteine
아스파르트산 aspartic acid
글루탐산 glutamic acid
리신 lysine
아르기닌 arginine
히스티딘 histidine

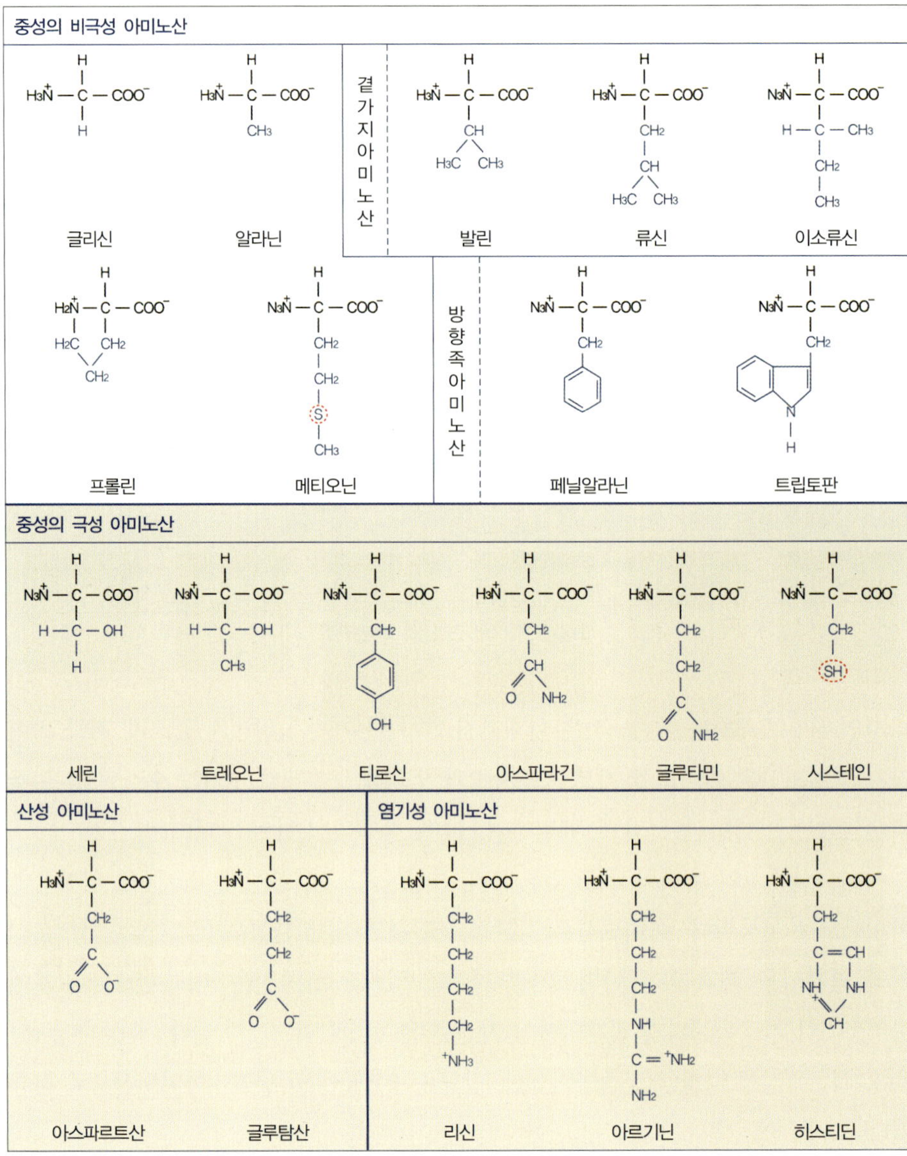

그림 3-2. 아미노산의 종류와 구조

필수아미노산 essential amino acid
비필수아미노산 nonessential amino acid

(2) 필수아미노산과 비필수아미노산

인체는 20여 가지 아미노산을 이용하여 체내에 필요한 여러 가지 단백질을 합성한다. 자연계에 존재하는 20여 개의 아미노산은 체내 합성 여부에 따라 필수아미노산과 비필수아미노산으로 분류할 수 있다. 필수아미노산은 체내에서 합성되지 않거나 합성되더라도 그 양이 생리적 기능을 하기에 불충분하여 반드시 식사로부터 공급되어야 하는 아미노산을 말한다. 이러한 필수아미노산은 페닐알라닌, 발린, 류신, 이소류신, 메티오닌, 트레오닌, 리신, 히스티딘 트립토판으로 9종이 있다. 유아인 경우는 여기에 아르기닌을 추가하여 10종이 된다(표 3-1). 필수아미노산을 제외한 나머지 아미노산을 비필수아미노산이라고 한다. 비필수아미노산은 체내에서 탄수화물 중간산물이나 필수아미노산으로부터 합성될 수 있다. 따라서 반드시 식사로 매일 섭취하지 않아도 된다. 그러나 비필수아미노산이라고 하여 신체 내에서 중요성이 떨어지는 것은 아니며 체내에서 단백질을 합성할 때는 필수아미노산과 동일하게 중요한 비중을 차지한다.

표 3-1. 필수아미노산과 비필수아미노산

필수아미노산		비필수아미노산	
아르기닌*	메티오닌	알라닌	글루타민**
히스티딘	페닐알라닌	아스파라긴	글리신**
이소류신	트레오닌	아스파르트산	프롤린**
류 신	트립토판	시스테인	티로신**
리 신	발 린	글루탐산**	세 린

* : 아동기에서만 필수아미노산
** : 조건부 필수아미노산

2 단백질의 구조와 분류

1) 단백질의 구조

보통 1분자의 단백질은 수백 개의 아미노산으로 구성되어 있고, 단백질을 구성하는 수백 개의 아미노산의 종류 및 배열 순서에 의해 특정 단백질이 결정되며 각기 고유의 기능을 수행하게 된다. 이러한 단백질 고유의 아미노산의 종류 및 결합 순서를 단백질의 1차 구조라 한다. 특정 단백질의 1차 구조에 대한 정보는 세포핵 중의 DNA에 저장되어 있고, 우리는 이것을 유전정보라고 부른다.

펩티드결합
peptide bond

하나의 아미노산과 또 다른 아미노산은 펩티드결합에 의해 서로 연결된다. 즉 펩티드결합이란 하나의 아미노산의 아미노기 중의 수소와 다른 아미노산의 카르복실기 중의 OH기가 서로 결합하면서 물 1분자가 빠지면서 2개의 아미노산이 서로 연결되는 결합을 말한다(그림 3-3). 결합한 아미노산의 수에 따라 아미노산 2개가 결합한 경우 디펩티드, 3개가 결합한 경우 트리펩티드, 여러 개가 결합한 경우 폴리펩티드라고 한다. 대부분의 단백질은 500개 이상 수백, 수천 개의 아미노산으로 구성되어 있는 폴리펩티드이다. 펩티드결합은 소화되는 동안 산, 효소, 기타 다른 요인에 의해 분해될 수 있다.

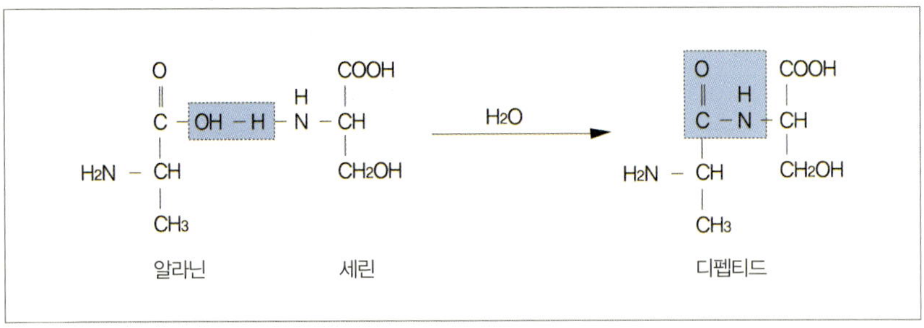

그림 3-3. 펩티드결합

단백질은 아미노산이 펩티드결합에 의해 일정 순서에 의해 연결된 1차 구조와 2차 구조, 3차 구조 및 4차 구조로 설명할 수 있다(그림 3-4).

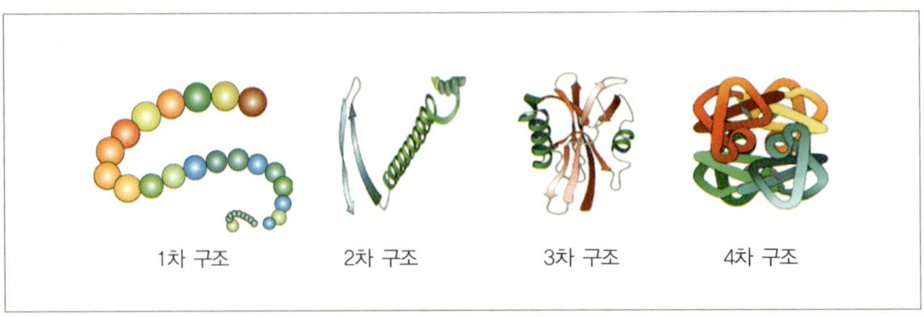

그림 3-4. 단백질의 구조

1차 구조로 생성된 폴리펩티드 사슬의 각 아미노산들 사이에 수소결합이나 이황화결합에 의해 서로 접히고 꼬임으로써 나선(α-helix)이나 병풍(β-sheet) 형태의 구조를 갖는 것을 단백질의 2차 구조라고 한다.

이러한 2차 구조의 폴리펩티드 사슬이 서로 접히고 꼬임으로써 섬유상 단백질 및 구상 단백질과 같은 3차원적 입체구조를 가지게 되는데, 이를 단백질의 3차 구조라 한다.

3차 구조를 가지는 폴리펩티드가 2개 이상 모여 하나의 구조적 기능단위를 형성하는 경우를 단백질의 4차 구조라 한다. 헤모글로빈의 경우 2개의 α사슬과 2개의 β사슬이 결합하여 4개의 폴리펩티드로 구성된 기능적 단위($\alpha_2\beta_2$)를 구성함으로써 산소운반이라는 고유기능을 할 수 있게 된다.

즉 단백질은 유전자 발현의 산물로서 세포핵 속의 DNA에 저장되어 있는 유전정보에 의해 아미노산의 종류 및 배열순서가 결정되어 폴리펩티드를 형성하며 이들 폴리펩티드가 2차, 3차 및 4차 구조를 거쳐 생리적 기능성을 갖게 된다. 식사에서 섭취하는 단백질이 체내 단백질 합성에 필요한 아미노산을 제공하는 역할을 한다.

2) 단백질의 분류

단백질은 구성성분에 따라 단순단백질과 복합단백질로 구분하며, 신체 내 생리기능 및 필수아미노산의 조성 등에 따라 완전단백질과 불완전단백질로 분류할 수 있다.

- 단순단백질, 복합단백질과 유도단백질 : 단순단백질은 가수분해에 의해 아미노산과 그 유도체로 분해되는 단백질을 말하며, 복합단백질은 단순단백질에 단백질 이외의 물질이 결합된 것으로 이들 물질에 따라 명명한다. 유도단백질은 단순단백질이나 복합단백질이 산, 알칼리 및 효소의 작용이나 가열에 의해 변성된 것을 말한다(표 3-2).

표 3-2. 단백질의 일반적 분류

단순단백질	아미노산과 그 유도체로 구성되며, 용해도와 조성에 따라 알부민, 글로블린, 글루텔린, 프롤라민, 알부미노이드, 히스톤, 프로타민 등으로 분류
복합단백질	단순단백질에 단백질 이외의 물질이 결합된 것 • 핵단백질 : 세포핵의 주성분, 어류 정액성분, 체내의 단백질 합성 역할 • 당단백질 : 뮤신, 오보뮤코이드 등 • 인단백질 : 카제인, 오브비텔린 등 • 지단백질 : 킬로미크론, LDL, VLDL, HDL 등 • 색소단백질 : 헤모글로빈, 미오글로빈 등 • 금속단백질 : 페리틴, 헤모시아닌, 인슐린 등
유도단백질	단순단백질과 복합단백질이 산, 알칼리, 효소 또는 가열에 의해 변성된 것 • 변성단백질 : 파라카세인, 피브린, 젤라틴 등 • 유도단백질 : 프로테오스, 펩톤, 펩티드 등

information

단백질의 기능적 분류

생리적 기능에 따른 단백질의 분류

생리적 분류	기 능	단백질 종류
효소	촉매기능, 체내 화학작용에 관여	• 소화효소 : 펩신, 트립신, 아밀레이즈, 리파아제 • 대사효소 : 알코올 탈수소효소, 탄산탈수효소, 탈탄산효소
운반 및 저장단백질	영양소 운반과 저장	• 헤모글로빈, 미오글로빈 : 산소운반 • 트랜스페린 : 철운반 • 지단백질 : 지질운반
운동단백질	근육수축, 이완작용	• 액틴, 미오신 : 수축운동 • 류불린 : 편모섬모운동
구조단백질	골격과 조직의 형태를 유지	• 콜라겐 : 피부, 골격 • 케라틴 : 모발, 손톱 • 항체 : 면역작용
면역단백질	면역 및 방어기능	• 피브리노겐, 트롬빈 : 혈액응고
조절단백질	성장과 분화에 관여	• 인슐린, 글루카곤, 성장호르몬

- 완전단백질과 불완전단백질 : 단백질을 구성하는 아미노산의 종류와 양에 따라 식품 중 단백질의 질이 결정된다. 즉 인체의 성장과 유지를 위해 필요한 아미노산을 얼마나 골고루 충분히 가지고 있는지와 소화·흡수가 잘되어 얼마나 잘 이용할 수 있는지가 평가의 기준이 된다.

필수아미노산의 함량이 높은 단백질, 필수아미노산의 함량뿐만 아니라 그 비율이 인체 단백질과 유사한 단백질, 소화 · 흡수가 잘되는 단백질이 질적으로 우수한 단백질이다. 일반적으로 여러 단백질 급원 중 동물성 단백질이 식물성 단백질보다 질적으로 우수하다고 알려져 있다. 또한 식물성 단백질 중 콩류 단백질은 곡류 단백질보다 더 우수하다고 알려져 있다. 이러한 단백질의 영양적 질에 따라 완전단백질과 불완전단백질로 구분할 수 있다.

완전단백질은 필수아미노산을 골고루 함유하고 있으며, 섭취 시 정상적인 성장과 건강유지를 할 수 있는 단백질을 말한다. 완전단백질에 속하는 것으로 우유 단백질인 카제인과 락트알부민 및 달걀 단백질인 오브알부민 등을 들 수 있다.

완전단백질에 대한 상대적 개념으로 불완전단백질이 있다. 불완전단백질은 필수아미노산 중 어느 한 가지가 결핍되어 있는 단백질을 말한다. 이 단백질의 섭취만으로는 정상적인 성장과 건강유지를 못하게 된다. 일부 곡류 단백질, 즉 밀의 글리아딘, 보리의 호르데인 등이 여기에 해당된다. 불완전단백질의 경우 부족한 아미노산을 함유한 다른 단백질을 보충해 줌으로써 단백질의 질과 효과를 높일 수 있다.

3) 단백질의 질 평가

단백질을 구성하고 있는 아미노산의 종류와 양, 생체 내 이용률에 따라 단백질의 질을 평가할 수 있다. 일반적으로 필수지방산의 종류와 양이 많을수록, 생체 내 이용률이 높을수록 양질의 단백질로 평가한다. 단백질은 탄수화물이나 지방과는 달리 구성아미노산 중 필수아미노산을 골고루 섭취하는 경우에만 단백질 영양소로서 기능을 원활하게 할 수 있다. 따라서 각 식품의 부족한 아미노산을 보충할 수 있도록 여러 가지 단백질을 섞어서 섭취하는 것이 신체건강에 더 유익하게 된다.

(1) 화학적 평가법

화학적 평가법은 식품을 구성하고 있는 단백질의 아미노산을 분석하여 단백질의 질을 평가하는 방법으로 화학가와 아미노산가 등이 있다.

식품 단백질을 구성하고 있는 아미노산의 종류와 함량을 분석하여 기준 단백질의 아미노산 조성과 비교하여 평가하는 방법으로 화학가 혹은 단백가라고 하며, 달걀 단백질이 기준 단백질로 사용된다. 한편 식품 중에 들어 있는 필수아미노산 중 기준 단백질의 아미노산 조성에 비해 가장 적게 함유되어 있는 아미노산을 제한아미노산이라고 한다. 화학가는 식품 단백질의 제한아미노산 함량을 기준 단백질의 같은 아미노산 함량으로 나눈 값의 백분율로 산출한다.

제한아미노산
limiting amino acid

$$\text{화학가} = \frac{\text{식품의 제한아미노산 양}}{\text{표준식품의 해당아미노산 양}} \times 100$$

한편 유엔식량농업기구와 세계보건기구에서 제안한 아미노산가가 단백질의 질을 평가하는데 사용되기도 하는데, 아미노산가는 인체의 단백질 필요량에 기초한 필수아미노산의 표준구성과 비교한 식품의 제한아미노산 비율로 산출한 값이다. 식품 단백질의 화학가와 아미노산가는 표 3-3과 같다. 표준아미노산 구성비를 토대로 산출한 아미노산가는 육류 및 우유와 같은 동물성 식품이 비교적 높고 곡류 및 감자류와 같은 식물성 식품은 낮다. 반면, 식물성 식품인 콩과 쌀은 아미노산가가 높은 편에 속한다. 동물성 식품인 육류와 우유의 제한아미노산은 메티오닌과 발린이며, 식물성 식품인 곡류의 제한아미노산은 리신과 트레오닌이다.

표 3-3. 각 식품의 화학가와 아미노산가

(단백질 질소 1g당 아미노산 mg)

식품	이소류신	류신	리신	페닐알라닌	티로신	함황아미노산		트레오닌	트립토판	발린	화학가	아미노산가
						합계	메티오닌					
FAO/WHO 표준아미노산	270	306	270	180	180	270	144	180	90	270		100
달걀	428	565	396	368	274	342	196	310	106	460	100	127
우유	407	630	496	311	323	211*	154	292	90	440	23	78
쇠고기	332	515	540	256	212	237*	154	225	75	345	26	83
돼지고기	320	462	515	240	225	233	156	252	80	302*	24	86
콩	333	484	395	409	201	197*	86	247	86	328	21	73
밀가루	262	442	126*	322	174	129	78	174	69	272	12	47
쌀	322	535	236	307	269	222	142	241	65*	270	12	72
옥수수	293	827	179*	284	385	197	117	249	38	327	17	42
감자	260	304	326	285	99	159*	87	237	72	339	17	56

* : 제한아미노산

(2) 생물학적 평가법

생물학적 평가법은 성장하는 동물 및 사람을 대상으로 한 연구결과를 토대로 단백질의 질을 평가하는 방법으로 단백질 효율, 생물가 및 단백질의 실이용률 등이 있다.

단백질 효율은 성장기의 체중 증가는 '체단백질의 이용과 비례한다'라는 가정으로 성장기 동물의 체중 증가량을 섭취한 단백질량으로 나눈 값으로 산출한다. 일반적으로 단백질 효율은 동물성 단백질이 식물성 단백질에 비해 높다.

$$단백질\ 효율 = \frac{일정\ 기간동안\ 체중\ 증가량(g)}{일정\ 기간동안\ 단백질\ 섭취량(g)}$$

생물가는 질소평형 실험을 통하여 식품으로부터 흡수된 질소량의 체내 보유 정도를 산출한 것으로, 식품 단백질의 체내 단백질로의 전환 정도를 나타낸다. 일반적으로 생물가가 높을수록 질적으로 우수한 단백질로 평가하는데, 달걀의 생물가가 가장 높으며 다음이 우유, 육류 순이다.

$$생물가 = \frac{체내에\ 보유된\ 질소량}{식품으로부터\ 흡수된\ 질소량} \times 100$$

단백질 실이용률은 섭취된 단백질이 체내에서 이용된 정도를 나타낸 것으로, 생물가에 해당식품의 소화흡수율을 곱하여 산출한다.

$$단백질\ 실이용률 = 생물가 \times 소화흡수율$$

(3) 단백질의 상호 보충효과

식품 단백질에 함유된 필수아미노산 중 그 함량이 적어 단백질 합성을 제한하는 아미노산을 제한아미노산이라고 하며, 식품에 따라 그 종류가 다르다. 각 식품에서 부족한 아미노산, 즉 제한아미노산을 가진 다른 식품과 함께 섭취하면 부족한 아미노산이 보완되는 효과를 기대할 수 있다. 즉 영양적인 질이 낮은 단백질에 부족한 아미노산을 보충하거나 그 아미노산을 함유하는 다른 단백질을 함께 섭취함으로써 단백질의 이용 효율이 증가되는 것을 말하며 단백질의 상호 보충효과라고 한다(그림 3-5).

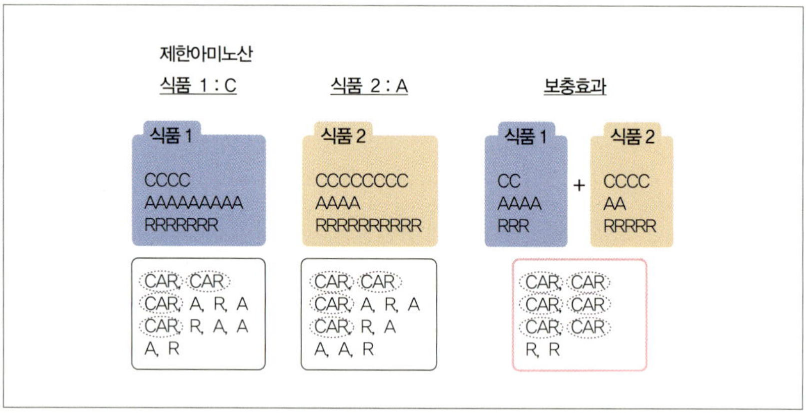

그림 3-5. 제한아미노산과 단백질의 보충효과

곡류는 필수아미노산 중 리신과 트립토판이 제한아미노산이므로 리신과 트립토판이 풍부한 콩류를 같이 섞은 잡곡밥은 곡류의 제한아미노산을 충분히 보충해 줄 수 있다. 옥수수와 달걀을 섞은 볶음밥은 옥수수의 제한아미노산인 메티오닌을 달걀을 넣어줌으로써 보완할 수 있다(표 3-4).

표 3-4. 단백질의 상호 보충효과 활용의 예

식 품	부족한 아미노산	단백질 질의 보충효과
곡류	리신, 트레오닌	콩밥, 팥밥
콩류	메티오닌	두부와 쌀밥
견과류	리신	콩과 참깨가루를 섞은 된장
채소류	메티오닌	채소와 견과류를 섞은 샐러드
옥수수	트립토판, 리신	옥수수와 달걀을 섞은 볶음밥

3 단백질의 소화와 흡수

아미노산 풀
amino acid pool

식품 속의 단백질은 소화과정을 거쳐 기본 구성단위인 아미노산으로 분해되어 흡수된다. 흡수된 아미노산은 모세혈관, 간문맥을 거쳐 간으로 이동되어 체내 아미노산 풀로 들어간 후 신체 내 여러 기능에 사용된다.

1) 단백질의 소화

식품 중의 단백질은 구강 내에서는 단백질 분해효소가 없어 화학적 소화가 이루어지지 않으며, 위와 소장에서 각기 고유의 소화효소 작용을 거쳐 작은 분자인 디펩티드나 아미노산으로 분해된다(표 3-5). 위에는 단백질 분해효소인 펩신이 불활성형인 펩시노겐 형태로 존재하고 있다가 단백질이 위 내로 들어오면 위의 벽 세포에서 분비되는 염산에 의해 펩신으로 활성화된다. 또한 자가 촉매작용에 의해 펩신 스스로 펩시노겐을 활성화하기도 한다. 펩신의 소화작용을 받은 단백질은 죽 모양의 유동성 액체인 유미즙 상태로 되어 십이지장으로 내려가게 된다. 십이지장에서는 췌장에서 분비된 췌장액 중의 단백질 분해효소인 트립신, 키모트립신의 작용을 받아 디펩티드로 분해되어, 소장액의 펩티데이즈의 작용을 받아 아미노산으로 분해된다. 이들 단백질 분해효소는 각기 폴리펩티드 사슬의 아미노기 혹은 카르복실기나 특정 아미노산의 결합 부위에 특이적으로 작용한다. 분해된 아미노산은 소장 융모의 모세혈관을 통하여 흡수되어 체내 아미노산 풀로 유입된다.

표 3-5. 단백질의 소화

분류	역할	효소	효소원	활성화시키는 물질	분비장소	펩티드결합에 대한 특이성	소화분해물
내부 펩티드 분해효소	단백질 사슬의 내부를 끊음	펩신	펩시노겐	염산	위	Phe, Trp, Tyr, Leu, Glu, Gln	큰 폴리펩티드
		트립신	트립시노겐	트립신 활성효소	췌장	Lys, Arg	작은 폴리펩티드, 디펩티드
		키모트립신	키모트립시노겐	트립신	췌장	Phe, trp, Tyr	
외부 펩티드 분해효소	단백질 사슬 한쪽 말단의 펩티드결합에 작용하여 한 번에 한 개의 아미노산씩 분해	카르복실 펩티데이즈	프로카르복실 말단분해효소	트립신	췌장	카르복실기 말단잔기를 차례로 절단	
		아미노 펩티데이즈			소장	아미노기 말단잔기를 차례로 절단	작은 폴리펩티드, 디펩티드
		디펩티데이즈			소장	다펩티드	아미노산

2) 단백질의 흡수

단백질의 소화분해 산물인 디펩티드 및 아미노산은 확산이나 능동수송을 통하여 소장 융모의 모세혈관으로 흡수된다(그림 3-6). 일반적으로 단백질의 흡수율은 90% 이상으로 알려져 있으며, 동물성 단백질의 흡수율이 식물성 단백질의 흡수율보다 높다.

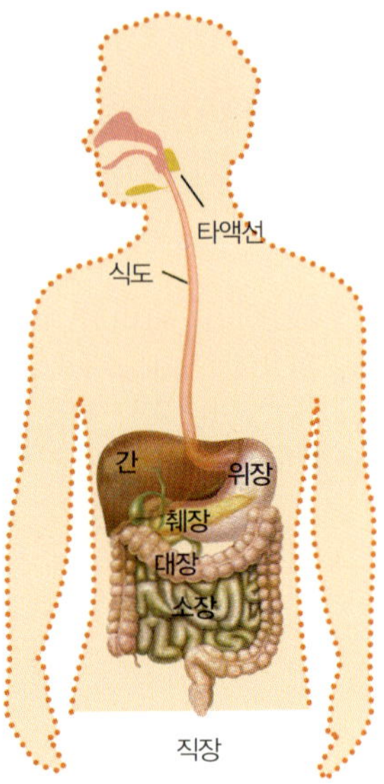

① **구강**: 단백질 소화효소 분비 안됨

② **위**: 펩시노겐, 염산 분비

- 염산 혹은 자가활성에 의해 펩시노겐이 펩신으로 활성화

단백질 —(펩신)→ 폴리펩티드

③ **췌장**

- 트립시노겐, 키모트립시노겐, 프로카르복시말단분해효소를 십이지장으로 분비
- 엔테로키나아제에 의해 트립시노겐이 트립신으로 활성화
- 트립신에 의해 키모트립시노겐과 프로카르복시말단분해효소가 키모트립신과 카르복시말단분해효소로 각각 활성화

폴리펩티드 —(트립신, 키모트립신, 프로카르복시말단분해효소)→ 작은 폴리펩티드

④ **소장**: 아미노말단분해효소, 디텝티드분해효소

작은 폴리펩티드 —(아미노말단분해효소, 디텝티드분해효소)→ 더 작은 폴리펩티드, 디펩티드

디펩티드 —(디펩티드분해효소)→ 아미노산

⑤ 디펩티드 아미노산은 모세혈관으로 흡수 → 간문맥 → 간으로 운반

그림 3-6. 단백질의 소화와 흡수

4 단백질의 대사

식품으로부터 섭취된 단백질은 소화·흡수 과정을 거쳐 신체 내로 유입된 후 필요에 따라 조직 단백질, 효소, 호르몬 등을 합성하거나 에너지를 공급하는 등 고유의 기능을 한다. 이러한 단백질의 작용이 활발하게 일어나는 조직은 혈장, 췌장, 간, 신장 및 근육 등이다. 즉 단백질의 대사는 단백질의 구성 기본단위인 아미노산의 대사로 볼 수 있다. 체내에는 단백질 기능을 위한 아미노산의 단기집합체로서 아미노산 풀이 있다. 아미노산 풀의 아미노산 급원은 식사로부터 섭취한 아미노산과 신체 단백질이 분해로부터 유입된 아미노산 등이다. 아미노산 풀의 아미노산은 새로운 단백질의 합성, 특수 목적을 위한 신체 내 물질 합성 및 에너지원으로 사용된다(그림 3-7).

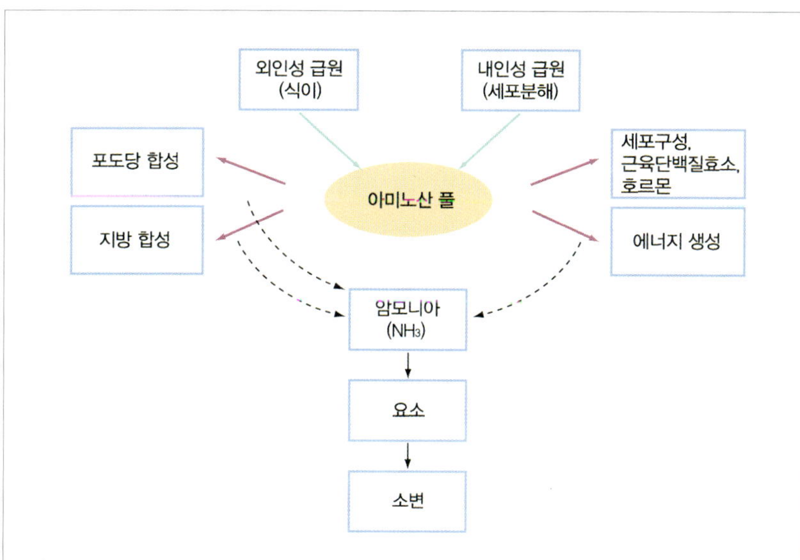

그림 3-7. 아미노산 풀과 아미노산 대사

체내 아미노산 대사의 주요 과정에는 아미노산의 기본 구성요소인 아미노기의 이동 및 분해와 단백질 고유의 구성요소인 질소를 대사시키기 위한 대사체계인 요소회로를 가지고 있다.

요소회로
urea cycle

1) 아미노산 대사

(1) 탈아미노반응과 아미노기 전이반응

아미노기분해, 탈아미노반응 deamination
아미노기이동, 아미노기 전이반응 transamination
포도당생성 아미노산 glucogenic amino acid
케톤생성 아미노산 ketogenic amino acid

단백질이 에너지원으로 사용되기 위해 아미노산의 아미노기가 분리되는 탈아미노 반응과 분리된 아미노기를 다른 물질로 이전시키는 아미노기 전이반응을 거쳐야 한다. 탈아미노반응으로 생성된 아미노산의 탄소 골격은 탄수화물과 지질대사 경로에 합류하여 TCA회로에서 산화되어 에너지를 발생한다. 탄수화물 대사 경로를 경유하여 연소되는 아미노산을 포도당생성 아미노산이라 하고, 지질대사 경로에 의해 산화되는 아미노산을 케톤생성 아미노산이라 한다. 한편 상기 두 경로를 모두 경유하여 연소될 수 있는 아미노산을 포도당생성 및 케톤생성 아미노산이라고 한다(표 3-6).

표 3-6. 포도당 및 케톤생성 아미노산

분 류	아미노산
포도당생성	알라닌, 세린, 글리신, 시스테인, 아스파르트산, 아스파라긴, 글루탐산, 글루타민, 아르기닌, 히스티딘, 발린, 트레오닌, 메티오닌, 프롤린
케톤생성	류신, 리신
케톤생성 및 포도당생성	이소류신, 페닐알라닌, 티로신, 트립토판

(2) 요소회로

아미노산의 분해로 분리된 아미노기는 암모니아(NH_3)를 형성한다. 그러나 암모니아는 인체에 독성이 있으며, 과량 존재할 경우 혼수상태를 초래하기도 한다. 인체는 독성이 강한 암모니아를 간조직에서 요소로 전환하여 신장으로 배설하는 대사체계, 즉 요소회로를 가지고 있다. 고단백식이 시의 질소 배설량은 저단백식이 시보다 많으며 대부분 요소질소로 배설된다.

2) 주요 조직에서 아미노산 대사

소장에서 흡수된 아미노산은 대부분 간 문맥을 거쳐 간으로 운반되며, 필요에 따라 다시 각 조직으로 운반되어 사용된다. 신체에 필요한 단백질을 합성하는 데는 필수아미노산 및 비필수아미노산이 모두 필요하며, 특히 필수아미노산은 식사로부터 공급받아야 한다.

트립토판은 뇌로 가서 세로토닌 합성의 전구체로 사용되며, 곁가지아미노산은 말초조직, 특히 근육과 지방조직에서 분해되어 이용된다. 실제로 근섬유 구성 아미노산의 35%가 곁가지아미노산이다. 근육에서는 알라닌과 글루타민이 주로 유출되며, 알라닌은 간으로 이동하여 당신생과정을 거쳐 혈당으로 재방출되어 근육으로 흡수되고 (포도당–알라닌회로), 글루타민은 장으로 이동하여 알라닌이 된 후 다시 간으로 이동한다. 이를 포도당–알라닌회로라 부른다.

세로토닌 serotonin

포도당-알라닌회로 glucose-alanin cycle

5 단백질의 기능

1) 조직의 구성

단백질은 체내 단백질 합성에 필요한 아미노산을 공급하는 역할을 한다. 신체구성 중 단백질은 약 20%를 차지하며, 일정한 수명을 지닌 조직은 계속해서 새로운 조직으로 합성과 분해가 이루어지는 동적 평형상태에 있다(그림 3-8). 체내에 필요한 단

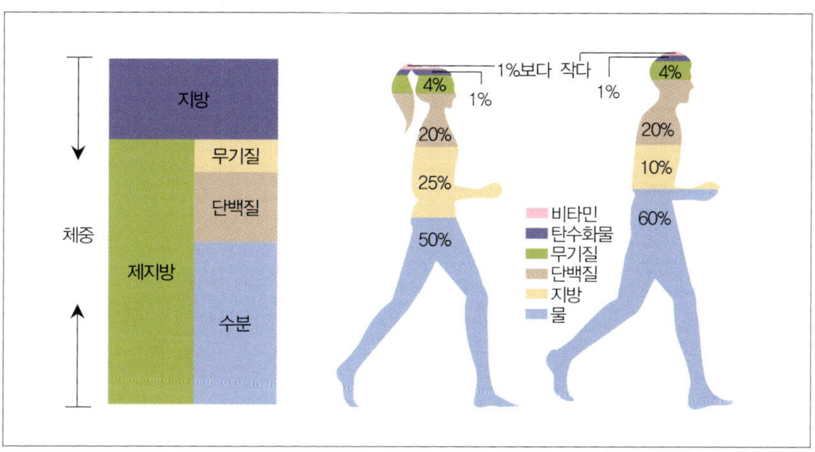

그림 3–8. 신체의 구성

백질을 구성하는 20여 가지의 아미노산을 섭취한 단백질로부터 취득한다. 특히 신체에서 합성되지 않는 필수아미노산 9가지는 섭취한 식품으로부터 얻는다. 만약 단백질 섭취량이 부족할 경우 체내 단백질 합성이 원활히 이루어지지 않게 된다. 특히 왕성한 체단백질 합성이 필요한 성장기 어린이나 임신부에게는 충분한 단백질 공급이 중요하게 된다.

성인의 경우 체조직을 보수 · 유지하는데 단백질이 필요하며, 영유아 및 어린이와 임신부와 같이 성장을 위한 새로운 조직 생성을 위한 양이 추가된다.

2) 효소, 항체 및 호르몬 형성

단백질은 단백질이나 아미노산 형태로 생체에서 일어나는 생화학반응을 촉매하거나 여러 생리조절물질 혹은 그 전구체로서 역할을 한다(표 3-7). 생체 내 대사반응을 촉매하는 효소의 본체가 단백질이며, 생체 내 면역기능을 하는 항체를 구성한다. 또한 단백질은 대사반응을 조절하는 호르몬을 구성하는 역할을 한다. 아미노산 유도체 호르몬인 갑상선호르몬이나 폴리펩티드호르몬인 인슐린이 대표적인 예이다. 또한 신경전달물질인 세로토닌과 타우린, 글루타치온과 같은 생리활성물질을 만들어 신체대사를 조절하는 기능을 한다.

세로토닌 serotonin
타우린 taurin
글루타치온 glutathione

표 3-7. 생리활성물질

아미노산	생리활성물질	역 할
트립토판	세로토닌	신경전달물질
시스틴	타우린	태아, 뇌조직 구성, 담즙 구성, 항산화
글리신	글루타치온	아미노산 운반, 생체 방어

3) 산 · 염기평형 및 수분평형 조절

혈액에 있는 단백질인 알부민과 글로불린은 체내 수분평형 유지를 돕는 작용을 한다. 혈중 단백질은 분자량이 커서 모세혈관 세포막을 통과하지 못한다. 혈액 중 단백질은 혈관 내의 삼투압을 높여 조직으로 수분 이동량을 조절하는 역할을 한다. 혈중 단백질이 감소하게 되면 삼투압의 유지를 위해 조직으로 다량의 수분을 이동시켜 부종이 발생하게 된다(그림 3-9). 적절한 혈액 중 단백질 농도의 유지는 삼투압을 일정하게 유지하는 역할, 즉 수분평형을 조절하는 역할을 한다.

단백질은 양성물질로 수소이온을 쉽게 내어주거나 받아들임으로써 완충제로서 작용한다. 따라서 항상 혈액의 pH를 일정한 상태, 즉 pH 7.35~7.45를 유지하는 역할을 한다.

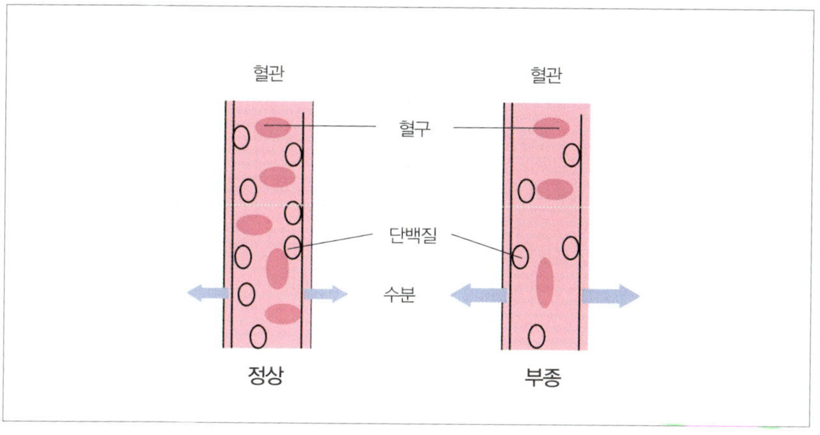

그림 3-9. 단백질 부족과 부종

4) 에너지 제공 및 포도당신생 작용

단백질은 신체 내 에너지원으로서 중요한 기능을 한다. 대부분 신체에서는 에너지원으로 우선적으로 탄수화물이나 지방을 사용하지만, 이들 에너지 영양소가 부족한 경우 단백질을 에너지원으로 사용하며, 단백질은 g당 4kcal의 에너지를 제공한다. 그러나 단백질은 비효율적인 에너지원이다. 단백질의 구성원소인 질소를 배설하는 과정에 에너지를 소모하기 때문이다. 질소는 요소형태로 소변을 통하여 배출하게 되는데, 이때 에너지가 소모된다.

마지막으로 단백실의 중요한 기능은 신체가 탄수화물을 충분히 섭취하지 못한 경우, 포도당 합성에 필요한 탄소원을 제공한다는 점이다. 신체기관 중 신경조직과 적혈구는 에너지원으로 포도당을 필요로 한다. 탄수화물 공급이 결핍될 때, 신체는 이들 기관에 지속적으로 포도당을 공급해 주기 위하여 아미노산으로부터 포도당을 합성하며, 이러한 과정을 포도당신생이라고 한다. 즉 단백질은 포도당신생의 원료로서 역할을 담당한다. 장기간의 기아상태 시 근육의 소모가 나타나게 되는데, 이러한 현상은 근육단백질이 분해되어 포도당신생에 이용되었기 때문이다.

포도당신생 gluconeogenesis

6 단백질의 섭취와 건강

단백질 섭취와 관련된 건강문제는 크게 단백질 결핍증과 과잉증, 그리고 선천성 아미노산 대사이상증이 있다. 단백질 섭취량이 필요량보다 적으면 체단백질의 손실이 일어나고, 피부탄력이 저하되며 빈혈 또는 면역기능 저하가 나타난다. 성장기 어린이에게 나타나는 극심한 단백질 또는 에너지 결핍증에는 크게 콰시오커와 마라스무스가 있다.

1) 단백질 결핍증과 과잉증

콰시오커 kwashiorkor

마라스무스 marasmus

콰시오커는 저개발국가의 성장기 어린이에게 나타나는 극심한 단백질 결핍증으로 근육이 거의 소실되고, 혈중 단백질이 감소되며 복수가 차는 영양실조성 부종현상을 특징으로 한다(그림 3-10). 이외에도 지방간, 머리카락 탈색, 피부염 및 신경계이상이 나타난다. 마라스무스는 단백질과 에너지가 모두 부족한 극심한 기아상태에서 발생한다. 마라스무스 증상은 콰시오커와 약간의 차이를 보이는데, 주로 피하지방이 감소하여 전체적으로 심하게 마르며, 부종은 나타나지 않고 피부상태 및 간기능도 비교적 양호한 상태를 나타낸다.

두 번째 단백질과 관련된 영양문제로 단백질의 과다 섭취와 아미노산 섭취 불균형 문제이다. 특히 최근에는 단백질이나 아미노산 보충제의 사용이 증가하면서 단백질 과잉 섭취나 일부 아미노산 과잉 섭취에 따라 독성을 나타내기도 한다. 장기간 단백질의 과량 섭취는 단백질 분해산물인 요소를 처리하는 신장에 부담을 주게 된다. 따라서 신장기능이 좋지 않은 사람은 특히 주의가 필요하다. 또한 단백질을 구성하는 탄소 역시 지방으로 전환되어 체지방으로 축적될 수 있다.

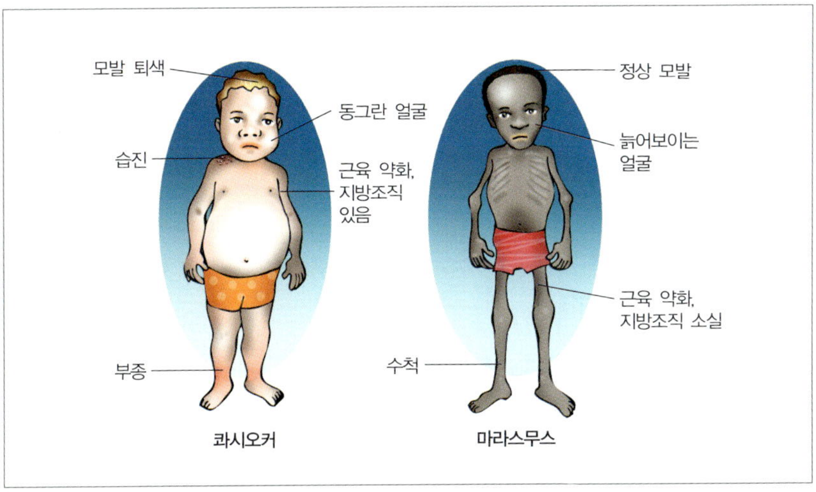

그림 3-10. 콰시오커와 마라스무스의 특징

2) 아미노산 대사장애

단백질과 관련된 건강문제로 아미노산 대사장애를 들 수 있다. 아미노산 대사장애는 선천적으로 특정 아미노산을 대사하는데 관련된 효소이상으로, 특정 아미노산이 대사되지 못하고 체내에 축적되는 증상이다.

이럴 경우 식사 중에서 특정 아미노산을 제한해야 된다. 대표적인 예로 페닐케톤뇨증, 간단히 PKU라고도 하는 선천적 대사장애가 있다. 이 질환은 아미노산 중 페닐알라닌을 타이로신으로 전환시키는 가수분해효소가 부족하여 혈액 중에 페닐알라닌이 축적되고, 소변 중에 이러한 페닐알라닌 대사물이 나타나는 질환이다. PKU를 가진 경우, 페닐알라닌을 제거한 특수 분유를 주어야 한다.

페닐케톤뇨증
phenylketouria

또 다른 예로 호모시스틴뇨증이 있다. 호모시스틴뇨증은 아미노산 중 메티오닌을 시스틴으로 대사시키는데, 장애가 있는 질환으로 식사 중에서 메틴오닌을 제외시켜야 한다. 단풍당뇨증은 류신, 이소류신 및 발린과 같은 곁가지아미노산의 대사장애가

호모시스틴뇨증
homocystinuria

단풍당뇨증
maple syrup disease

있는 질환이다. 이 질환도 해당 곁가지아미노산의 섭취를 제한해야 한다. 이러한 대사장애 아미노산의 섭취를 제한하는 등의 적절한 처리가 적시에 시행되지 않으면 뇌 기능이나 신경장애 등을 초래할 수 있으므로 주의가 필요하다.

information

단백질 아미노산 대사장애자를 위한 특수 식품

국내에서는 이러한 선천적 아미노산 대사장애자를 위한 특수 분유가 시판되고 있다. 페닐알라닌 프리 분유, 메티오닌 프리 분유 및 BCAA, 즉 곁가지아미노산 프리 분유 등이 그 예이다. 이밖에도 아미노산 대사장애자를 위한 특수 분유들이 시판되고 있다. 또한 단백질 대사장애자를 위한 특수 저단백식품 등이 시판되고 있다. 이 제품은 맛이나 외관은 동일하지만 단백질 함량을 1/10로 감소시킨 제품이다.

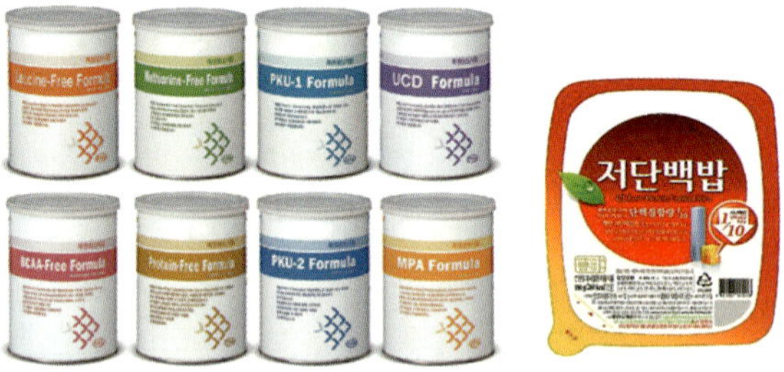

7 단백질의 영양섭취기준과 급원식품

1) 단백질 영양섭취기준

단백질의 섭취기준으로 6개월 이상 연령층에서는 평균필요량과 권장섭취량을 설정하였고, 영아 전반기에는 충분섭취량을 설정하였다. 단백질의 평균필요량은 국제적으로 통용되는 질소균형 실험 결과를 근거로 하되 소화율을 반영하여 추정하였다. 성인의 경우, 성별에 상관없이 질소균형 실험 결과로부터 얻은 0.66g/kg/일에 단백질의 소화율을 보정한 0.73g/kg/일을 질소평형 유지를 위한 체중 당 일일 필요량으로 정하고, 성별 및 연령구간별 평균체중을 곱하여 산출하였다.

권장섭취량은 인구의 97~98%에 해당하는 사람들의 필요량을 충족시킬 수 있도록 평균필요량에 변이계수(12.5%)를 적용하여 산출하였다. 임신부의 단백질 부가량은 모체의 체중 증가와 태아와 모체의 체단백질 축적을 위해 필요한 양으로 산정하였고, 추가량이 요구되지 않는 초기를 제외하고 임신 중기와 후기로 나누어 제시하였다.

수유부의 단백질 부가량은 모유 분비량과 모유 내 단백질 함량을 이용하여 산정하였다. 0~5개월 영아의 단백질 섭취기준은 평균 모유섭취량과 모유 내 평균 단백질 함량을 바탕으로 충분섭취량으로 제시하였다. 영아 후기부터 18세까지의 평균필요량은 질소평형 유지뿐 아니라, 성장에 필요한 단백질량을 고려하여 산정하였다. 2010년에 비해 질소평형 유지를 위한 단백질 필요량 기준이 상향되고 체위 기준인 평균 체중이 증가하면서 유아와 임신 및 수유기를 제외한 거의 모든 연령에서 단백질 섭취기준이 상향 조정되었다(표 3-8).

표 3-8. 한국인의 1일 단백질 영양섭취기준

성별	연령	단백질(g/일)			
		평균필요량	권장섭취량	충분섭취량	상한섭취량
영아	0~5(개월)			10	
	6~11	10	15		
유아	1~2(세)	12	15		
	3~5	15	20		
남자	6~8(세)	25	30		
	9~11	35	40		
	12~14	45	55		
	15~18	50	65		
	19~29	50	65		
	30~49	50	60		
	50~64	50	60		
	65~74	45	55		
	75 이상	45	55		

성별	연령	단백질(g/일)			
		평균필요량	권장섭취량	충분섭취량	상한섭취량
여자	6~8(세)	20	25		
	9~11	30	40		
	12~14	40	50		
	15~18	40	50		
	19~29	45	55		
	30~49	40	50		
	50~64	40	50		
	65~74	40	45		
	75 이상	40	45		
임신부	2분기	+12	+15		
	3분기	+25	+30		
수유부		+20	+25		

information

성장과 필수아미노산 필요량

단백질 필요량 중 필수아미노산의 비율은 연령이 증가함에 따라 감소한다. 따라서 신생아기나 아동기와 같이 왕성한 성장이 일어나는 시기에는 필수아미노산 함량이 높은 양질의 단백질 공급이 필요하다.

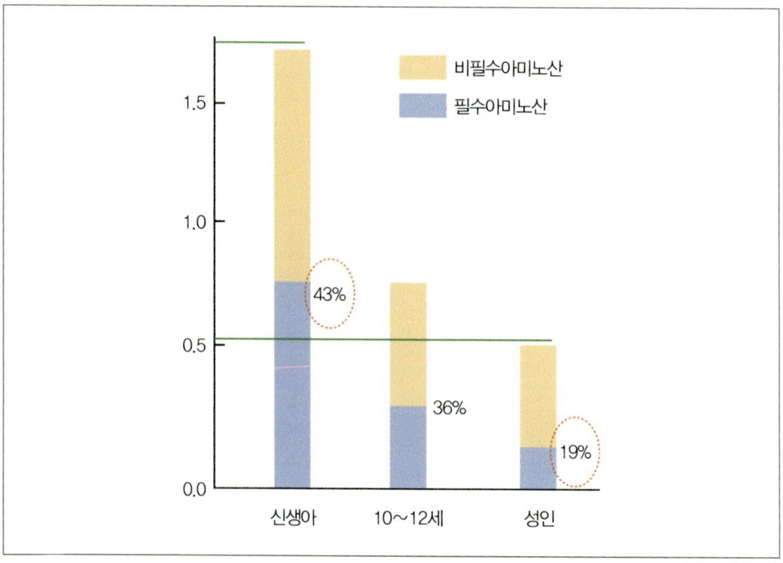

연령별 필수아미노산 필요량

information 질소평형

단백질의 최소 필요량을 산출하는 방법 중의 한 가지로 질소평형법이 있다. 질소 섭취량과 배설량 사이의 관계를 나타내는 것으로 질소 섭취량이 배설량보다 많을 경우 양의 질소평형, 반대로 섭취량보다 배설량이 많을 경우 음의 질소평형이라고 하며, 섭취량과 배설량이 동일한 경우 질소평형 상태라고 분류한다. 성장이 완성된 건강한 성인의 경우 질소평형 상태이며, 체조직의 성장과 보수가 일어나는 성장기 및 회복기에는 양의 질소평형을 보이고, 질병 및 단백질 섭취 부족으로 체조직의 손실이 일어나는 경우에는 음의 질소평형을 보인다.

<table>
<tr><th>양의 질소평형</th><th>평형상태</th><th>음의 질소평형</th></tr>
<tr><td>질소섭취량 〉 질소배설량</td><td>질소섭취량 = 질소배설량</td><td>질소섭취량 〈 질소배설량</td></tr>
<tr><td>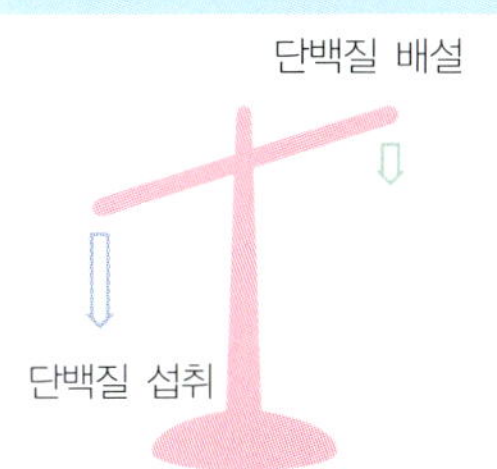
</td><td>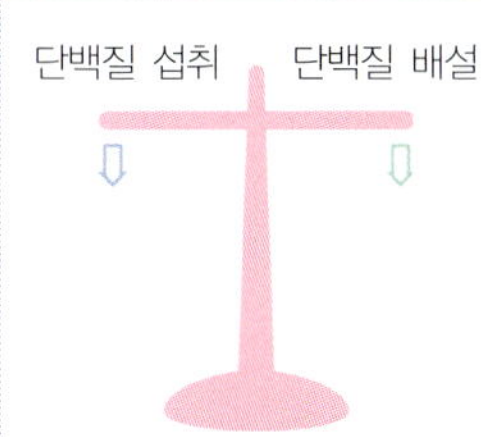
</td><td>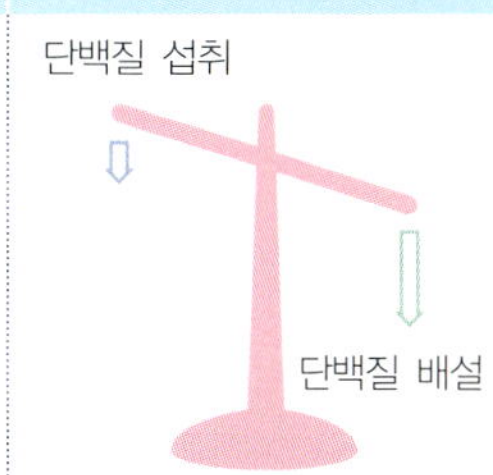
</td></tr>
<tr><td>성장, 임신, 질병으로부터 회복단계, 운동훈련 효과로 근육의 증가, 인슐린, 성장호르몬 분비 증가, 남성호르몬 분비 증가</td><td>건강한 정상 성인의 경우</td><td>부적절한 단백질 섭취, 부적절한 에너지의 섭취, 발열 · 화상 · 감염상태, 오랜 병상생활, 필수아미노산의 결핍, 단백질 손실 증가(신장 질환), 갑상선호르몬 코르티솔의 분비 증가</td></tr>
</table>

2) 단백질 섭취 현황

2010년 국민건강영양조사에 따르면, 한국인의 1일 평균 단백질 섭취량은 74g이고, 이 중 동물성 급원식품으로부터 섭취가 52%, 식물성 급원식품으로부터 섭취가 47.9%였다. 한편 단백질의 에너지 섭취 기여도는 14.7%였다. 여기서 우리가 주목해야 할 부분은 단백질 섭취의 양적 · 질적 변화이다(그림 3-11). 1969년 단백질의 에너지 섭취 비율인 12.9%에 비해 점차 증가하고 있다. 또한 당시 단백질 급원은 식물성 식품으로부터가 88.4%, 동물성 급원식품으로부터가 11.6%로 오늘날의 섭취 양상과 확연히 다르다는 점, 즉 과거에 비해 동물성 단백질의 섭취량과 비율이 증가했다는 점에서 큰 차이를 보이고 있다.

한편 2010년 성인 남녀의 평균 단백질 섭취량은 한국인 영양섭취기준에 비추어 볼 때, 성인 남자의 경우 권장량의 178%, 여자의 경우는 147%로, 남녀 모두 한국인영양섭취기준을 초과하고 있다. 최근 과도한 육류 단백질 섭취는 대장암과 직장암 및 기타 성인병의 위험요인으로 거론되고 있으므로 특히 과량 섭취에 주의를 기울일 필요가 있다.

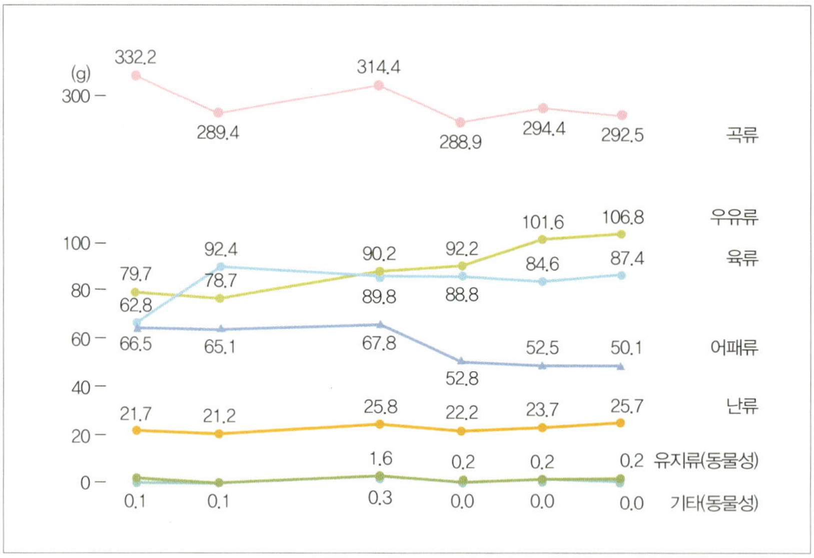

그림 3-11. 단백질 급원식품의 섭취량 추이

한국인은 주로 어떤 식품으로부터 단백질을 섭취할까? 2010년 국민건강영양조사에서 나타난 한국인 단백질 섭취 기여식품 순위를 보면, 남녀 모두 단백질 급원 1위 식품은 백미이다(표 3-9). 백미는 탄수화물이 풍부한 식품급원임에도 불구하고 단백질 섭취의 평균 15.7%를 담당하는 제1 기여식품인 것은 밥을 주식으로 하는 식생활로 인해 절대 섭취량이 많기 때문이다. 다음이 남녀 모두 돼지고기, 닭고기, 쇠고기 그리고 우유, 달걀 순이다. 식물성 단백질로 우수한 단백질 급원으로 알려진 콩 및 콩으로 만든 두부도 각각 7, 8위에 해당한다.

표 3-9. 한국인의 단백질 섭취 기여식품(2010 국민건강영양조사)

	전 체					남					여				
순위	식품명	섭취량 (g)	표준오차	섭취분율 (%)	누적분율 (%)	식품명	섭취량 (g)	표준오차	섭취분율 (%)	누적분율 (%)	식품명	섭취량 (g)	표준오차	섭취분율 (%)	누적분율 (%)
1	백미	11.65	0.14	15.7	15.7	백미	13.36	0.17	15.3	15.3	백미	9.94	0.16	16.3	16.3
2	돼지고기	6.60	0.24	8.9	24.7	돼지고기	8.80	0.41	10.1	25.4	돼지고기	4.38	0.22	7.2	23.5
3	닭고기	4.68	0.30	6.3	31.0	닭고기	6.00	0.52	6.9	32.3	닭고기	3.35	0.23	5.5	29.1
4	쇠고기	3.64	0.17	4.9	35.9	쇠고기	4.40	0.26	5.1	37.4	쇠고기	2.87	0.15	4.7	33.8
5	달걀	3.22	0.10	4.3	40.2	달걀	3.86	0.15	4.4	41.8	달걀	2.57	0.09	4.2	38.0
6	우유	2.60	0.08	3.5	43.8	우유	2.66	0.12	3.1	44.8	우유	2.54	0.09	4.2	42.2
7	두부	2.01	0.08	2.7	46.5	두부	2.43	0.12	2.8	47.6	두부	1.57	0.08	2.6	44.8
8	대두	1.59	0.09	2.2	48.6	대두	1.82	0.11	2.1	49.7	대두	1.36	0.08	2.2	47.0
9	김치, 배추김치	1.43	0.03	1.9	50.5	오징어	1.76	0.20	2.0	51.7	빵	1.22	0.08	2.0	49.0
10	오징어	1.40	0.12	1.9	52.4	김치, 배추김이	1.76	0.04	2.0	53.8	김치, 배추김치	1.10	0.03	1.8	50.8
11	빵	1.32	0.07	1.8	54.2	라면	1.56	0.10	1.8	55.6	오징어	1.03	0.09	1.7	52.5
12	라면	1.18	0.06	1.6	55.8	명태, 동태	1.44	0.17	1.7	57.2	국수	0.93	0.08	15	54.0
13	국수	1.13	0.08	1.5	57.3	빵	1.42	0.11	1.6	58.8	떡	0.90	0.06	1.5	55.5
14	명태, 동태	1.08	0.11	1.5	58.8	국수	1.32	0.11	1.5	60.4	멸치	0.83	0.04	1.4	56.9
15	멸치	1.02	0.03	1.4	60.2	멸치	1.21	0.05	1.4	61.7	라면	0.80	0.05	1.3	58.2
16	고등어	0.94	0.08	1.3	61.4	고등어	1.12	0.11	1.3	63.0	고등어	0.77	0.08	1.3	59.5
17	떡	0.80	0.05	1.1	62.5	다랑어	0.90	0.13	1.0	64.1	명태, 동태	0.71	0.08	1.2	60.6
18	된장	0.75	0.03	1.0	63.5	어묵	0.88	0.08	1.0	65.1	된장	0.65	0.03	1.1	61.7

3) 단백질 급원식품

단백질을 주로 공급하는 식품은 어 · 육류와 패류, 난류와 콩류 그리고 우유 및 유제품이다(그림 3-12). 생선 한 토막에는 약 12~13g의 단백질을 함유하고 있고, 육류 60g에는 약 11g의 단백질을, 달걀 1개에는 6g의 단백질을 함유하고 있다. 검은콩이나 노란 대두콩 20g에는 약 7g의 단백질을 함유하고 있다. 반면 같은 콩인데도 완두콩이나 강낭콩은 대두나 검정콩에 비하여 단백질 함량이 적다. 즉 콩의 종류에 따라 단백질 함량에 차이가 있다. 단백질 급원으로서 콩은 노란 대두나 검정콩을 의미하며, 완두콩이나 강낭콩은 탄수화물 급원식품이다. 따라서 대두로 만든 두부나 된장도 단백질의 급원으로 분류된다.

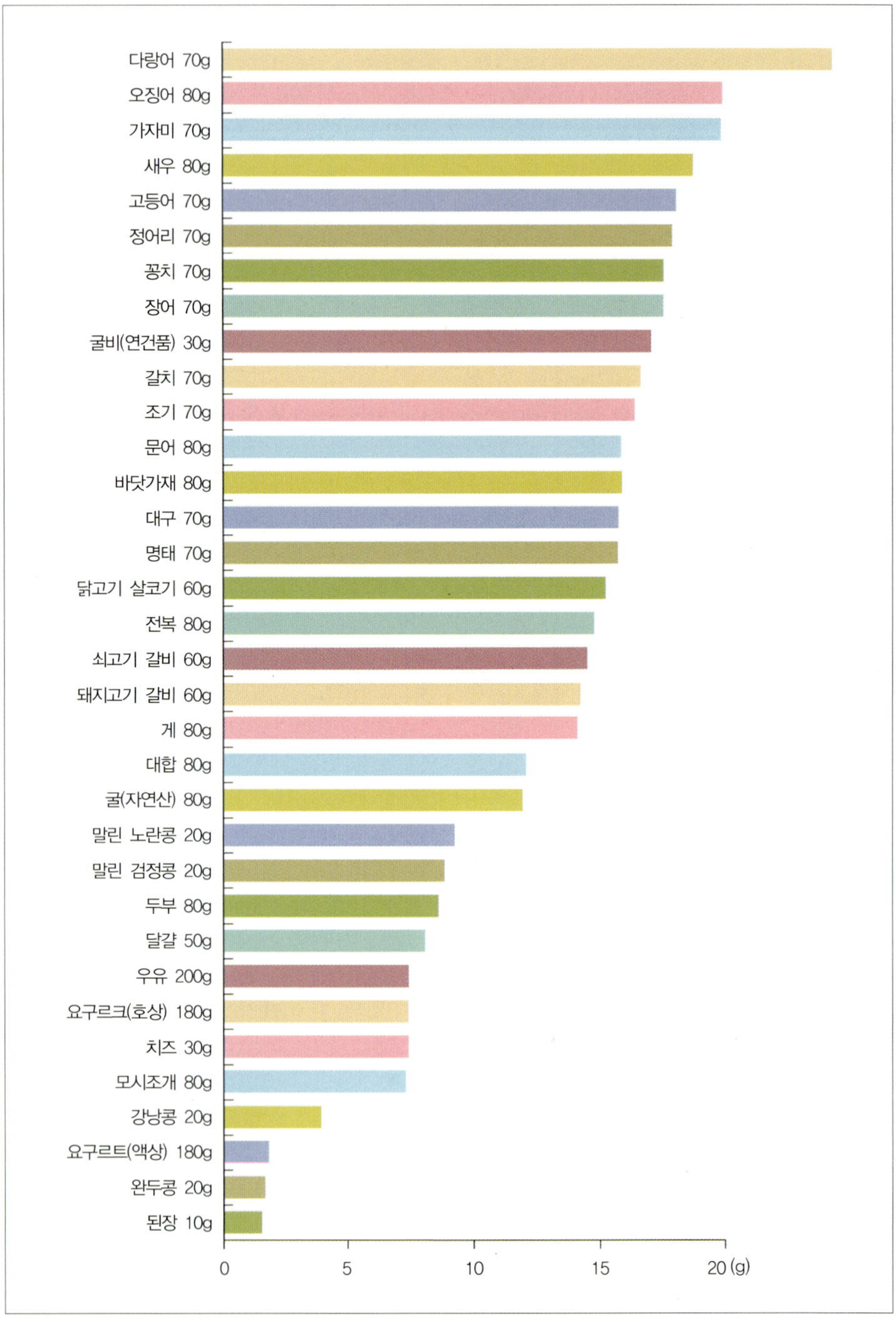

그림 3-12. 주요 식품의 1회 분량당 단백질 함량

Quiz

1. 필수아미노산의 종류와 기능에 대해 설명하시오.

2. 단백질의 소화·흡수 과정에 대해 설명하시오.

3. 단백질의 상호 보충효과에 대해 설명하시오.

4. 단백질 결핍증에 대해 설명하시오.

5. 단백질 영양섭취기준에 대해 설명하시오.

6. 단백질의 주요 급원식품에 대해 설명하시오.

NUTRITION

Nutrition

4 지질

1 지질의 정의

지방이란 물에 녹지 않고 클로로포름이나 에테르 같은 유기용매에 녹는 물질을 총칭하는 용어이다. 지방을 구성하는 기본원소는 탄수화물과 마찬가지로 탄소, 수소, 산소이나 구성하는 원소 조성이 달라짐으로써 탄수화물과는 전혀 다른 특성을 나타낸다.

보통 지질을 지칭하는 용어 중에 상온에서의 고체 형태는 지방, 영어로는 fat, 액체 형태는 기름, 즉 oil로 부르기도 한다. 식품 중에 지방은 주로 중성지방이라는 형태로 존재하며, 식품에 따라 그 함량이 차이가 있다.

지방의 대표적인 기능은 에너지 저장 역할을 한다는 점이다. 에너지 영양소인 탄수화물과 단백질은 각각 g당 4kcal의 에너지를 내는 반면, 지방은 같은 g당 9kcal의 에너지를 낸다. 즉 에너지 밀도가 높다. 따라서 잉여에너지를 지방의 형태로 저장한다는 것은 생명체의 현명한 선택이라고 할 수 있다. 그러나 지방의 과도한 섭취는 고혈압, 심혈관 질환과 같은 생활습관병과 유방암, 대장암과 같은 특정 암의 발병과 연관성이 높다는 보고가 있어 섭취에 주의가 필요한 영양소이다. 그러나 이러한 질병 위험과의 관련성은 지방의 종류에 따라 서로 상반된 작용을 하는 것으로 나타나고 있으며, 이에 현명한 선택이 필요한 영양소이다.

지방은 식품에 따라 함량이 다르다. 지방 급원식품에는 콩기름, 올리브유, 쇼트닝과 같은 식물성 식품과 버터와 같은 동물성 식품이 있다. 이들 식품은 거의 지방만으로 구성된 식품이다. 한편 마요네즈, 샐러드드레싱, 각종 튀김류 등도 지방함량이 높은 식품이다. 갈비, 등심, 삼겹살, 장어와 같은 식품, 치즈와 아이스크림도 지방함량이 높은 식품이다.

2 지질의 분류와 종류

글리세롤
glycerol
지방산
fatty acid

지질은 구성성분에 따라 단순지질, 복합지질 및 유도지질로 구분한다(표 4-1). 단순지질은 글리세롤과 지방산의 결합으로 구성된 중성지방으로 이루어진 지질을 말하며, 식품 내에 함유된 대부분의 지방은 단순지질인 중성지방의 형태로 존재한다. 중성지방은 글리세롤 분자에 3개의 지방산이 결합된 구조를 가지고 있다(그림 4-1).

표 4-1. 지질의 분류

분 류	정 의	종 류
단순지질	글리세롤과 지방산의 결합체	중성지방
복합지질	단순지질과 다른 성분의 결합체	인지질, 당지질, 단백지질
유도지질	스테롤 및 지질 분해산물	콜레스테롤, 피토스테롤, 글리세롤, 지방산, 비타민D

복합지질은 단순지질에 인, 당 및 단백질과 같은 성분을 포함하고 있는 지질을 말한다. 즉 인지질은 분자구조 내에 인을 가지고 있는 지질이다. 유도지질은 스테롤 및 지질분해 산물을 말하고 콜레스테롤의 대표적인 예이다. 콜레스테롤은 스테롤 구조를 가진 물질로 물에는 녹지 않고 유기용매에 녹는 지질의 범주에 포함된다. 식품 중에 함유되어 있는 중요한 지질은 중성지방과 콜레스테롤이다.

1) 중성지방

중성지방은 식품과 신체에 저장되는 지방의 95% 이상을 차지하는 지방의 형태로, 글리세롤 1분자에 지방산 3분자가 결합하고 있어 트리아실글리세롤(TG)이라고 부른다(그림 4-1). 글리세롤에 지방산 2분자가 결합한 경우는 디아실글리세롤(DG)이라고 하며, 1분자의 지방산만이 결합한 경우는 모노아실글리세롤(MG)이라고 부른다. 식품 중에 함유된 중성지방은 체내 지방분해효소에 의해 분해되어 소화·흡수되는 과정 중에 글리세롤에 결합하고 있는 지방산이 분해된다. 한편 글리세롤에 결합되어 있는 지방산의 종류에 따라 다양한 종류의 중성지방이 형성된다.

트리아실글리세롤
TG : triglyceride

디아실글리세롤
DG : diacylglycerol

모노아실글리세롤
MG : monoacylglycerol

2) 지방산

지방산은 기본적으로 탄소원자가 길게 연결된 사슬구조로서 한쪽 끝에는 카르복실기(-COOH)를, 다른 한쪽 끝에는 메틸기(-CH_3)를 가지고 있다(그림 4-2).

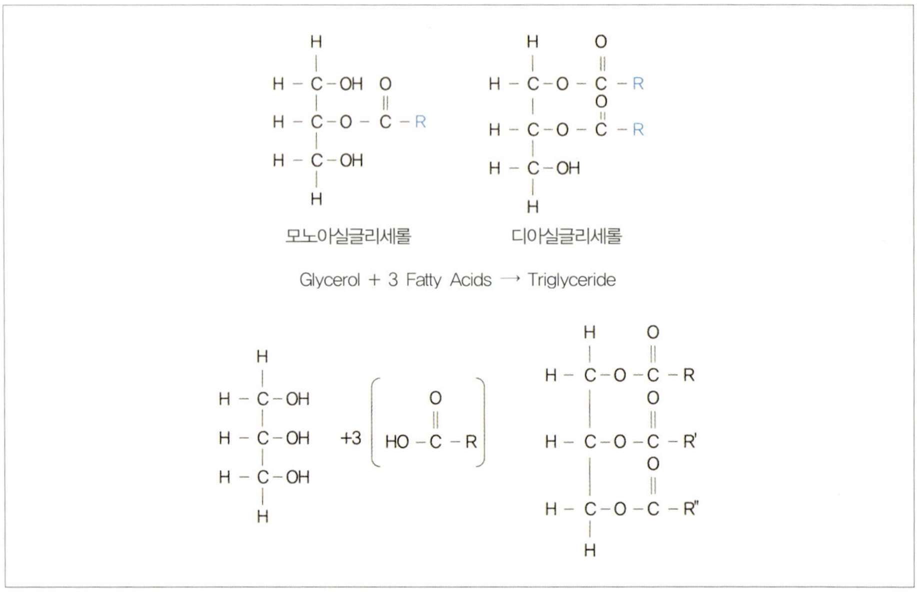

그림 4-1. 중성지방의 구조

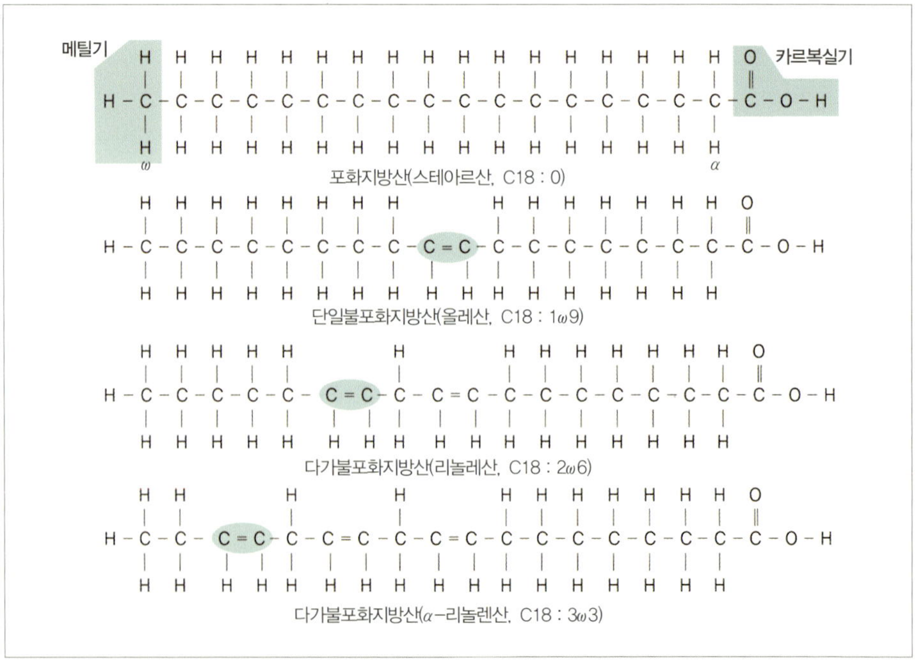

그림 4-2. 지방산의 구조

(1) 지방산의 분류

자연계에 존재하는 지방산은 탄소원자의 수, 즉 지방산의 길이에 따라 그리고 탄소원자 간 결합방식에 따라 그리고 체내 합성 여부에 따라 분류한다(표 4-2). 지방산은 이러한 분류기준에 따른 종류에 따라 물리화학적, 영양생화학적 특성이 다르다.

표 4-2. 지방산의 분류

	기 준		종 류
구조적 특징	탄화수소 사슬길이 (탄소수)	〈 10	짧은사슬지방산
		10~14	중간사슬지방산
		〉=16	긴사슬지방산
	탄화수소 사슬 내 이중결합수 (불포화도)	0	포화지방산
		1	단일불포화지방산
		〉=2	다가불포화지방산
	탄화수소 사슬 내 첫 이중결합 위치 (메틸기탄소로부터)	3번째	오메가3지방산
		6번째	오메가6지방산
		9번째	오메가9지방산
	이중결합에 위치한 수소의 결합 방향	같은 방향	시스(cis)지방산
		다른(꺾어진) 방향	트랜스(trans)지방산
영양적 특징	체내 합성 여부	합성 불가능	필수지방산
		합성 가능	비필수지방산

지방산을 구성하는 탄소 원자수는 4개에서 22개까지 혹은 그 이상까지 다양하다. 탄소수가 적을수록 용해도가 높은 특성이 있으며(표 4-3), 그 예로 우유 중에 잘 분산되어 있는 지방산에는 탄소수가 적은 짧은 지방산이 많다.

표 4-3. 지방산의 종류와 녹는점

지방산	실온에서 형태	녹는점(℃)
Palmitic acid(16:0)	Solid	63
Stearic acid(18:0)	Solid	70
Oleic acid(18:1)	Liquid	13
Linoleic acid(18:2)	Liquid	−5
Linolenic acid(18:3)	Liquid	−14.5
Arachidonic acid(20:4)	Liquid	−49.5

지방산을 구성하는 탄소의 결합방식에 따라 지방산을 분류할 수 있다. 탄소와 탄소 간 결합이 단일결합에 의해 연결된 지방산을 포화지방산, 탄소와 탄소 사이의 결합에 이중결합을 1개 이상 가지고 있는 경우를 불포화지방산이라 한다.

포화지방산
saturated fatty acid

포화지방산의 대표적인 예는 탄소가 16개인 팔미트산과 탄소 18개로 구성된 스테아린산이다.

불포화지방산
unsaturated fatty acid

불포화지방산은 이중결합의 수에 따라 이중결합이 1개인 경우 단일불포화지방산, 2개 이상인 경우 다가불포화지방산이라고 한다. 불포화지방산은 탄소와 탄소결합에 1개 이상의 이중결합이 있는 경우이다. 주요 지방산으로 탄소 18개에 이중결합 1개인 올레인산, 탄소 20개에 이중결합 4개인 아라키돈산, 탄소 18개에 이중결합 2개인 리놀레산과 3개인 리놀렌산이 대표적인 지방산이다. 또한 불포화지방산은 지방산의 메틸기의 탄소를 기준으로 첫 번째 이중결합이 나타나는 탄소의 위치에 따라 오메가3계열 지방산과 오메가6계열 지방산 그리고 오메가9계열 지방산으로 분류한다. 오메가 대신 n을 사용하여 표시하기도 한다. 최근 등푸른생선이 건강에 유익한 효과가 있다고 자주 언급되고 있는데, 이는 오메가3계열 지방산 때문이다.

또한 최근 트랜스지방산의 위해성에 대하여 많은 관심이 있는데, 트랜스지방산은 불포화지방산의 이중결합에 결합한 수소의 방향에 따라 구분한 명칭이다.

information

지방산 표시법 – 18:3ω3

일반적인 지방산 표시법이다. 앞의 숫자는 지방산을 이루고 있는 탄소수를 의미하며, 콜론 뒤의 숫자는 이중결합수를 나타내고, 다음은 오메가 계열을 의미한다. 즉 이 지방산은 탄소 18개로 구성되어 있으며, 이중결합 3개를 가지고 있는 오메가3계열 지방산이라는 의미이다.

그림 4-2에 나타낸 4개의 지방산은 모두 탄소 18개로 구성된 지방산이다. 양쪽 끝단에 각각 카르복실기와 메틸기를 가지고 있다. 첫 번째 지방산은 탄소와 탄소 사이의 결합이 모두 단일결합으로 연결된 포화지방산이다. 두 번째 지방산은 이중결합 1개를 가진 단일불포화지방산이다. 이 이중결합이 메틸기탄소로부터 9번째 탄소에 있으므로 오메가9계열 지방산이다. 세 번째 지방산은 이중결합이 2개인 다가불포화지방산이다. 메틸기탄소로부터 6번째 탄소에서 처음 이중결합이 있는 오메가6계열

지방산이다. 네 번째 지방산은 이중결합이 3개 있으면서 메틸기로부터 세 번째 탄소에 처음 이중결합을 가지고 있는 오메가3계열 지방산이다. 이들 지방산 모두 고유의 명칭이 있다. 첫 번째 지방산은 스테아린산, 두 번째는 올레익산, 세 번째는 리놀레산, 네 번째는 리놀렌산이라고 부른다.

지방산은 구조에 따라 물리화학적 · 영양적 특성이 다르다. 포화지방산은 혈중 콜레스테롤 농도를 증가시키는 작용을 하고, 불포화지방산은 혈중 콜레스테롤 농도를 낮추는 작용을 한다. 포화지방산은 대체로 녹는점이 높고, 불포화지방산은 녹는점이 낮기 때문에 포화지방산이 많은 지방은 상온에서 고체상태를, 불포화지방산이 많은 지방은 상온에서 액체상태의 성상을 나타낸다(표 4-3). 포화지방산은 대체로 동물성 식품에 많이 포함되어 있고, 불포화지방산은 식물성 식품에 많이 포함되어 있다. 돼지고기나 쇠고기를 구운 후 남은 기름이 하얗게 굳어지는 현상은 이 포화지방산 때문이다. 그렇지만 예외적인 경우도 있다. 코코넛유나 야자유는 식물성 식품임에도 포화지방산을 많이 함유하고, 어류는 반대로 동물성 식품이지만 불포화지방산을 많이 함유하고 있다(표 4-4, 그림 4-2).

표 4-4. 식품에 따른 지방함량과 지방산 조성

식품명	총 지방 (g/100g)	콜레스테롤 (mg/100g)	P/S*	지방산(%)			
				포화	올레산	리놀레산	리놀렌산 등
달걀	11.2	470	0.51	34.1	43.6	13.4	3.8
우유	3.5	11	0.05	54	24.9	2.7	0.5
안심	16.2	70	0.06	42.1	44.2	2.6	0.1
쇠간	3.7	240	0.69	93.2	19.8	9.9	9.3
돼지(등심)	25.7	55	0.25	42.5	42.5	9.5	0.9
돼지(삼겹살)	28.3	60	0.25	42.2	42.3	9.7	0.8
닭가슴살	2.4	70	0.59	32.4	41	14.7	3.5
닭다리(껍질)	14.6	95	0.58	31	43.2	15.2	2.3
소시지	24.8	60	0.24	40.3	44.9	8.4	1.1
가공치즈	26	80	0.03	65.2	24.8	1.6	0.7
마요네즈	72.5	200	3.83	11.1	44.9	33.2	9.4
쌀밥	0.5	0	1.06	34.9	25.2	37.1	1.4
식빵	3.8	0	1.06	24	34.2	31.9	7.9
고등어	16.5	55	1.04	27.6	26.5	1.4	24.4
대구	0.4	60	2.60	22.9	12.7	0.5	54.3

* 다가불포화지방산 / 포화지방산

(2) 필수지방산

필수지방산 essential fatty acid
비필수지방산 nonessential fatty acid

지방산은 영양학적 특성에 따라 필수지방산과 비필수지방산으로 분류할 수 있다. 필수지방산은 신체의 정상적인 성장과 유지 및 생리적 기능 수행에 반드시 필요하지만 신체 내에서 생성되지 않거나 생성되더라도 그 양이 충분치 않기 때문에 반드시 외부에서, 즉 식품으로부터 섭취가 필요한 지방산을 말한다. 필수지방산이 결핍되면 성장 저하나 피부염 및 생식기능 저하 등의 현상이 나타난다고 알려져 있다. 필수지방산에는 오메가6계열 지방산인 리놀레산(18 : 2ω6)과 오메가3계열 지방산인 리놀렌산(18 : 3ω3)이 있으며, 이들 지방산은 체내에서 합성되지 않으므로 식품으로부터 섭취하여야 한다. 한편 아라키돈산(20 : 4ω6)은 리놀레산으로부터 일부 합성이 되지만 신체가 필요로 하는 양만큼 충분치 않아 필수지방산으로 분류하기도 한다. 필수지방산이 체내에서 합성이 되지 않는 것은 이중결합의 독특한 위치 때문이다. 이들을 제외한 다른 지방산을 상대적으로 비필수지방산으로 분류한다.

리놀레산 linoleic acid, 18:2w6
리놀렌산 linolenic acid, 18:w3
아라키돈산 arachidonic acid, 20:4w6

필수지방산은 세포막에 위치하여 세포막의 유연성과 유동성을 유지하는데 중요한 역할을 한다. 그리고 체내에서 호르몬과 같은 기능을 하는 물질, 즉 아이코사노이드의 전구체로서 작용한다. 아이코사노이드는 인지질에 결합된 탄소 20개인 지방산의 대사과정 중에 생성된 물질을 총칭하는 용어로 프로스타글란딘, 트롬복산, 류코트리엔 등이 있다. 이들 아이코사노이드는 평활근의 수축과 이완, 혈액의 응집과 용해, 그리고 면역기능과 관련된 작용을 한다. 그런데 이들의 작용이 오메가3계열로부터 만들어진 것인가, 아니면 오메가6계열로부터 만들어진 것인가에 따라 서로 상반된 작용을 나타낸다. 즉 이들 오메가3계와 오메가6계 지방산의 섭취 비율에 주의를 기울일 필요가 있다는 의미이다.

아이코사노이드 eicosanoid
프로스타글란딘 prostaglandin
트롬복산 thromboxan
류코트리엔 leucotrien

(3) 트랜스지방산

트랜스지방산 trans fatty acid

트랜스지방산은 최근 건강 위해성과 함께 많은 관심을 받고 있는 지방산이다. 트랜스지방산은 불포화지방산의 이중결합에 결합한 수소의 방향에 따라 구분한다. 즉 이중결합에 위치한 수소가 서로 상반된 방향으로 꺾여 위치할 때에는 트랜스형 구조를 가진 트랜스지방산이라고 하고, 이에 대한 상대적 개념으로 이중결합에 결합한 수소가 같은 방향으로 결합한 경우에는 시스형 구조를 가진 시스지방산이라고 한다(그림 4-3).

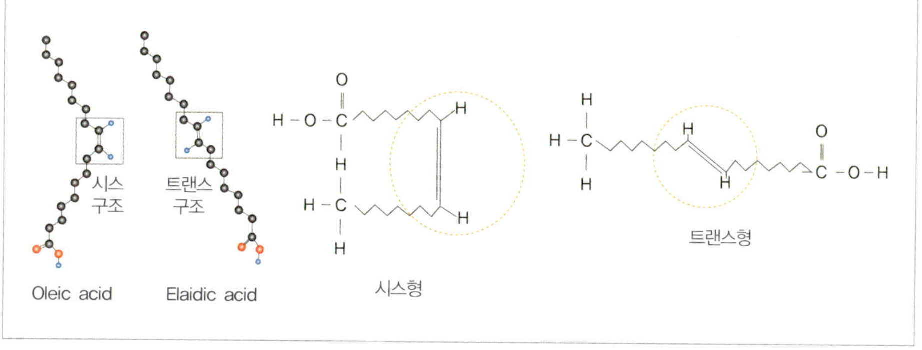

그림 4-3. 시스형과 트랜스형 지방산 구조

자연계에 존재하는 불포화지방산은 대부분 시스 구조를 가지고 있다. 그렇지만 식물성 유지를 가공하여 경화유를 만드는 과정 중에 트랜스 구조를 가지게 된다. 즉 식물성 기름을 가공처리하여 만든 쇼트닝, 마가린에 트랜스지방이 함유되어 있다(그림 4-4). 트랜스지방은 마가린이나 쇼트닝에 많이 함유되어 있으므로 이들 지방을 사용하는 식품, 즉 케이크, 과자, 파이, 빵 등의 제품에 많다. 트랜스지방은 불포화지방산임에도 불구하고 포화지방산과 유사한 물리적 성질을 지니고 있다. 즉 LDL콜레스테롤을 증가시키는 작용을 한다.

information

DHA와 EPA

최근 두뇌기능 향상기능이 있다고 알려진 DHA와 EPA는 대표적인 오메가3계열 다가불포화지방산이다. DHA는 탄소 22개에 이중결합 6개를 가졌으며, 도코사헥사에노익에시드라 불리며, 약어로 DHA라 불리우는 지방산이다. EPA는 탄소 20개에 이중결합 5개를 가졌으며 에이코사펜타에노익에시드라 불리는 지방산이다. 이들 오메가3계열 지방산은 등푸른생선에 많이 함유되어 있다. 이들 지방산은 신체 내의 뇌와 망막 등에 많이 분포되어 있으며, 혈전 용해 등 생리적으로 유용한 기능을 하며 오메가6계열 지방산의 역기능을 완화하는 작용을 하는 것으로 알려져 있다.

도코사헥사에노익에시드
DHA : docosahexaenoic acid

에이코사펜타에노익에시드
EPA : eicosapentaenoic acid

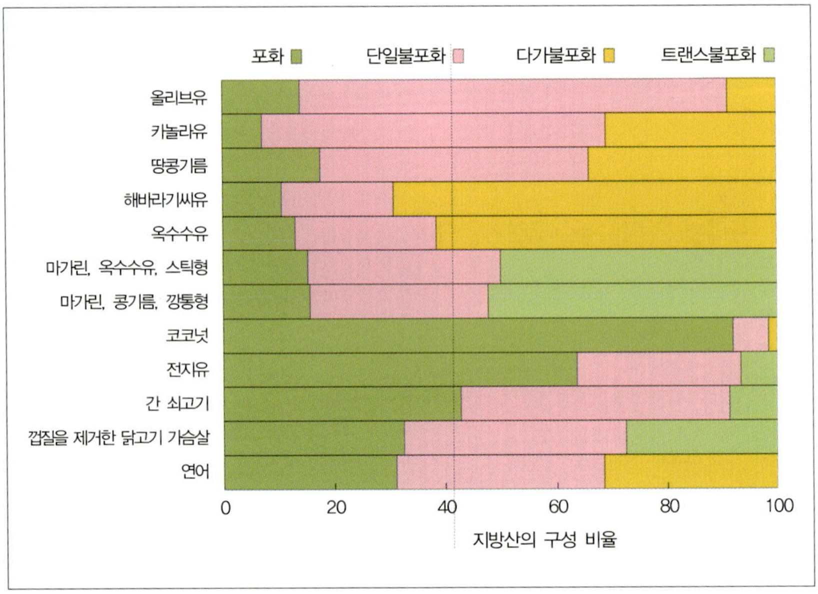

그림 4-4. 식품에 따른 지방산 조성

3) 인지질

인지질은 글리세롤에 두 분자의 지방산과 1분자의 인산이 결합되어 있으며, 인산기에 콜린, 에탄올아민, 세린 및 이노시톨과 같은 염기가 결합되어 있다(그림 4-5). 이들 분자들은 물에 대한 용해성이 크므로 물분자와 지방분자를 서로 섞이게 하는 유화작

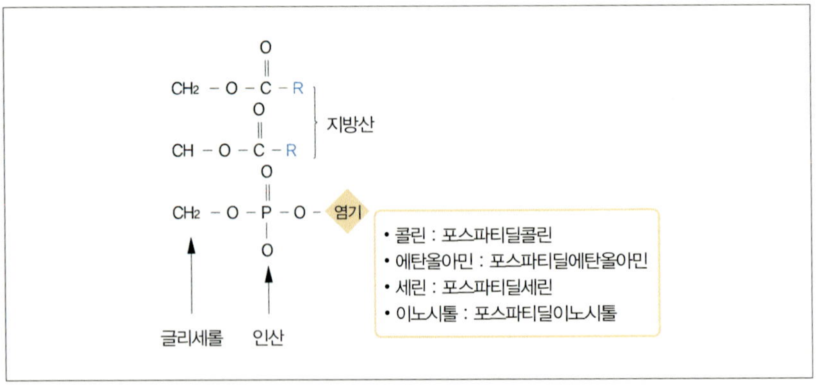

그림 4-5. 인지질의 구조

용을 할 수 있다. 이들 인지질은 세포막의 주요 구성성분으로 막 유동성과 완전성을 부여하는 기능을 한다(그림 4-5). 또한 뇌조직과 신경조직에 이들 인지질 함량이 높다.

4) 콜레스테롤

콜레스테롤은 탄소로 구성된 4개의 고리구조를 가지고 있으며(그림 4-6), 동물성 식품에서만 볼 수 있는데, 특히 간이나 뇌 등의 동물조직에 많이 함유되어 있다.

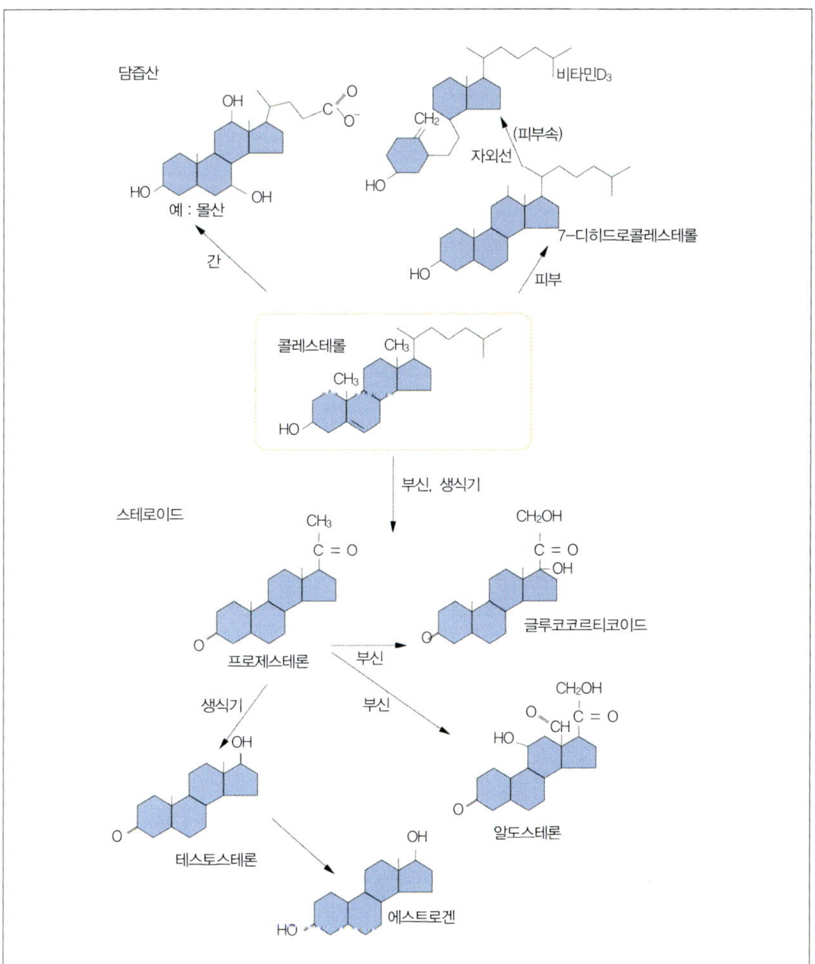

그림 4-6. 콜레스테롤의 구조

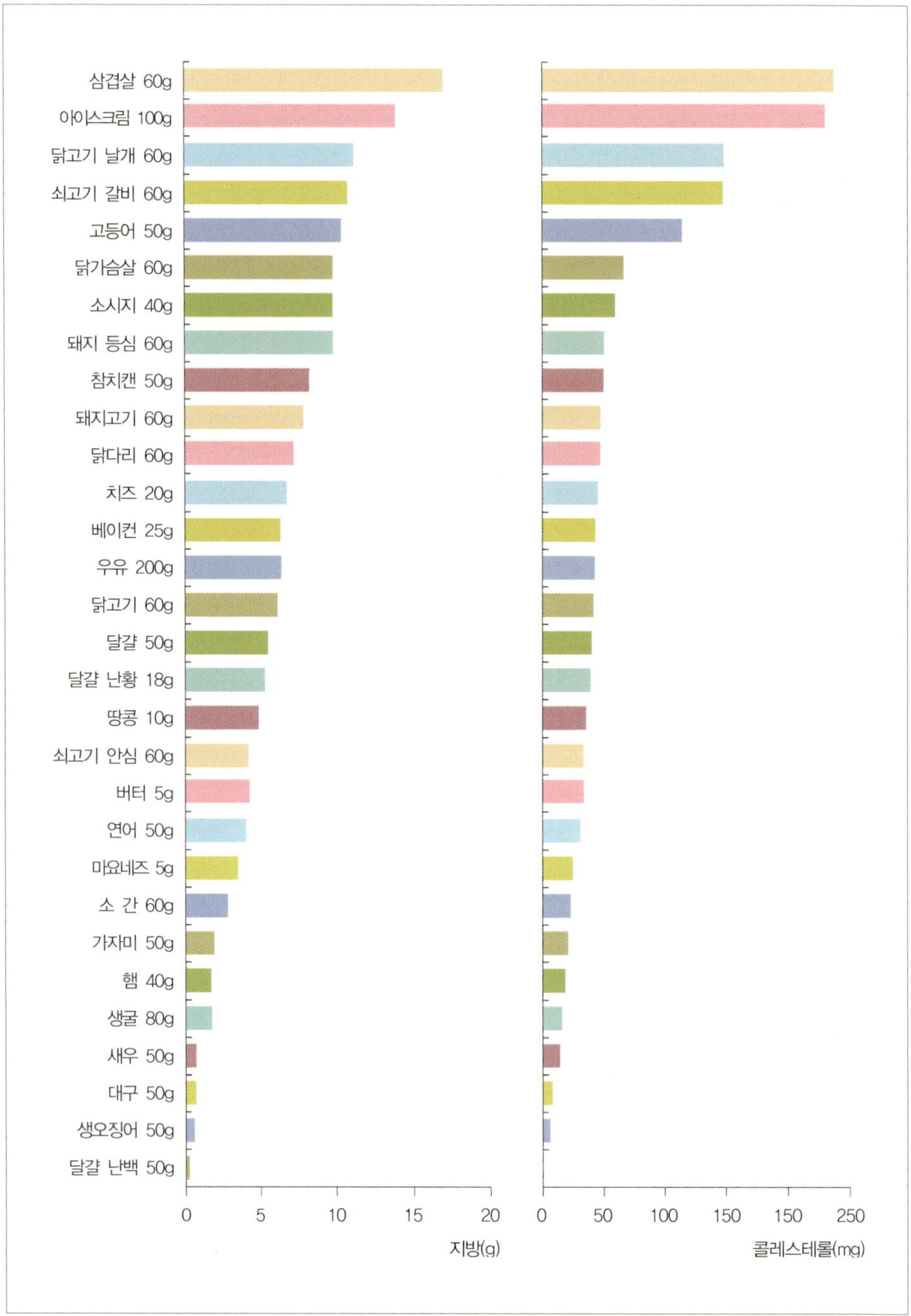

그림 4-7. 주요 식품의 1회 분량당 지방 함량과 콜레스테롤 함량

혈중 콜레스테롤 농도의 상승이 심혈관계 질환의 위험요인으로 알려지면서 콜레스테롤이 신체에 해로운 물질로 취급받기도 하는데, 이들 콜레스테롤은 신체생리기능 수행에 필수적인 물질이다. 콜레스테롤은 세포막의 필수 구성성분으로 세포의 완전성을 부여한다. 따라서 세포성장이 일어나는 유아기나 아동기에는 충분한 섭취가 필요하다.

또한 콜레스테롤은 스테로이드계 호르몬, 즉 에스트로겐, 테스토스테론의 전구물질이다. 또한 자외선에 의해 비타민D로 전환될 수 있으며, 지방의 소화·흡수에 필수적인 담즙산의 전구물질이기도 하다. 즉 콜레스테롤은 스테로이드계 호르몬, 비타민D 그리고 담즙산의 전구물질로서 작용한다. 콜레스테롤의 이러한 중요한 생리적 기능에도 불구하고 혈중 콜레스테롤의 지나친 상승은 심혈관계 질환의 위험요인으로 간주되고 있다. 그런데 혈중에 존재하는 콜레스테롤은 신체 내에서 합성되는 내인성 콜레스테롤과 식사로 섭취한 외인성 콜레스테롤에 의해 영향을 받는다.

3 지질의 소화와 흡수

우리가 식품으로 섭취하는 지질의 95% 이상은 중성지질 형태이며, 나머지에 콜레스테롤과 인지질 등을 포함하고 있다. 섭취한 지질은 소화기계를 통하여 분해된 후 소장의 림프관을 통해 흡수되어 체내로 유입된다. 지용성 물질인 지질은 지단백이라는 특수한 형태로 혈액 내에서 순환한다.

지단백
lipase

1) 지질의 소화와 흡수

식품으로 섭취된 지질은 구강과 위장 중의 지질분해효소인 라이페이즈의 작용을 받아 글리세롤과 지방산으로 일부 분해된다(표 4-5). 지방의 본격적인 소화는 소장에서 이루어지는데, 간에서 분비되는 담즙의 유화작용과 췌장에서 분비되는 지질분해효소인 라이페이즈의 분해작용을 받는다. 즉 담즙은 소장 내로 들어온 지질을 잘게 쪼갬으로써 수용성인 라이페이즈 작용을 잘 받을 수 있도록 도와주는 작용을 한다.

라이페이즈
lipase

담즙
bile juice

유화작용
emulsification

표 4-5. 지질의 소화

소화 부위	작용효소	소화작용
구강, 식도 및 위	구강 라이페이즈	중성지방 → 디글리세리드+모노글리세리드+지방산*
	위 라이페이즈	
소장	췌장 라이페이즈	중성지방 → 디글리세리드+모노글리세리드+지방산**
	포스포라이페이즈	인지질 → 글리세리드+지방산+염기+인산
	췌장 콜레스테롤에스테레이즈	콜레스테롤에스테르 → 콜레스테롤+지방산

* 주로 짧은 사슬과 중간사슬 지방산

** 모든 지방산

세크레틴 secretin

콜레시스토키닌 cholecystokinine

소화기호르몬 gastric hormone

한편 이들 담즙의 분비와 췌장의 지질분해효소 작용에는 세크레틴과 콜레시스토키닌이라는 소화기호르몬의 도움을 받는다. 세크레틴은 알칼리성 췌액의 분비를 촉진하며, 콜레시스토키닌은 담즙 분비와 췌장의 소화효소 분비를 촉진하는 작용을 한다(그림 4-8).

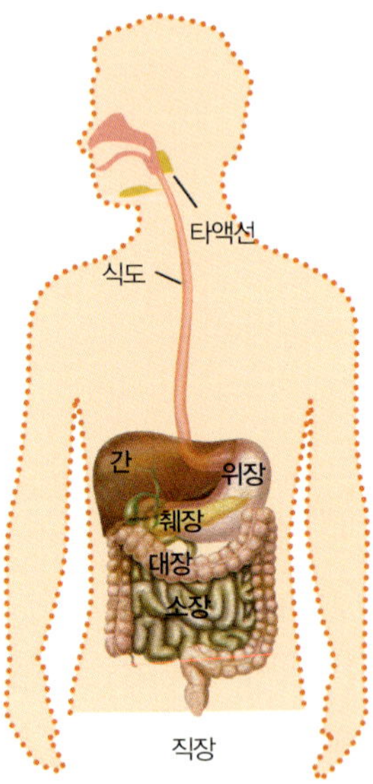

① **구강**: 구강 라이페이즈 미량 분비, 거의 작용 안함

② **위**: 위 라이페이즈 분비

중성지방 —(라이페이즈)→ 디글리세리드+모노글리세리드+지방산 (짧은사슬, 중간사슬 지방산)

③ **간**: 담즙 분비

- 담즙 → 담낭 저장 → 소장으로 담즙 분비 → 지방의 유화작용
- 콜레시스토키닌에 의해 담즙 분비 촉진됨

④ **췌장**: 췌장 라이페이즈, 췌장 포스포라이페이즈, 췌장 콜레스테롤에스테레이즈를 십이지장으로 분비

- 세크레틴에 의해 췌장액 분비 촉진됨

⑤ **소장**: 담즙에 의해 지방이 유화되어 지방분해효소 작용이 잘 받도록 함

중성지방, 디글리세리드, 모노글리세리드 —(리이페이즈)→ 디글리세리드+모노글리세리드+지방산(모든 지방산)

인지질 —(포스포라이페이즈)→ 글리세리드+지방산, 염기+인산

콜레스테롤에스테르 —(콜레스테롤에스테레이즈)→ 콜레스테롤+지방산

⑥ 글리세롤과 지방산은 림프관으로 흡수 → 혈액 → 간으로 운반

⑦ 일부 짧은 지방산의 경우 모세혈관으로 흡수 → 간문맥 → 간으로 운반

그림 4-8. 지방의 소화와 흡수(I)

담즙과 라이페이즈의 작용으로 중성지질은 글리세롤과 지방산으로 분해되며, 소장 점막으로 흡수된 지방산과 글리세롤은 지단백의 일종인 카일로미크론을 합성하여 림프관을 통해 혈액으로 운반된 후 간으로 이동하게 된다. 일부 분자량이 작은 지방산의 경우 모세혈관으로 바로 흡수되기도 한다(그림 4-9).

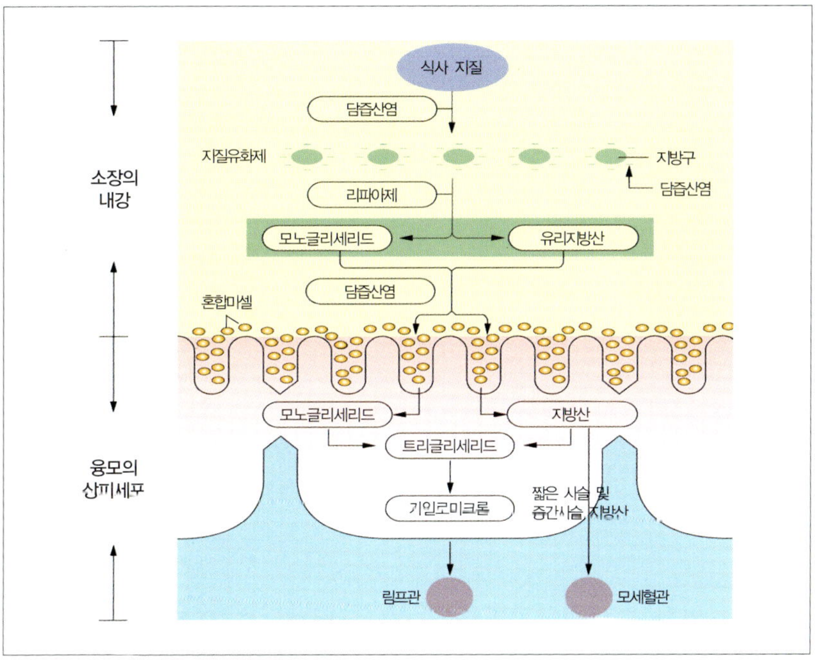

그림 4-9. 지방의 소화와 흡수(II)

2) 지질의 이동

지질은 지용성 물질이므로 수용성 환경인 혈액을 통해 지질을 필요로 하는 조직에 전달하기는 매우 어렵다. 그러나 이를 원활하게 할 수 있는 지단백을 형성함으로써 수용성 환경인 혈액 내에서 잘 이동할 수 있다. 지단백은 중성지방, 인지질, 콜레스테롤과 같은 지질 성분과 단백질로 구성되어 있으며, 친수성이 강한 인지질, 유리콜레스테롤 및 단백질은 바깥쪽에 위치하고, 소수성이 강한 중성지질과 콜레스테롤에스터는 내부에 위치한 공 모양의 3차 구조로 이루어져 있다(그림 4-10). 지단백을 구성

카일로미크론
chyromicron

초저밀도지단백
VLDL : very low density lipoprotein

저밀도지단백
LDL : low density lipoprotein

고밀도지단백
HDL : high density lipoprotein

하는 성분의 상대적인 양에 따라 4가지의 지단백 형태가 있다. 지단백 구성성분 중 중심부에 위치한 중성지질의 함량이 높을수록 밀도는 낮아지고 가벼워지며, 반대로 중성지질 함량이 낮고 단백질 함량이 높을수록 밀도는 커지게 된다. 구성성분의 함량에 따른 4가지 지단백은 카일로미크론, 초저밀도지단백(VLDL), 저밀도지단백(LDL), 고밀도지단백(HDL)이다.

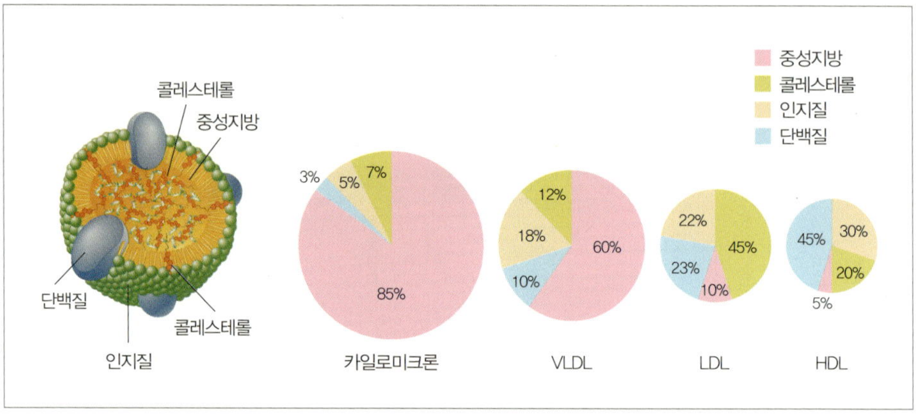

그림 4-10. 지단백의 구조와 종류

카일로미크론은 식후에 볼 수 있는 지단백으로 중성지방이 80~90%를 차지하고 있으며, 식사에서 섭취한 지방을 간으로 이동시키는 형태이다. VLDL은 간에서 합성되어 혈액으로 분비되는 지단백으로 중성지방의 함량이 높고, 따라서 밀도가 매우 낮은 지단백이다. LDL은 지단백 중 콜레스테롤 함유량이 가장 높은 혈중 콜레스테롤의 70%를 가지고 있는 지단백이다. LDL에 함유된 콜레스테롤은 혈관계를 순환하다가 동맥경화증을 비롯한 혈관계 질환의 원인이 되는 것으로 알려져 있다. 이러한 이유로 LDL-콜레스테롤을 '나쁜 콜레스테롤'이라 부르기도 한다. HDL은 지단백 중 단백질의 비율이 가장 높은 밀도가 가장 큰 지단백이다. HDL은 혈액 중 콜레스테롤을 간으로 이동시키는 역할을 하므로 HDL-콜레스테롤을 '좋은 콜레스테롤'이라고 하며, HDL을 '항동맥경화성 인자'라고도 한다(그림 4-11). 혈액 중에 존재하는 이들 지단백에 따라 건강과의 관련성이 크게 차이가 난다.

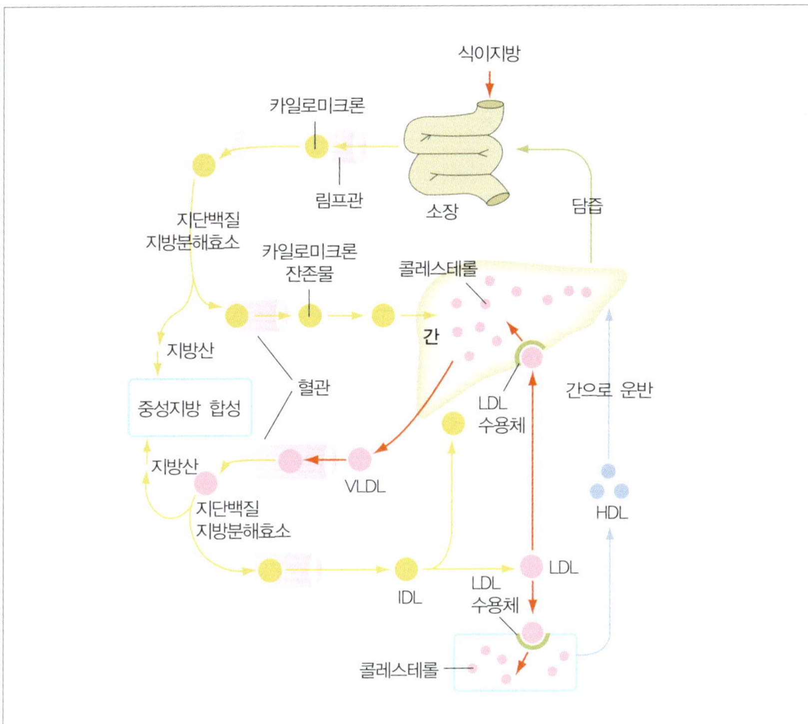

그림 4-11. 지단백의 대사

4 지질의 기능

소화 · 흡수 및 수송과정을 거쳐 체내에 유입된 지질은 신체 내에서 에너지 공급원, 필수지방산 공급, 생체막 성분으로서의 기능 등 필수적인 역할을 한다. 또한 장기간의 에너지를 저장하는 형태로 참여하고 있으며, 기타 지용성 비타민 흡수, 체온조절과 장기보호 역할을 한다. 또한 지방 특유의 맛과 향미를 제공하는 역할을 하고 있다.

1) 에너지 공급원

지방은 g당 9kcal를 제공한다. 다른 에너지 영양소인 단백질과 탄수화물이 g당

4kcal를 제공하는 것과 비교해 볼 때, 지방은 2배 이상의 농축된 에너지원이라고 할 수 있다. 이는 지방을 구성하는 구성원소 비율 때문인데, 지방은 단백질이나 탄수화물에 비해 탄소에 대한 산소의 비율이 더 낮아 체내 연소 시 더 많은 산화과정을 필요로 하기 때문이다. 또한 지방은 장기간 에너지 저장 형태로서 기여한다. 지방세포의 80% 이상이 중성지방으로 구성되어 있고, 물의 비율이 적다. 즉 에너지 밀도가 높은 구조로서 에너지를 저장하기 적합한 형태라고 할 수 있다. 신체가 섭취한 에너지 중 사용하고 남은 잉여에너지는 지방의 형태로 저장되어 있으며, 저장된 지방은 중성지방의 형태이다.

2) 신체구성의 요소

인지질과 콜레스테롤 형태로 세포막의 구성요소로 참여하여 세포막의 유동성과 완전성을 제공한다(그림 4-12). 세포막은 인지질의 이중막 구조로 되어 있는데, 인지질의 극성 부분은 수용성 환경에 접해 있고, 비극성 부분인 지방산은 안쪽으로 접한 구조로 되어 있다. 세포막의 인지질은 세포의 신호전달체계에 중요한 역할을 한다.

보통 정상 성인 남자와 여자는 각각 체중의 15%와 25%의 지방으로 구성되어 있다. 신체의 지방량은 에너지 대사 균형에 의하여 결정된다. 즉 섭취하는 에너지가 소비하는 에너지보다 많으면 잉여에너지가 지방으로 전변되어 축적된다. 체중 중 지방이 차지하는 비율을 기준으로 비만을 판정하기도 한다.

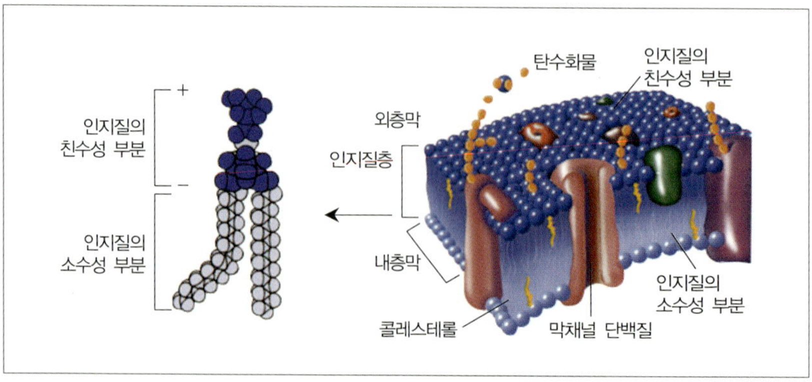

그림 4-12. 세포막의 구조

3) 필수지방산 공급

인체의 정상적인 신체성장과 유지 및 생리적 기능유지에 필요한 필수지방산을 제공하는 역할을 한다. 필수지방산인 리놀레산과 리놀렌산은 체내에서 합성되지 못하므로 반드시 식품 섭취를 통하여 공급되어야 한다. 특히 성장기 아동에게서 필수지방산이 결핍되면 성장저하, 피부염 등이 발생하므로 충분히 공급하도록 해야 한다.

4) 신체기능 조절

긴사슬지방산으로부터 생성되는 물질은 신체 내에서 호르몬처럼 작용하여 신체기능을 조절하기도 한다. 특히 인지질에 결합된 탄소수 20개로 구성된 지방산인 아라

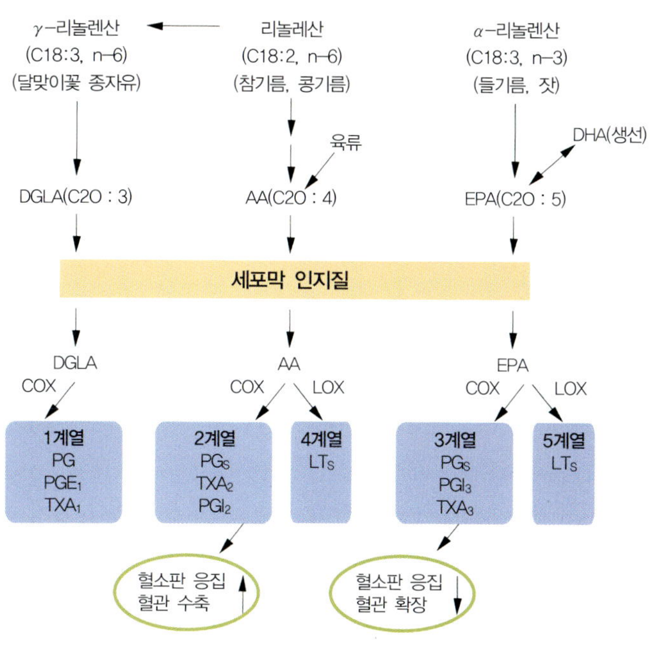

IO : 지질산소화효소, CO : 고리산소화효소, PG : 프로스타글란딘, IT : 루코트리언, PGI : 프로스타사이탈린, DGLA : 디호모감아리놀레산, AA : 아라키돈산, FTA : 아이코사펜타이노산

그림 4-13. 아이코사노이드의 생성 및 기능

키돈산(C20 : 4)이나 EPA(C20 : 5)가 산화되어 생성되는 트롬복산, 프로스타사이클린, 루코트리엔 및 프로스타글란딘은 혈관의 수축과 이완, 혈소판의 응집, 혈전 형성 및 염증반응을 매개하는 것으로 알려져 있으며, 이들 국소호르몬을 통칭하여 아이코사노이드라 한다. 특히 이들 국소호르몬들은 오메가3계열 지방산 혹은 오메가6계열 지방산으로부터 유래되었는지에 따라 심혈관계에 서로 상반되게 작용한다고 알려져 있다(그림 4-13).

5) 기타

지방은 지용성 비타민의 흡수를 돕는 역할을 한다. 또한 지방은 물에 비하여 열전도율이 낮아, 신체 외부의 온도변화로부터 체온을 일정하게 유지하는 체온조절 역할을 하며, 장기 주변에 분포하여 외부 충격으로부터 신체 장기를 보호하는 쿠션 역할을 하기도 한다. 또한 지방은 지방 특유의 고유한 풍미로, 식품의 맛과 향을 제공하는 역할을 한다. 또한 섭취 시 위장관 내 저류시간이 길어 소화·흡수가 서서히 진행되는, 즉 포만감을 주는 역할을 하기도 한다.

5 지질의 섭취와 건강

1) 이상지질혈증

이상지질혈증이란, 혈액 중에 콜레스테롤 혹은 중성지방과 같은 지질의 농도가 비정상적으로 높거나 낮은 상태를 말한다. 이상지질혈증은 고혈압 및 심혈관계 질환의 위험요인으로 간주되고 있다. 한국동맥경화학회에서 제시한 한국인의 혈장 지질농도 판정기준은 다음 표 4-6과 같다. 혈장 총 콜레스테롤 농도는 200mg/dL 미만을 정상 수준으로 판정하고 있으며, 200～229mg/dL를 경계치로 구분하고 있으며, 230mg/dL 이상이면 고콜레스테롤혈증으로 판정하고 있다. 총 콜레스테롤 농도가 경계치 이상이면 식사 요법 및 운동 요법으로 콜레스테롤 농도를 낮출 것을 권고하고 있고, 고콜레스테롤 농도에 해당되면 약물치료를 병행하도록 권고하고 있다. 한편 나쁜 콜레스테롤로 불리우는 LDL-콜레스테롤은 129mg/dL 미만이 정상 수준이고, 좋은 콜레스테롤로 불리우는 HDL-콜레스테롤은 40mg/dL 미만이면 낮은 상태로, 60mg/dL 이상이면 좋은 상태로 구분한다. 또한 중성지방 농도는 150mg/dL 미만을 정상 수준으로 정하고 있으며, 200mg/dL 이상을 고중성지방혈증으로 규정하고 있다. 여기에서 주목할 점은 과다 섭취한 탄수화물은 체내에서 중성지방으로 전변될 수 있다는 점이다.

표 4-6. 한국인의 이상지혈증 진단기준

(mg/dL)

총 콜레스테롤		LDL-콜레스테롤		HDL-콜레스테롤		중성지방	
높음	≥230	높음	≥150	낮음	<40	높음	≥200
경계치	200~229	경계치	130~149	높음	≥60	경계치	150~199
정상	<200	정상	100~129			정상	<150
		적정	<100				

2) 심뇌혈관 질환

지방 영양소와 관련된 건강문제로 심뇌혈관 질환을 들 수 있다. 심뇌혈관계 질환이란 뇌출혈, 뇌졸중, 뇌경색 및 심장 질환을 통합하여 일컫는 용어이다. 심뇌혈관계 질환은 우리나라 사망원인 순위의 2위에 해당하는 질환으로 인구 10만 명당 4만8천 명의 사인이 되는 질환이다. 이들 질환의 주요 원인을 고지혈증, 특히 나쁜 콜레스테롤이라고 불리는 LDL-콜레스테롤 농도 증가로 보고 있다. 혈액 중 중성지방 및 콜레스테롤이 혈관벽에 축적되면서 여기에 혈액이 부분적으로 응고되어 혈전이 형성되는데 이러한 혈전을 프라그라고 부른다. 그림 4-14와 같이 혈관벽에 프라그가 침착되면 혈관의 내경은 좁아지게 되고, 혈관벽은 탄력을 잃게 된다. 심장에 혈액을 공급하는 관상동맥에 프라그가 침착되고 경화가 일어나게 되면 심장으로의 혈액 공급, 즉 산소 공급에 문제가 생기게 되고, 결국 심할 경우 심근경색이나 심장마비를 일으키기도 한다. 한편 혈관이 좁아지게 되면 혈액이 정상인 상태보다 좁아진 혈관을 통과하면서 혈관벽은 압력을 받게 되고, 이러한 압력을 견디지 못한 경우 심하게는 혈관 파열을 초래하기도 한다. 즉 이러한 현상에 뇌혈관에서 발생한 경우가 뇌졸중이나 뇌출혈이다.

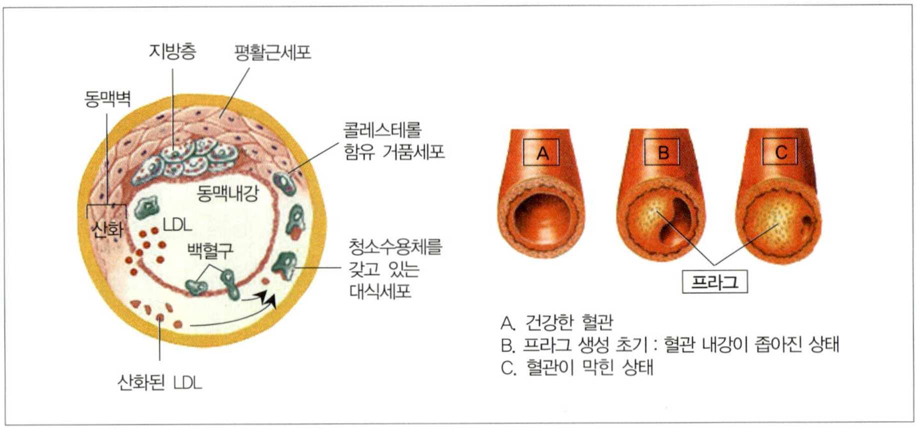

그림 4-14. 혈중 콜레스테롤과 심뇌혈관 질환

식이로 섭취하는 지질, 즉 중성지방과 콜레스테롤 섭취 증가는 혈중 지질농도 증가와 밀접하게 관련되어 있다. 그런데 식이로 섭취한 지방산은 지방산의 종류에 따라 혈중지질, 콜레스테롤 농도에 미치는 영향이 다르다(표 4-7). 즉 포화지방산은 혈중 LDL콜레스테롤 농도를 증가시키며, 단일불포화지방산은 콜레스테롤 농도 상승 없이 LDL-산화를 억제하는 기능이 있다. LDL의 산화는 혈관벽의 프라그 형성을 가속화시킨다(그림 4-14). 따라서 단일불포화지방산은 프라그 형성을 저해하는 작용, 즉 심뇌혈관 질환을 예방하는 작용을 한다. 또한 오메가6지방산과 오메가3지방산은 둘 다 콜레스테롤 농도를 감소시키는 효과가 있다. 그렇지만 오메가6지방산은 혈전 생성을 촉진하고 반대로 오메가3지방산은 혈전 생성을 억제하는 효과가 있다. 따라서 고지혈증 및 심뇌혈관 질환을 예방하고 건강을 유지하기 위해서는 영양섭취기준에서 제

표 4-7. 혈중 지질농도와 혈전 생성에 미치는 지방산의 영향

지방산		영 향
포화지방산	$C_{12} \sim C_{16}$	LDL-콜레스테롤 농도 증가
	C_{18}	콜레스테롤 농도에 무영향, 혈전 생성 촉진
단일불포화지방산		콜레스테롤 농도에 무영향, LDL-콜레스테롤 산화 억제
다가불포화지방산	ω-6계 지방산	콜레스테롤 농도 감소, 중성지방 농도 감소
	ω-3계 지방산	콜레스테롤 농도 감소, 혈전 생성 억제
트랜스지방산		콜레스테롤 농도 증가, 혈전 생성 촉진

시한 바와 같이 식이지방의 섭취량뿐만 아니라 지방산의 섭취 비율 조절이 필요하다고 할 수 있다.

3) 지질 섭취 시 주의사항

지방의 이러한 영양소로서 기능할 때 혼동되지 않아야 할 사항이 있다. 보통 우리는 동물성지방, 포화지방산은 건강 위해성이 높고, 상대적으로 식물성지방, 불포화지방산은 건강 위해성이 낮다고 알고 있다. 어떤 경우는 오메가3지방산을 주성분으로 하는 기능성 식품을 매 끼 섭취하는 경우도 있다. 그러나 동물성 혹은 식물성, 포화지방산 혹은 불포화지방산, 또 오메가3 / 오메가6지방산에 관계없이 모두 동일하게 g당 9kcal 함유하고 있다는 점이다. 지방의 섭취 과다는 비만을 초래하며, 비만은 많은 생활습관병의 원인으로 간주되고 있기 때문에 과도한 지방 섭취가 되지 않도록 주의가 필요하다. 또한 불포화지방산의 이중결합은 산화에 매우 취약하다는 점이다. 불포화지방산, 특히 오메가3지방산이 건강에 유익한 기능이 있는 점은 인정되지만, 산화에 취약하므로 올바른 취급방법이 필요하다. 특히 요즘은 암을 비롯한 만성질환의 원인으로 자유라디칼이 거론되고 있다. 자유라디칼은 지방산화 시 쉽게 생성될 수 있는 매우 반응성이 큰 물질이다. 따라서 오메가3지방산을 섭취할 시 이러한 점에 주의를 기울여야 한다.

6 지질의 영양섭취기준과 급원식품

지방은 신체기능 유지에 필수적으로 필요한 영양소이기는 하지만, 과량 섭취 시에는 비만을 비롯한 각종 대사 질환의 위험을 높이기도 하므로 적절한 섭취가 중요하다.

1) 지질의 영양섭취기준

지질은 에너지 적정 비율로 섭취기준을 정하고 있다(표 4-8). 하루에 필요한 에너지 추정량 중 지방에너지비가 15%에서 30%를 권장하고 있다. 하루 에너지 필요추정량이 2,000kcal인 사람의 경우 지방으로부터 300~600kcal 섭취가 적절하다는 의미이다. 이를 지방량으로 환산하면 지방은 g당 9kcal의 에너지를 내므로 지방 33~66g에 해당한다.

표 4-8. 지질의 에너지 적정 비율과 콜레스테롤 목표섭취량

연령(세)	지방	n-6 지방산	n-3 지방산	포화지방산	트렌스지방산	콜레스테롤
1~2	20~35%	4~10%	1% 내외	–	–	–
3~18	15~30%	4~10%	1% 내외	<8%	<1%	–
19 이상	15~30%	4~10%	1% 내외	<7%	<1%	<300mg/일

지방산 중에서 체내에서 합성되지 않으므로 반드시 식품을 통해 섭취해야 할 필수지방산이 있다. 필수지방산의 결핍 방지를 위해서 섭취해야 하는 적정 수준은 정확하게 알려진 바 없지만, 리놀렌산의 경우 총 에너지 1~2%가 적정량으로 제시되고 있다. 오메가3계열과 오메가6계열 지방산 비율은 모유지방산의 오메가3와 오메가6지방산의 비율을 근거로 1 : 4~10의 비율이 권장되고 있다.

한편 콜레스테롤은 1일 300mg 이내로 섭취할 것을 권장하고 있다.

2) 지질 섭취 현황

국민건강영양조사 결과에 따르면, 2010년 우리나라 국민의 평균 지방 섭취량은 하루 44.8g이며, 지방의 에너지 섭취 기여비율은 19.7%로 나타났다(표 4-9, 그림 4-15). 이는 미국의 34%나 일본의 25%보다는 낮은 수치이다. 이러한 지방 섭취량과 지방에너지비는 각각 1971년 13.1g, 5.7%에 비하여 3배 정도 증가한 것이다. 여기서 더욱 중요한 변화는 증가한 지방의 내용을 보면, 동물성지방의 증가 비율이 식물성지방의 증가 비율보다 더 크다는 점이다. 동물성 급원의 증가는 5배인데 반해, 식물성 급원은 2.7배 증가하였다. 즉 동물성지방 급원섭취의 증가는 포화지방산의 섭취량이 증가하였다는 의미이다.

표 4-9. 한국인의 지질 섭취 변화

	1971	2001	2008	2010
지질 섭취량(g)	13.1	41.6	39.2	44.8
동물성 급원(g)	4.0	20.5	17.3	20.1
식물성 급원(g)	9.1	25.5	21.9	24.7
지방에너지비(%)	5.7	19.1	18.6	19.7

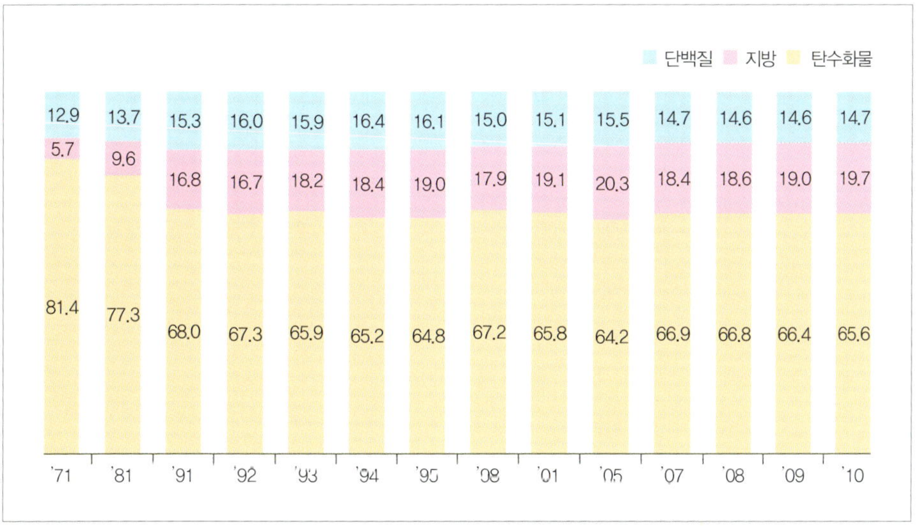

그림 4-15. 한국인의 지방에너지비 섭취 변화

국민건강영양조사 결과에 따르면, 단일식품으로 지방 섭취에 가장 크게 기여한 식품은 남녀 구분 없이 동일하게 돼지고기와 삼겹살이다(표 4-10). 또한 가공식품인 라면이 지방 섭취 기여식품으로 순위가 높다는 점도 주목해야 할 부분이다.

표 4-10. 한국인의 지방 섭취 기여식품

	전체					남					여				
순위	식품명	섭취량(g)	표준오차	섭취분율(%)	누적분율(%)	식품명	섭취량(g)	표준오차	섭취분율(%)	누적분율(%)	식품명	섭취량(g)	표준오차	섭취분율(%)	누적분율(%)
1	돼지고기	7.09	0.30	15.8	15.8	돼지고기	9.70	0.53	18.2	18.2	돼지고기	4.47	0.21	12.3	12.3
2	콩기름	4.15	0.14	9.3	25.1	콩기름	5.25	0.23	9.9	28.1	콩기름	3.04	0.11	8.4	20.7
3	우유	2.63	0.08	5.9	31.0	라면	2.93	0.18	5.5	33.6	우유	2.52	0.09	6.9	27.6
4	쇠고기	2.28	0.13	5.1	36.0	쇠고기	2.83	0.21	5.3	38.9	쇠고기	1.73	0.10	4.8	32.4
5	라면	2.23	0.11	5.0	41.0	우유	2.75	0.13	5.2	44.0	라면	1.53	0.10	4.2	36.6
6	달걀	1.84	0.06	4.1	45.1	달걀	2.21	0.08	4.1	48.2	달걀	1.47	0.05	4.1	40.6
7	참기름	1.63	0.05	3.6	48.8	참기름	1.92	0.07	3.6	51.8	참기름	1.34	0.06	3.7	44.3
8	빵	1.41	0.08	3.2	51.9	빵	1.52	0.14	2.9	54.6	빵	1.30	0.10	3.6	47.9
9	마요네즈	1.36	0.08	3.0	55.0	두부	1.50	0.08	2.8	57.5	마요네즈	1.28	0.10	3.5	51.4
10	두부	1.24	0.05	2.8	57.7	마요네즈	1.45	0.12	2.7	60.2	두부	0.97	0.05	2.7	54.1
11	백미	0.94	0.01	2.1	59.8	백미	1.07	0.01	2.0	62.2	과자, 비스킷, 쿠기	0.93	0.08	2.6	56.6
12	커피	0.89	0.03	2.0	61.8	커피	1.07	0.05	2.0	64.2	백미	0.81	0.01	2.2	58.9
13	대두	0.81	0.04	1.8	63.6	닭고기	0.93	0.15	1.7	65.9	커피	0.72	0.03	2.0	60.8
14	과자, 비스킷, 쿠기	0.79	0.06	1.8	65.4	대두	0.92	0.06	1.7	67.7	케이크	0.71	0.14	1.9	62.8
15	닭고기	0.75	0.09	1.7	67.1	커피프림	0.82	0.05	1.5	69.2	대두	0.70	0.04	1.9	64.7
16	케이크	0.69	0.13	1.5	68.6	케이크	0.68	0.18	1.3	70.5	아이스크림	0.57	0.12	1.6	66.3
17	커피프림	0.60	0.03	1.3	69.9	과자, 비스킷, 쿠기	0.65	0.07	1.2	71.7	닭고기	0.57	0.07	1.6	67.9

Quiz

1 동물성지방과 식물성지방의 특징을 비교 설명하시오.

2 지방산의 종류와 특징에 대해 설명하시오

3 필수지방산의 종류와 기능에 대해 설명하시오.

4 지방의 영양섭취기준에 대해 설명하시오.

5 지방 섭취와 관련된 건강문제에 대해 설명하시오.

6 지방의 주요 급원식품에 대해 설명하시오.

NUTRITION

Nutrition

5 에너지 대사

1 에너지 영양소와 ATP 생성

인체는 성장 및 유지, 활동 체온조절 등을 위해 에너지를 필요로 하는데, 탄수화물, 지방, 단백질로부터 에너지를 공급받을 수 있다. 인체가 사용하는 에너지의 근원은 태양에너지인데, 식물은 광합성을 통해 탄수화물을 생성하게 된다. 이를 바탕으로 사람은 동·식물성의 식품을 얻게 된다.

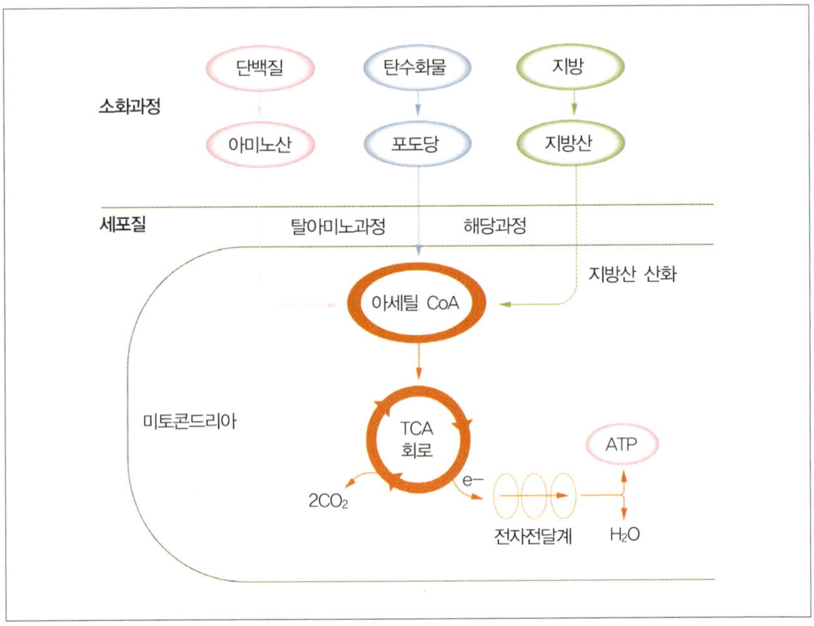

그림 5-1. 에너지 대사의 개요

ATP
adenosine
triphosphate

실제 인체가 이용하는 에너지는 ATP이므로 식품에서 온 탄수화물, 단백질, 지방의 화학결합에너지를 ATP 형태로 바꾸는 과정이 필요하다.

식품에 함유된 에너지는 소화와 흡수를 통해 분해되고 미토콘드리아에서 전자전달계를 통과하며 화학적 에너지인 ATP로 전환된다. 일반적으로 식품에너지의 ATP 전환율은 약 20~40% 정도이고, 나머지는 열로 발산되어 체온유지에 쓰인다.

ATP는 아데노신에 3개의 인산기가 결합한 화합물로, 인산 1개가 떨어져 나오면서

ADP로 전환될 때 7.3kcal의 에너지를 방출한다. 이 에너지는 신체의 활동과 대사작용 등에 사용된다.

ADP
adenosine diphosphate

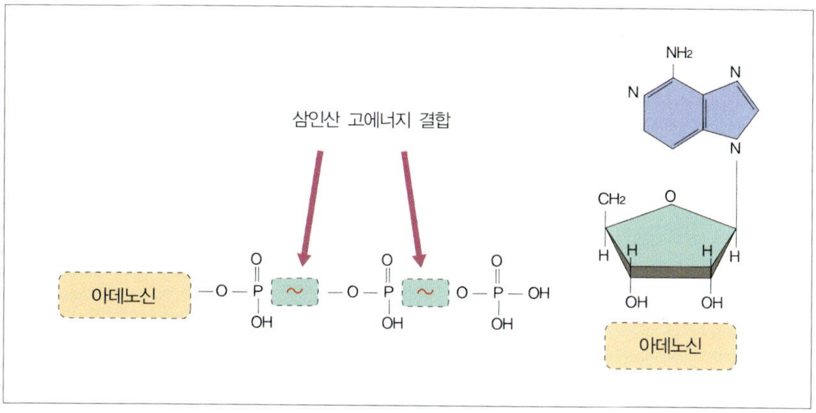

그림 5-2. ATP의 구조

2 에너지의 측정

1) 에너지의 단위

에너지를 표시하는 단위는 칼로리와 줄이 있다. 1cal는 14.5℃의 물 1g을 15.5℃로 올리는데 필요한 에너지를 말하며, 일반적으로 1,000cal를 단위로 하는 kcal를 주로 사용한다. 1줄은 1kg의 물체를 1m 이동시키는데 필요한 에너지로 1kcal = 4.184kJ이다.

칼로리
calorie

줄
joule

2) 식품에너지 측정

식품의 에너지는 봄열량계로 연소열을 측정하여 구한다. 단열된 밀폐공간인 봄열량계의 내부에 식품을 연소시키면 연소열이 발생하고, 밀폐공간을 싸고 있는 물의 온도가 올라가게 된다. 이때의 온도변화를 측정하여 식품의 연소열을 kcal로 계산할 수 있다.

봄열량계
bomb calorimeter

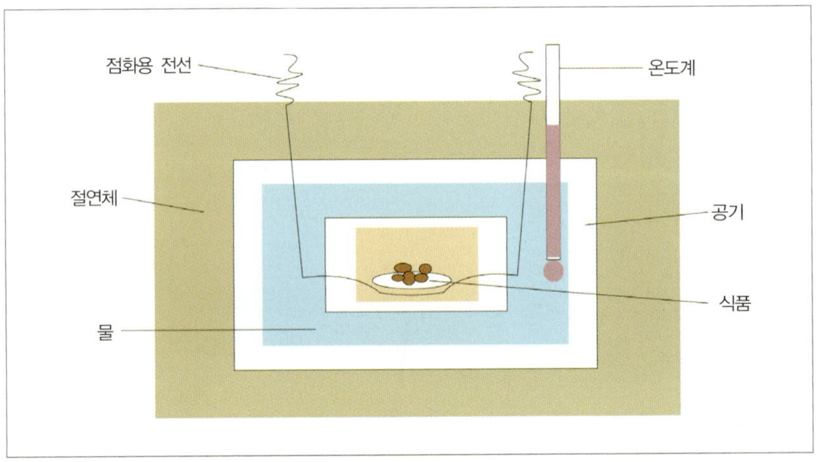

그림 5-3. 봄열량계의 단면도

봄열량계로 식품의 에너지를 측정하면 1g당 탄수화물은 4.15kcal, 단백질은 5.65kcal, 지방은 9.45kcal, 알코올은 7.1kcal로 실제 인체에서 이용되는 에너지보다 많은데, 이는 소화율과 배설되는 양에 따른 차이이다.

섭취된 식품은 체내에서 완전히 소화되지 못하므로 체내에서 사용될 수 있는 에너지는 측정된 연소열량에 소화흡수율을 곱해 주어야 한다. 탄수화물, 단백질, 지질의 소화흡수율은 각각 0.98, 0.92, 0.95이다. 단백질은 단백질 1g당 요소 합성에 소비되는 열량인 1.25kcal를 더 감해준다. 따라서 영양소가 인체에서 이용되는 생리적 에너지가는 탄수화물, 단백질, 지질 1g당 각각 4kcal, 4kcal, 9kcal이며, 알코올 1g은 7kcal인데, 이 값을 애트워트계수라고도 한다.

애트워트계수
atwater factor

표 5-1. 열량영양소의 생리적 열량가 산출법

영양소	총 에너지(kacl/g)	소화흡수율	에너지 손실(kacl/g)	생리적 에너지가(kacl/g)
탄수화물	4.15	98	0	4
단백질	5.65	92	0	9
지질	9.45	95	1.25*	4
알코올	7.1	100	0.1**	7

* 소변을 통해 요소로 손실되는 에너지 손실
** 호흡으로 발산되는 에너지 손실

3) 인체에너지 대사량 측정법

인체에너지 대사량을 측정하는 방법에는 직접열량 측정법과 간접열량 측정법이 있다.

(1) 직접열량 측정법

직접열량 측정법
direct calorimetry

직접열량 측정법은 인체가 열량계 안에서 활동하는 동안 생성되어 발산되는 열을 측정하는 원리이다. 인체가 사용하는 모든 에너지는 모두 열로 발산되므로 열량계의 온도를 상승시키고, 봄열량계와 같은 원리로 에너지를 측정할 수 있다. 직접열량 측정법은 정확성은 높으나 특수 설비가 필요하고, 비용이 많이 들 뿐만 아니라 복잡하여 자주 활용되지 않는다.

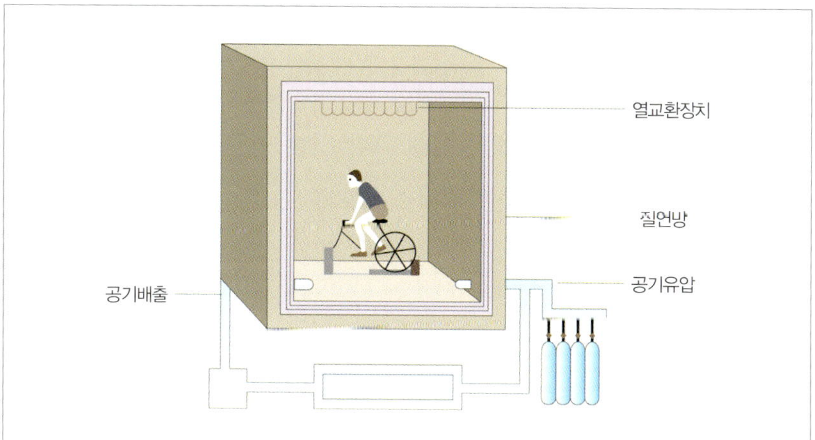

그림 5-4. 직접열량 측정법

(2) 간접열량 측정법

간접열량 측정법
indirect calorimetry

간접열량 측정법은 인체가 활동 시 소모하는 산소량이나 배출하는 이산화탄소의 양을 측정해 에너지 소모량을 환산해내는 방법이다. 인체가 음식물을 이용하여 에너지를 낼 때 일정량의 산소를 소모하고, 또 일정량의 이산화탄소를 배출하는 원리를 적용한 것이다. 활용되는 기구는 실험자의 머리에 측정기를 씌워 가스교환 비율을 측정하거나 더글라스백에 호흡 시 생성되는 가스를 채집하여 산소와 이산화탄소를 분석한다.

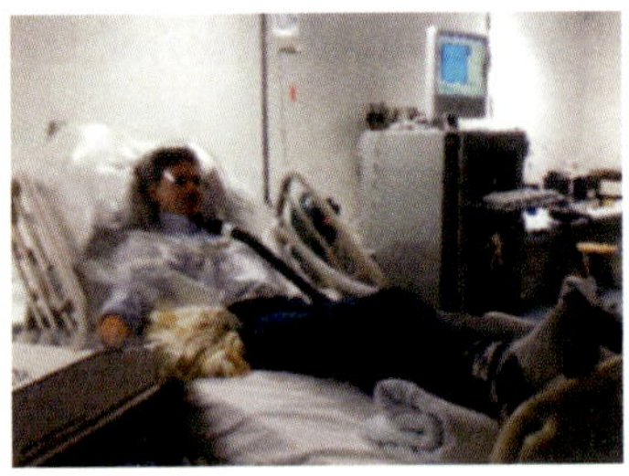

환기후드장치 착용 모습

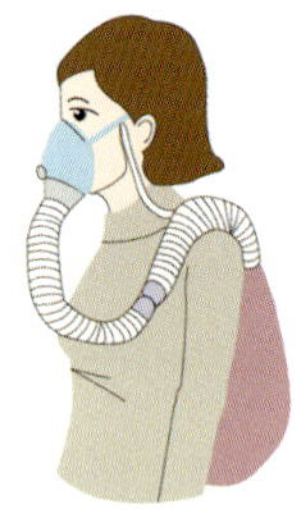

더글라스백 착용 모습

그림 5-5. 간접열량 측정법

① 호흡계수

호흡계수
RQ : respiratory quotient

호흡계수(RQ)는 호흡 시 생성되는 이산화탄소와 소모된 산소의 비율을 말한다. 간접열량 측정법에서 호흡상을 측정하면 대사되는 열량영양소의 조성 비율을 예측할 수 있다. 또한 산소 소모량 1L당 발생되는 열량을 대략적으로 계산할 수 있다.

호흡계수(RQ) = 생성된 탄산가스(CO_2)의 양 / 소모된 산소(O_2)의 양

호흡계수(RQ)는 산화되는 영양소에 따라 다른데, 탄수화물이 산화될 때는 1, 지방만이 산화될 때는 0.7이다. 단백질은 원소 조성이 일정치 않고 소변으로 배설되는 질소화합물이 많아 정확히 계산하기 어려우나, 소변으로 배설되는 질소량을 제외하고 약 0.8이다. 즉 열량영양소의 호흡계수는 1에서 0.7 사이에 있으며, 1에 가까울수록 탄수화물 산화가 많은 것이고, 0.7에 가까울수록 지질산화가 많은 것이다. 일상적으로 섭취하는 혼합식사의 경우 호흡계수가 0.85 정도이다.

임상적으로 RQ가 0.8보다 적으면 에너지 섭취가 부족한 것으로 보며, 0.7보다 적으면 굶은 상태 혹은 저탄수화물 식사에 의한 것이다. RQ가 1 이상이면 지방 합성이 이루어지는 상태이다.

호흡계수	탄수화물 1.0 지 질 0.7 단 백 질 0.8 혼 합 식 0.85

열량영양소의 호흡계수

② 비단백호흡계수

단백질을 제외하고 탄수화물과 지방의 산화에 의한 산소 소모량과 이산화탄소 배출량만을 계산한 비단백호흡계수(NPRQ)를 통해 탄수화물과 지방의 대사 비율이나 산소 소모량 1L당 발생하는 열량을 대략적으로 계산할 수 있다. 배출된 이산화탄소량으로 소모 열량을 추정할 수 있으나, 오차가 커 산소 소모량으로 산출한다.

비단백호흡계수
NPRQ : non-protein respiratory quotient

표 5-2. 비단백호흡계수 및 탄수화물과 지질의 산화 비율

비단백호흡계수	대사에 소모된 영양소 비율		산소 1L에 대한 에너지 소비량
	탄수화물	지질	
0.70	0.0	100	4.686
0.72	4.4	95.6	4.702
0.74	11.3	88.7	4.727
0.76	18.1	81.9	4.751
0.78	24.9	75.1	4.776
0.80	31.7	68.3	4.801
0.82	38.6	61.4	4.825
0.84	45.4	54.6	4.850
0.86	52.2	47.8	4.875
0.88	59.0	41.0	4.889
0.90	65.9	34.1	4.924
0.92	72.7	27.3	4.948
0.94	79.5	20.5	4.973
0.96	86.3	13.7	4.998
0.98	93.2	6.8	5.022
1.00	100.0	0	5.047

(3) 이중표시수분법

이중표시수분법
DLWT : doubly labeled water technique

총 에너지 소모량을 측정하는 새로운 기법인 이중표시수분법(DLWT)은 인체의 이산화탄소 생성량을 측정하여 간접에너지 측정과 같이 총 에너지 소모량을 산출한다. 경구로 소량의 안정된 동위원소로 표지된 $^{2}H_2O$와 $H_2{}^{18}O$를 함유한 물을 섭취한 후 2주 동안 체내 수분(뇨, 타액, 혈청)을 수시로 채취하여 2개의 동위원소의 농도변화를 측정하는데, 이산화탄소의 생성량을 산출할 수 있다.

이중수분표시법에 의한 에너지의 측정법은 정확도가 뛰어난 방법으로 알려져 있는데, 시행방법이 간단하여 일상생활을 그대로 유지할 수 있을 뿐 아니라 휴식대사, 활동에 따른 에너지를 포함하여 총 에너지 소모를 측정할 수 있다. 그러나 동위원소의 사용 경비가 비싸고 기술적 전문성이 필요한 단점이 있다.

3 인체에너지 대사량

인체가 소모하는 에너지는 기초대사량(또는 휴식대사량), 활동대사량, 식이성 발열효과 및 적응대사량이 있다. 이들이 인체에너지 소모에서 차지하는 비율은 일반적으로 휴식대사량이 60~75%, 활동대사량이 15~30%, 식이성 발열효과가 10% 수준에 달한다.

1) 기초대사량

기초대사량
BEE : basal energy expenditure

기초대사량(BEE)이란, 인체가 생명을 유지하기 위한 최소한의 에너지로 의식적인 근육활동이 전혀 없는 완전한 휴식상태에서 인체가 필요로 하는 에너지를 말한다.

기초대사량의 측정은 식후 10~12시간이 경과하여 음식의 흡수가 끝나고 정신적·육체적으로 완전한 휴식상태에서 측정하며, 보통 이른 아침 18~20℃의 실내에서 신체적 활동을 시작하기 전 누운 상태로 측정한다. 개개인의 1일 대사량의 변동은 적다. 기초대사량은 체내의 항상성 유지, 신경전달, 심장박동, 혈액순환, 호흡운동, 체온 및 내분비선 유지 등에 필요한 에너지이다.

기초대사량은 하루 소모열량의 60~70%를 차지하며, 개인 간의 차이가 크다. 기초대사량의 약 70~80%가 제지방량에 의존하는데, 제지방 신체조직은 심장, 간, 뇌, 콩팥 및 근육 등 대사활동량이 많은 조직을 포함하기 때문에 소모되는 열량이 크다.

information

기초대사량에 영향을 주는 요인

- 체표면적 : 체표면적이 클수록 피부를 통한 에너지의 발산량이 많아지므로 기초대사량이 높아진다.
- 연령 : 기초대사량은 신생아기부터 점차 증가하다가 2~3세경에 가장 높고, 이후 줄어들어 20세를 전후하여 중년까지 비교적 일정하다가 노년기에 급격히 감소된다. 이는 근육과 지방의 구성 비율이 연령에 따라 변하기 때문이다.
- 성별 : 남자가 여자에 비해 기초대사량이 높다. 이는 남자의 근육량이 더 많기 때문이다.
- 체온 : 체온이 1℃ 상승될 때 기초대사량의 13%가 증가한다.
- 호르몬 : 갑상선기능항진증은 기초대사율을 최대 75%까지 증가시키고, 성장호르몬, 부신호르몬 등도 기초대사량을 증가시킨다.
- 임신·수유기 : 이 시기에는 기초대사량이 증가한다.
- 수면 : 수면 시에는 기초대사량의 10% 정도가 감소한다.
- 카페인·니코틴·스트레스 : 기초대사량을 증가시킨다.
- 열량 섭취량 : 열량 섭취량의 부족은 기초대사량은 감소시키고, 에너지 섭취의 과잉은 기초대사량을 증가시킨다.

기초대사량의 추정은 키, 연령, 체중 등을 이용하여 다양한 공식들이 고안되었으며 표 5-3은 기조대사량을 측정하는 대표적인 방법들이다.

표 5-3. 기초대사량 산출방법

구 분	방 법
체중 활용	남 : 1kcal/kg/시간 여 : 0.9kcal/kg/시간
해리스-베네딕트 공식 활용(10세 이상)	남 : 66.5+13.5×체중(kg)+5.0×신장(cm)-6.8×나이 여 : 655.5+9.6×체중(kg)+1.8×신장(cm)-4.7×나이
FAO/WHO 공식 활용	남 : 18~30세 15.3×체중(kg)+679 여 : 18~30세 14.7×체중(kg)+496

2) 휴식대사량

휴식대사량
REE : resting energy expenditure

휴식대사량(REE)은 식사 몇 시간 후 아무런 육체적 활동 없이 편안한 자세로 앉았거나 누워있는 상태에서 정상적인 신체기능과 체내 항상성을 유지하는데 소비되는 에너지를 말한다. 휴식대사량은 기초대사량과 동일한 목적으로 사용되는데, 비교적 측정이 용이하여 기초대사량을 측정하기 어려울 때 사용할 수 있으나 기초대사량보다 약 10% 많다.

3) 활동대사량

활동대사
TEE : thermic effect of exercise

활동대사(TEE)는 의식적인 근육활동에 필요한 에너지를 말하며, 에너지 요구량 중 기초대사량 다음으로 많은 양을 차지한다. 활동을 위한 에너지 소모량은 개인차가 가장 클 뿐만 아니라 활동의 종류나 강도, 시간에 따라 달라지고 체중과 체구성분 등에 영향을 받는데, 근육이 많을수록 활동대사량이 많아진다.

중등 정도의 활동을 하는 사람의 활동에너지 소모량은 하루 총 필요에너지의 약 15~30%를 차지한다.

표 5-4. 활동 종류별 에너지 소모량

활동 정도	활동 종류	에너지 소요량(휴식대사량의 배수)
수면 휴양	수면, 앉아 쉬기	1.0
가벼운 일	운전, 카드놀이, 타이핑 등 앉아서 하는 일	1.4
보통 가벼운 일	사무실의 일, 서서 움직이기, 가벼운 조리 등	1.7
보통 중등 일	간단한 청소, 가벼운 빨래	2.7
중등 일	빨래, 청소, 아이보기, 페인트칠 하기	3.4
심한 일	수리, 목공, 정원일	5.0
격심한 일	농사, 광업, 격심한 운동, 나무베기	6.0

표 5-5. 신체활동과 에너지 소모량

신체활동	에너지 소모량(kcal/kg/시간)
수 영	7.0
달리기	7.0
스케이트 타기	3.5
자전거 타기	2.5
계단 오르기	1.2
설거지, 다림질	1.0
자동차 운전	0.9
식 사	0.4

4) 식이성 발열효과

식이성 발열효과(TEF)는 식품 섭취 후 식품을 소화시키거나 흡수·대사·이동·저장을 위해 필요한 에너지를 말한다. 식후 식이성 발열효과에 의해 체온이 상승된다. 식이성 발열효과는 섭취한 열량영양소에 따라 달라지는데, 단백질은 15~30%, 지질은 3~5%를 보이며, 혼합식을 섭취했을 때 총 에너지 소모의 10% 정도를 차지한다.

식이성 발열효과
TEF : thermic effect of food

표 5-6. 열량영양소의 식이성 발열효과

	지질	탄수화물	단백질	혼합식	알코올
식품 이용을 위한 에너지 소모량(%)	3~5	10~15	15~30	10	20

5) 적응대사량

적응대사량(AT)은 사람이나 동물이 큰 환경변화에 적응하는데 필요한 에너지로, 추운 환경에 노출되거나 과식, 창상 및 스트레스와 같은 상황에서 열이 발생하여 소모되는 에너지이다. 적응대사량은 총 에너지 소모량의 10% 정도이나 인체의 에너지 필요량 계산에는 포함하지 않는다.

적응대사량
AT : adaptive thermogenesis

information 적응대사와 갈색지방

사람이 추위에 노출되거나 과식을 했을 때 백색지방 조직과 달리 갈색지방 조직은 미토콘드리아가 활성화되어 열 발생을 촉진시키고, 이로 인해 체온이 상승하게 된다. 사람의 갈색지방은 체중의 1% 이내이다.

4 에너지의 균형과 비만

사람의 체중은 에너지 섭취량과 소비량이 평형을 이룰 때 일정하게 유지되는데, 에너지 대사의 불균형은 체중의 변화와 함께 건강장애를 초래한다.

체내 에너지 균형을 위해서는 적절한 에너지를 섭취해야 한다. 그러나 단기간에 섭취한 에너지가 소모량보다 적을 때 인체는 생리적 적응현상으로 기초대사량과 식이성 발열효과를 감소시켜 체중에는 큰 변화가 없게 된다. 반면, 장기간 에너지 섭취가 부족하면 영양소 결핍과 면역력 저하를 가져오게 되며, 소비되는 에너지보다 섭취되는 에너지가 많으면 과체중 및 비만을 유발하여 그로 인한 각종 성인병 발생의 부작용이 있다.

개인의 신체 활동량에 따른 에너지 소모량의 변동폭은 그다지 크지 않으나, 에너지 섭취량은 개인에 따라서 매우 변동의 폭이 클 수 있으므로 적당한 체중유지를 위해서 적정 식품의 섭취는 매우 중요하다.

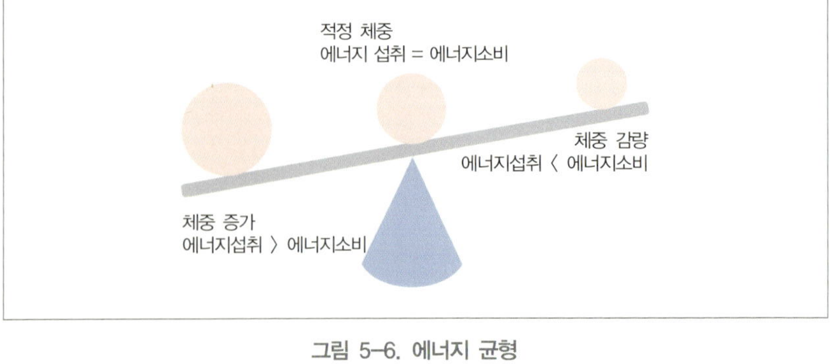

그림 5-6. 에너지 균형

1) 에너지 섭취 불균형

비정상적으로 많이 먹거나 또는 먹기를 거부하는 등의 식행동 변화를 신경성 섭식장애라 한다. 신경성 섭식장애는 체중변화를 줄이려는 의식적 강박관념으로 인한 잘못된 식습관 때문에 비만보다 에너지 균형에 더 심각한 문제를 가져올 수 있다. 그 결과 비만이나 신체쇠약을 초래하게 되는데, 여기에는 신경성 식욕부진증과 신경성 탐식증이 포함된다.

(1) 신경성 식욕부진증

신경성 식욕부진증
anorexia nervosa

신경성 식욕부진증은 심각할 정도로 저체중임에도 불구하고 자신이 계속 뚱뚱하다고 느끼므로 극도로 수척해질 때까지 굶는 심리적 장애이다. 이러한 거식증은 식사제한형과 마구먹기형으로 구분되는데, 체형에 대한 불만족이나 비만에 대한 우려로 식사를 기피하여 반기아 상태를 만드는 식사제한형과 달리, 마구먹기형은 먹은 음식물을 억지로 토해내거나 설사약, 이뇨제, 관장제 등을 사용하여 위장을 다 비워버리는 폭식-구토형의 식행동이 나타나기도 한다. 이러한 신경성 식욕부진증은 식행동면에서 스스로 굶는 행위를 하여 체중감소를 초래하는 정신적 질환이다.

신경성 식욕부진 증상이 장기간 지속되면 여성에게 무월경과 맥박수의 감소, 저체온, 갑상선기능 저하, 골다공증, 변비, 빈혈, 면역력 저하 등이 나타난다.

(2) 신경성 폭식증

신경성 폭식증
bulimia nervosa

신경성 폭식증은 폭식과 고의로 장을 비우는 일을 교대로 반복하는 정신과적 증상을 말한다. 신경성 식욕부진증 환자와는 다르게 무조건 음식을 거부하는 것이 아니라 때때로 남몰래 실컷 음식을 먹을 때도 있다. 일단 폭식이 시작되면 한자리에 앉아 15,000kcal 정도까지도 섭취한다. 그리고 폭식한 것을 후회하며 스스로 자책하고 우울해하면서 의도적으로 구토를 유도하거나 하제를 복용하여 먹은 것을 토하거나 배설시킨다. 폭식-굶기-폭식 등을 반복하므로 단기간 내에 체중변화의 폭이 10kg 이상 유동적으로 나타나고, 폭식과 장 비우기를 비밀리에 하여 주위에서 알아차리기 힘들다.

하제
laxative

월경불순, 위확장증, 위파열, 치아부식이 되고 발진, 뺨의 모세혈관 파열, 식도염 등의 증상이 나타나며 자긍심의 부족, 다이어트 실패에 따른 죄책감, 극단적 절망감으로 자살의 충동을 느끼기도 한다.

2) 비만

장기간 에너지의 섭취량이 소비량보다 많아 과잉의 에너지가 체내 지방조직에 과다하게 축적되어 체중이 증가한 상태를 비만이라고 한다. 보통 체지방률을 남자는 25% 이상일 때, 여자는 30% 이상일 때 비만으로 간주한다.

(1) 비만의 원인

① 유전적 요인

비만의 중요한 원인으로 양쪽 부모가 비만일 경우 자녀가 비만이 될 확률은 약 70~80%, 한쪽 부모가 비만인 경우는 40~50%이고, 정상 체중일 경우에 약 9~10%의 확률로 알려졌다.

② 환경적 요인

현대사회는 식품산업의 발달로 칼로리가 많은 음식을 섭취하게 되는 반면, 활동량은 감소되어 체중 증가가 유도되는 등 산업발달의 영향을 받고 있다.

③ 체내 에너지 섭취와 소비

음식물로 섭취하는 에너지가 운동이나 활동 등으로 소비되는 에너지보다 큰 경우에 비만이 유도된다. 과식이 아니더라도 운동부족으로 소비되는 에너지가 장기간 축적될 경우, 쓰고 남은 잉여에너지가 지방의 형태로 체내에 축적되어 비만을 초래한다.

④ 정신적 · 심리적 요인

분노, 불안, 고민과 같은 정신적 혹은 심리적 요인은 식욕에 영향을 미치는데, 우울증과 관계가 깊은 취침 전 식품 섭취의 증세가 그 대표적인 예이다.

⑤ 식사습관

폭식과 음식을 빨리 먹는 것과 같은 식사습관도 비만에 영향을 미친다. 끼니를 거르고 한 끼에 음식을 많이 먹는 폭식은 지방축적을 자극하여 비만을 악화시키며, 음식을 너무 빨리 먹는 식습관은 만족감을 느끼기도 전에 많은 양을 먹게 되므로 비만을 촉진시키는 원인이 된다. 일반적으로 비만인이 정상인보다 식사 속도가 빠르다.

(2) 비만의 판정

비만이란, 엄밀한 의미에서 체내에 지방이 과다하게 축적된 상태이므로, 비만을 정확히 진단하려면 체지방량의 측정이 필요하다. 따라서 운동으로 인해 근육량이 증가하여 체중이 증가한 경우에는 비만이라고 하지 않는다. 비만의 판정에는 신체지수, 체질량지수, 지방조직의 분포조사 등이 사용된다.

표 5-7. 비만 판정법

방 법		판정기준
브로카지수에 의한 이상체중 산정법	신장 160cm 이상 : (신장cm−100)×0.9 신장 150∼160cm : (신장cm−150)/2+50 신장 150cm 이하 : 신장cm−100	경증 : 120% 중증 : 140% 극심 : 200%
체질량지수	체중(kg)/신장(m)^2	경증 : 25∼30% 중증 : 30∼35% 극심 : 35∼40%
체지방 측정	피부 두겹집기 두께, 생체전기저항 분석법 등	남자 : 체중의 25% 이상 여자 : 체중의 30% 이상
지방조직의 상체 분포	허리둘레/엉덩이둘레	남자 : 0.95% 이상을 상체비만 여자 : 0.8% 이상을 상체비만

① 브로카변법

신체지수 중 브로카지수는 비만 판정에 가장 쉽게 사용된다. 신장을 기준으로 이상체중을 설정하고 현재의 체중을 비교하여 비만을 판정한다.

본인의 신장에 맞추어 이상체중(kg)은 다음과 같이 변형된 브로카법으로 계산한다.

- 신장 160cm 이상 : (신장cm−100)×0.9

- 신장 150~160cm : (신장cm−150)/2+50
- 신장 150cm 이하 : 신장cm−100

본인의 체중을 이상체중의 백분율로 계산하여 다음과 같이 판단한다.

- 계산식 = 현재체중(kg)/이상체중(kg)×100%

이상체중에 대한 백분율 값에 따라 다음과 같이 판정한다.

- 90% 이하 : 저체중
- 90~110 : 정상 체중
- 110~120 : 과체중
- 120 이상 : 비만

② 체질량지수

체질량지수
BMI : body mass index

체질량지수(BMI)는 비만판정에 널리 쓰이는 방법으로 체중(kg)을 신장의 제곱(m^2)으로 나누어 구한다. WHO에서는 체질량지수가 20~24를 정상으로, 25~30을 과체중으로, 30 이상을 비만으로 판정한다. 그러나 동양인의 경우 체질량지수 19~24를 정상으로, 25 이상을 비만으로 판정한다.

또한 연령에 따라 체구성이 다르기 때문에 BMI의 정상 범위는 다르다.

연 령	BMI(kg/m^2)
19~24	19~24
25~34	20~25
35~44	21~26
45~54	22~27
55~64	23~28
65 이상	24~29

③ 체지방 측정법

전기저항법
BIA : bioelectrical impedance analysis

전기저항법(BIA)은 체내의 지방이 많으면 전류가 흐르기 어려워 전기저항이 높아진다는 원리를 이용하여 체지방량을 측정하는 방법이다. 피하지방의 두께는 캘리퍼를 이용하여 복부, 상완, 허벅지 등을 측정하여 기준치와 비교하여 판정한다.

캘리퍼
caliper

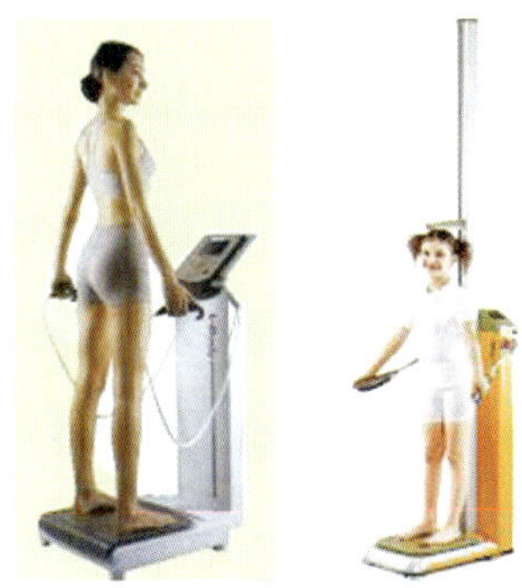

그림 5-7. 전기저항에 의한 체지방 측정

그림 5-8. 캘리퍼의 종류

④ 허리와 엉덩이의 비율(WHR)에 의한 상반신 비만 판정

허리와 엉덩이둘레를 측정하여 그 비를 구하여 비만을 판정할 수 있는데, 특히 복부비만 정도를 알 수 있다.

WHR
waist to hip ratio

허리와 엉덩이의 비율 = 허리둘레 / 엉덩이둘레

남자의 허리/엉덩이 비율이 0.95 이상일 때, 여자는 0.85 이상일 때 복부비만이라고 한다. 복부비만은 당뇨병, 고혈압, 동맥경화 등 합병증의 강력한 지표가 된다.

(3) 비만의 분류

① 지방세포수와 크기에 따른 분류

지방세포의 수는 정상이지만 지방세포의 크기가 증가하여 생긴 비만은 주로 성인기에 나타나는 비만 형태인 반면, 지방세포의 크기는 정상이지만 세포수가 증가해서 생기는 비만은 영유아기의 과잉영양에서 비롯되는 경우이다. 또한 지방세포의 크기와 수가 모두 증가된 형태인 고도비만은 체중감소 요법으로는 큰 효과를 거둘 수 없다.

② 여성형 비만과 남성형 비만

체지방의 절대적인 양과 더불어 체지방의 분포 형태도 건강의 위험 정도를 평가하는데 중요하다.

여성형 비만(하체비만형, 서양배 모양)은 여성에게서 많이 관찰되는 비만형으로, 체지방이 주로 엉덩이 및 대퇴부에 축적되어 있다. 남성형 비만(상체비만형, 사과 모양)은 남성에게서 많이 나타나는 비만형으로, 체지방이 주로 흉부, 복부 및 팔 등 신체 상부에 축적되어 있다.

그림 5-9. 체지방의 분포 형태

③ 내장지방형과 피하지방형

단층촬영으로 복부의 지방을 내장지방과 피하지방으로 구분하여 측정할 수 있다. 내장지방형 비만은 복부, 특히 복강 내 장기 주위(장간막 및 문맥계)에 지방이 과잉 축적된 형태이다. 내장지방형 비만은 피하지방형 비만에 비해 당뇨병, 고지혈증, 고혈압 등 성인성 만성질환의 합병증을 일으키기 쉬운 비만형이다.

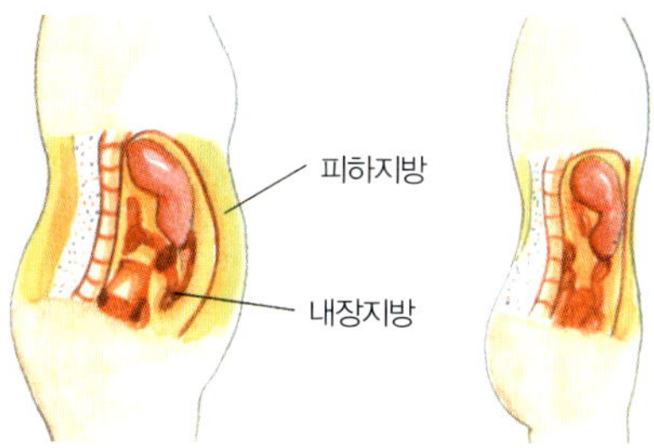

그림 5-10. 피하지방과 내장지방

(4) 비만과 관련된 건강눈제

비만인 사람, 즉 체지방이 많은 사람은 정상인에 비해 고혈압, 당뇨병, 고지혈증, 암, 관절염, 담낭 질환, 호흡기장애 등 다양한 질병을 일으킬 위험이 높다. 일반적으로 BMI가 25 이상이면 체질량지수가 증가할수록 사망률이 증가하며, BMI가 35 이상이면 당뇨병 사망률이 정상인의 8배까지 증가한다. 그러므로 정상 체중을 유지하는 것이 건강을 지키는 중요한 요인이다.

(5) 비만의 치료

① 식사 요법

비만관리를 위한 식사 요법의 원칙은 소비되는 에너지보다 적은 에너지를 섭취하여 부족한 에너지를 체지방 연소를 통해 공급함으로써 체중을 감소시키는 것이다. 체중은 일주일에 0.5kg 정도를 감량하는 것이 바람직한데, 그를 위해서는 하루 500kcal

정도의 에너지 섭취량을 감소시키면 된다. 이때 체내 대사 및 생리기능의 유지에 관여하는 단백질, 비타민, 무기질 등의 영양소의 섭취는 줄이지 않아야 한다.

② 운동 요법

육체적 운동에 따른 에너지 소모 그 자체가 체중조절에 어느 정도 도움이 될 수 있으나, 운동에 의해 소비되는 에너지는 의외로 적다. 예를 들어, 200kcal를 소비하기 위해서는 수영 18분, 조깅 14분, 빠른 속도로 걷기 36분 등의 운동을 해야 한다.

유산소운동
aerobic exercise

걷기, 수영, 자전거타기, 조깅, 에어로빅 등의 유산소운동을 하는 경우 신체는 체내에 저장된 연료를 에너지로 전환시키는데 필요한 충분한 양의 산소를 공급받을 수 있으므로 체지방을 주요 연료로 사용한다. 따라서 체중을 조절하기 위해서는 일주일에 최소 3회 이상의 유산소운동을 규칙적으로 하는 것이 좋다.

③ 행동수정 요법

비만을 유도하는 행동이 무엇인지를 파악하고 과량의 식품을 섭취하도록 자극하는 요인을 조절하는 것이 중요하며, 필요한 경우 적절한 보상으로 바람직한 행동을 유도한다.

5 에너지의 영양섭취기준

1) 영양섭취기준

에너지 필요추정량
EER : estimated energy requirements

한국인의 에너지 섭취기준은 에너지 필요추정량(EER)으로 제시한다. 필요량을 초과하여 섭취하는 여분의 에너지는 체지방으로 축적되어 비만의 원인이 되므로, 권장섭취량이나 상한섭취량이 설정되어 있지 않다. 에너지 필요추정량은 이중수분표시법을 이용하여 측정한 결과를 토대로 적정 활동을 수행하는 정상 체격의 건강한 사람이 에너지평형을 유지하는데 필요한 양이다.

신체활동별계수
PA : physical activity co-efficient

○ 성인 남자의 에너지 필요추정량

662-9.53×연령(세)+PA【15.91×체중(kg)+539.6×신장(m)】

PA = 1.0(비활동적), 1.11(저활동적), 1.25(활동적), 1.48(매우 활동적)

○ 성인 여자의 에너지 필요추정량

354-6.91×연령(세)+PA【9.36×체중(kg)+726×신장(m)】

PA = 1.0(비활동적), 1.12(저활동적), 1.27(활동적), 1.45(매우 활동적)

2) 에너지 섭취 실태

국민건강영양조사보고서(2008)에 의하면, 에너지 필요추정량 대비 섭취 비율은 85~95% 수준이나 비만인구의 비율은 지속적으로 상승하고 있다. 에너지 영양소별 섭취 비율은 탄수화물 64.3%, 지질 20.3%, 단백질 15.4%로 지질의 에너지 비율이 증가하는 추세이다.

표 5-8. 한국인 각 연령별 1일 에너지 필요추정량

성 별	연 령	신장(cm)	체중(kg)	에너지(kcal/일) 필요추정량
영 아	0~5(개월)	60.3	6.2	550
	6~11	72.2	8.9	700
유 아	1~2(세)	86.4	12.5	1,000
	3~5	105.4	17.4	1,400
남 자	6~8(세)	126.4	26.5	1,700
	9~11	142.9	38.2	2,100
	12~14	163.5	52.9	2,500
	15~18	173.3	63.1	2,700
	19~29	174.8	68.7	2,600
	30~49	172	66.6	2,400
	50~64	168.4	63.8	2,200
	65~74	164.9	61.2	2,000
	75 이상	163.3	60	2,000

성 별	연 령	신장(cm)	체중(kg)	에너지(kcal/일)
				필요추정량
여 자	6~8(세)	125	25	1,500
	9~11	142.9	35.7	1,800
	12~14	158.1	48.5	2,000
	15~18	160.9	53.1	2,000
	19~29	161.5	56.1	2,100
	30~49	159	54.4	1,900
	50~64	155.4	51.9	1,800
	65~74	152.1	49.7	1,600
	75 이상	147.1	46.5	1,600
임신부[1]				+0
				+340
				+450
수유부				+320

1) 1, 2, 3분기별 부가량

Quiz

1 기초대사량은 무엇이며, 기초대사량에 영향을 주는 요인은 무엇인가요?

2 생리적 에너지가와 봄열량계에서 측정한 식품의 에너지가가 다른 이유는 무엇인가요?

3 내장지방형 비만과 건강과의 관련성을 설명하시오.

NUTRITION

Nutrition

6 지용성 비타민

1 비타민의 개요

1) 비타민의 정의

풍크 Casimirmir Funk
아민 amine
비타민 vitamine
맥컬럼 McCollum

1912년 화학자 풍크는 동물의 성장을 위한 식품성분 중 쌀겨에서 추출한 보조인자가 아민을 포함하고 있는 유기화합물이라는 뜻에서 비타민이라고 명명하였다. 이후 생명유지에 필수적인 다른 식품성분들이 모두 아민기를 가지고 있는 것이 아니었으므로 'e'를 없애고 'vitamin'으로 불렀다. 1915년 맥컬럼은 유지방에 함유되어 있는 2가지 필수인자로서 지용성 인자와 수용성 인자를 발견하였다.

비타민은 에너지를 생성하지는 않으나 체내의 영양소 대사와 신체조절 작용에 필수적이다. 비타민의 계속적인 발견으로 지용성 비타민A에서는 비타민D에 이어 비타민E와 비타민K가 발견되었다. 또한 수용성 비타민B에서는 여러 종류가 발견되어 화학명으로 불리게 되었다(표 6-1).

표 6-1. 비타민의 종류

분 류	화학명	종 류	발견 연도
지용성 비타민	레티놀(retinol)	비타민A	1913
	콜레칼시페롤(cholecalciferol)	비타민D	1919
	토코페롤(tocopherol)	비타민E	1922
	필로퀴논(phylloquinone)	비타민K	1935
수용성 비타민	아스코르브산(ascorbic acid)	비타민C	1928
		비타민B군	
	티아민(thiamin)	비타민B_1	1911
	리보플라빈(riboflavin)	비타민B_2	1933
	니코틴산(nicotinic acid)	니아신(niacin)	1937
	비오틴(biotin)	비오틴	1935
	판토텐산(pantothenic acid)	판토텐산	1938
	피리독신(pyridoxin)	비타민B_6	1938
	폴라신(folacin)	엽산(folic acid)	1942
	코발라민(cobalamin)	비타민B_{12}	1948
	콜린(choline)	콜린	1862

비타민은 소량이지만, 동물이 필요로 하는 여러 형태의 유기물질로서 동물의 세포에서 정상적인 대사활동에 필수적인 물질이다. 현재까지 이러한 비타민에 대한 생리적 기능이나 화학적 특성이 계속 연구되고 있다.

2) 비타민의 종류

각 비타민의 명칭은 발견 순서에 따라 알파벳 순으로 붙여졌다. 특히 비타민B는 기능성을 고려하여 일련번호로 구분하였다.

비타민은 물과 기름에 대한 용해도에 따라 지용성 비타민과 수용성 비타민으로 나뉜다. 지용성 비타민의 종류에는 비타민A, D, E 및 K가 있으며, 수용성 비타민에는 비타민B군과 비타민C가 있다.

비타민의 용해도는 비타민의 체내 흡수와 대사과정에 영향을 미친다. 지용성 비타민은 림프를 통해 혈액으로 들어가고 운반을 위해 단백질 운반체를 필요로 하며, 지방세포에 축적되어 쉽게 배설되지 않으므로 과잉 섭취 시 독성이 나타날 수 있다. 수용성 비타민은 혈액으로 직접 흡수되고 혈액 내에서 자유로이 수송되며, 과잉으로 섭취된 경우에는 소변 중에 쉽게 배설되어 체내에 축적되는 양이 적으므로 소량씩 자주 섭취하는 것이 바람직하다.

지용성 비타민
fat-soluble vitamins

수용성 비타민
water-soluble vitamins

비타민의 양적인 단위는 비타민별로 국제단위를 정하여 그램 단위와 함께 사용하고 있다. 그러나 생물학적 활성이 다른 이성체나 전구체가 존재하는 비타민의 경우에는 활성형으로 전환되는 양을 모두 합하여 당량 단위를 사용한다. 따라서 비타민의 함량은 종류에 따라 mg에서 μg에 이르기까지 다양하다.

국제단위
IU : international unit

당량
equivalent

3) 비타민의 기능

비타민의 역할은 체내의 대사조절기능과 결핍증 예방기능으로 생각할 수 있다. 비타민은 체내 조효소 작용으로 세포에 관여하는 효소의 반응을 도와 작용을 활성화시킬 수 있는 매개체 역할을 한다. 그러므로 비타민의 결핍은 신체조절기능의 보조적 역할을 하는 조효소의 결핍으로 화학반응에 문제를 발생시켜 중간대사 산물이 체내에 축적되어 신체적인 장애를 초래한다.

4) 비타민 전구체와 항비타민

프로비타민 provitamin

카로틴 carotene

에르고스테롤 ergosterol

항비타민 antivitamin

길항물질 antimetabolite

자연계에 존재하여 체내에 흡수되어 비타민의 효력을 나타내는 유기화합물을 프로비타민이라 한다. 예를 들어, 녹황색 색소인 카로틴은 그 자체로 비타민A로서의 효력을 지니지 않으나, 체내에 흡수된 후 화학변화를 받아서 비타민A로서의 효력을 갖는다. 이외에 에르고스테롤은 D_2로 변화하여 체내 기능을 나타낸다. 반면, 비타민과 화학구조가 매우 유사하여 체내에서 비타민이 관여하는 효소계 속의 비타민과 경쟁적으로 반응하여 생리작용을 빼앗아 비타민 결핍증을 유발시키는 성질을 가진 유기화합물이 있는데, 이를 항비타민 또는 비타민 길항물질이라고 한다.

2 비타민A

비타민A retinol, axerophthol

레티노이드 retinoid

카로티노이드 carotenoid

레티놀 retinol

망막 retina

비타민A는 레티노이드와 카로티노이드를 총칭한 일반 명칭이다(그림 6-1). 비타민A의 대표적인 작용물질은 레티놀이다. 레티놀은 망막의 알코올이라는 의미로 비타민A_1 또는 비타민A_1알코올이라고도 한다. β-ionone환에 이중결합을 1개 갖고 있는 3-dehydroretinol은 비타민A_2라 하는데, 레티놀의 40% 정도의 효능을 가지고 있다. 레티놀은 융점이 62~64℃의 황색 결정이며, 공기 중의 산소에 의해 산화되며 광선에 의해 산화가 촉진된다. 지방에 용해되어 있을 때는 대체적으로 안정하지만, 유지의 자동산화가 일어나면 레티놀 자체의 연쇄반응으로 빠르게 분해된다. 천연의 카로티노이드 색소는 체내에서 레티놀로 변화해서 비타민A의 전구체로 작용한다. 천연 카로티노이드 중에는 약 50가지 정도만이 어느 정도의 생물학적 활성을 지닌다. 그 중 β-카로틴은 다른 카로티노이드에 비해 비타민A 활성이 2배 이상으로 높다.

베타카로틴 β-carotene

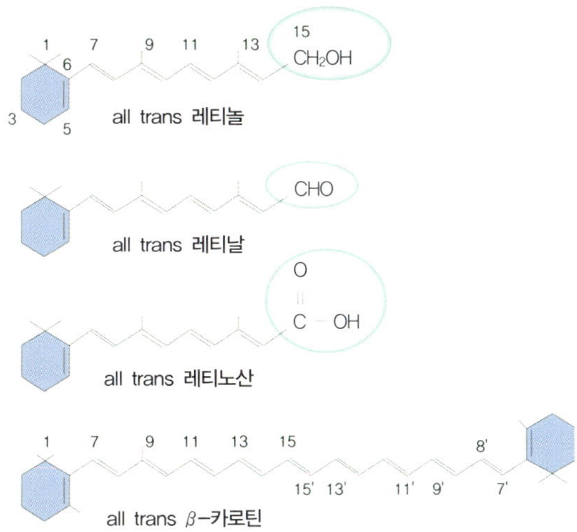

그림 6-1. 비타민A(레티놀)와 카로티노이드 구조

1) 흡수와 대사

동물성 식품에 존재하는 비타민A와 식물성에 존재하는 카로티노이드는 위에서 펩신의 작용으로 분리되고, 소장에서는 단백질 효소의 작용으로 분리된다. 위에서 분해된 레티닐 에스테르와 유리형 카로티노이드는 지질 입자와 함께 십이지장으로 이동하여 담즙의 도움으로 작은 지질 입자로 나누어진다. 이러한 작은 지질 입자들은 쉽게 췌장 리파아제, 레티닐 에스테르 가수분해효소, 콜레스테롤 에스테르 가수분해효소 등에 의해 좀 더 분해된 후 다른 지방분해 입자와 함께 미셀을 형성하여 점막세포의 당단백질층에 확산되어 세포막과 접촉한다.

레티닐 에스테르 retinyl ester

미셀 micelle

흡수된 레티놀은 장점막세포에서 장쇄지방산과 에스테르화되어 카일로미크론 형태로 림프로 유입된 후 흉관을 거쳐 정맥으로 들어온 후 간으로 운반되어 대사되고 저장된다. 건강한 사람의 경우 섭취한 비타민A의 50% 이상이 레티닐 에스테르의 형태로 간에 저장되고, 저장된 비타민A의 90% 이상은 간에 존재한다.

카일로미크론 chylomicron

식사로 섭취한 카로티노이드는 소장 점막에서 레티날로의 전환율은 높지 않다. β-카로틴은 흡수된 양의 50% 정도만 비타민A로 전환되고, 전환되지 않은 나머지 카로티노이드 분자는 카일로미크론 형태로 간으로 이동한 후 레티날로 전환되어 저장되거나 지방조직에 그대로 카로티노이드 형태로 저장되며 난소나 부신 등에도 존재한다. 대사산물의 70%는 대변으로, 나머지는 소변으로 배설된다.

2) 체내 작용

(1) 시각 관련 기능

로돕신 rhodopsin
간상세포 rod cell
원추세포 cone cell
11-시스 레티날 11-cis retinal
옵신 opsin
암 적응 dark adaption

비타민A의 주요 기능은 시각 관련 기능으로 간상세포에 함유된 색소단백질인 로돕신의 구성성분이다. 시각기능은 망막의 간상세포와 원추세포가 각각 어두운 곳과 밝은 곳의 시각작용을 담당한다. 비타민A는 레티놀, 레티날, 11-시스 레티날을 거쳐 옵신과 결합하게 되면 로돕신이 형성된다(그림 6-2). 밝은 빛에 적응하기 위해서는 로돕신이 많이 분해되어야 하며, 갑자기 어두운 곳으로 들어갈 경우에는 간상세포 내 로돕신의 부족으로 암 적응에 의해 로돕신의 양이 충분히 생성될 때까지 사물을 제대로 인식할 수 없게 된다.

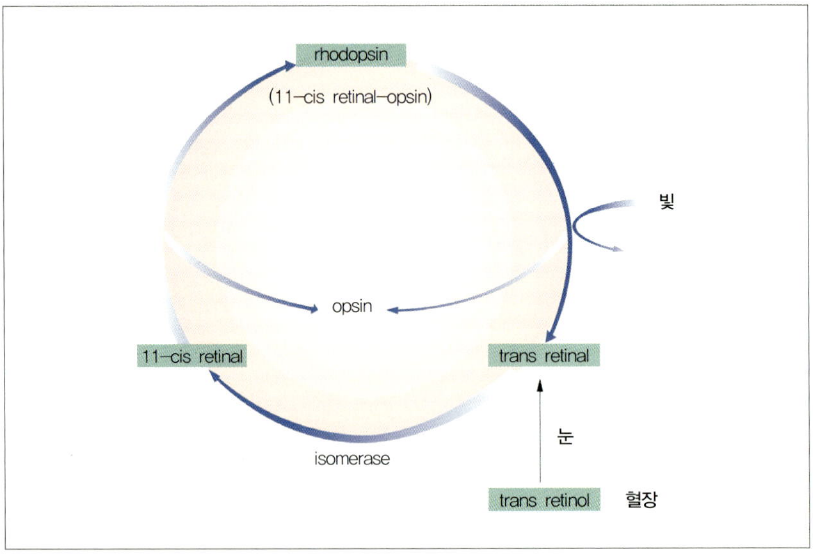

그림 6-2. 로돕신의 재생경로

(2) 세포분화 관련 기능

세포분화와 관련하여 상피세포가 분화되는 과정에 관여하는 비타민A의 작용은 핵의 레티노산 수용체에 레티노산이 결합하여 유전자의 발현을 활성화하거나 저해함으로써 세포분화를 조절한다. 특히 배아의 발달과정에서 이러한 비타민A의 작용은 중요하다. 비타민A가 결핍된 동물의 배아는 기관의 분화와 발달이 제대로 일어나지 못하므로 기형이나 사산이 발생할 수 있다. 또한 비타민A의 결핍은 당단백질의 생합성을 저하시켜 점액분비가 감소되므로 각막의 상피세포, 폐, 피부, 장점막 등의 각질화가 초래된다. 이외에도 비타민A는 정자 형성, 면역반응, 미각, 청각, 식욕 및 성장 등의 생리적 과정에 필수적인 것으로 알려져 있으며, 이들 대부분이 직접적이거나 간접적으로 세포분화와 연관되어 있다.

(3) 항암작용 및 항산화작용

비타민A 자체의 항암효과보다는 카로티노이드의 항암효과에 대한 연구가 활발히 진행되고 있다. 여러 역학조사 결과 카로티노이드의 섭취량과 암 발생과는 음의 관계가 나타났다. 그러나 최근 연구에서 β-카로틴을 식품의 형태가 아닌 보충제로 투여하였을 때 오히려 폐암 발생률이 대소군에 비해 증가한 것으로 나타났다. 이러한 결과는 β-카로틴이 식품으로 섭취된 카로티노이드나 식이섬유, 술포라판과 같은 항암물질의 작용을 억제했거나 다른 항암효과를 저해시켰을 가능성을 제시하고 있다. 따라서 보충제보다는 식품의 형태로 β-카로틴을 섭취하는 것이 바람직하다. 또한 카로티노이드는 항산화 효과가 있어서 심혈관계 질환의 예방효과가 있는 것으로 나타났다. 그러므로 질병예방을 위한 카로티노이드가 풍부하게 함유되어 있는 과일과 채소를 충분히 섭취하여 카로티노이드와 함께 함유된 다른 성분들과 복합적으로 질병 예방효과를 기대하는 것이 더욱 효과적일 것이다.

술포라판
sulphoraphane

3) 결핍증과 과잉증

야맹증
night blindness

안구건조증
xerophthalmia

비토반점
Bitot's spot

비타민A 결핍증은 개발도상국가 또는 저개발국가의 학령 전 어린이들에게 주로 나타난다. 비타민A 결핍증은 야맹증과 안구건조증이 흔한 증상이지만, 비토반점이

각막연화증
keratomalacia

나타나기도 하며 심한 경우 각막연화증으로 실명을 야기할 수 있다. 그 외 식욕부진, 호흡기나 소화기계의 상피세포 각질화 및 방어력 약화, 피부건조증 등이 나타날 수 있다.

비타민A의 과량 섭취는 다른 지용성 비타민과 마찬가지로 과잉증이 나타난다. 급성 과잉증은 1회 또는 몇 차례에 걸친 과량의 비타민A 섭취에 의한 것으로, 성인은 권장량의 100배가 넘게 섭취하였을 때, 아동은 권장량의 20배가 넘는 양을 짧은 간격을 두고 섭취할 때 나타난다. 비타민A의 과잉 섭취 증세로 오심, 구토, 현기증, 시력장애, 특히 영아의 경우 천문의 융기 등이 나타난다. 만성적으로 과잉 섭취하였을 때는 졸음, 권태감, 무력감, 의욕상실, 가려움증, 피부박리 등이 나타난다. 임신기 동안 비타민A의 과잉 섭취는 사산, 기형아 출산, 영구적 학습장애 등이 나타날 수 있다. 균형적인 식생활을 하는 정상인은 비타민A 보충제는 권장하지 않는다.

고카로틴혈증
hypercarotenosis

β-카로틴을 식품으로 다량 섭취할 경우 피부색이 노랗게 변하는 고카로틴혈증이 나타나는데, 카로티노이드의 흡수율과 전환율이 낮기 때문에 대부분 독성을 일으키지는 않고 섭취를 감소시키면 이러한 착색 증상은 회복될 수 있다.

4) 영양섭취기준과 급원식품

건강한 사람들이 1일 섭취해야 할 비타민A의 양은 나이, 체격, 대사량 및 임신과 수유와 같은 상황에 따라 달라진다. 더욱이 섭취량이 결핍증 예방만을 위한 것인지 또는 적정량의 체내 축적을 기대하는 것인지에 따라서도 달라진다. 적절한 비타민A의 섭취상태는 임상적인 결핍 증세가 없으며 신체적 대사작용이 정상적으로 이루어지고, 스트레스와 식이로부터 섭취량이 낮아질 경우를 대비하기 위한 적정량의 체내 저장분까지 확보된 상태를 의미한다. 비타민A의 영양섭취기준은 혈청 레티놀 농도를 적정하게 유지하고, 간의 저장량을 최적의 상태(추정량 : 20μg/g)로 유지할 수 있는 양으로 하여 19~29세의 성인 남자 800μgRAE/일, 여자 650μgRAE/일, 30~49세의 성인 남자 750μgRAE/일, 여자 650μgRAE/일로 권장섭취량을 설정하였다. 임신 중의 기형아 발생과 간 독성과 같은 문제점을 고려하여 상한섭취량을 남녀 모두 3,000μgRAE/일로 정하였다.

비타민A의 가장 좋은 급원은 동물의 간, 어류, 달걀 등이며, 전지분유에도 상당량 들어 있다(그림 6-3). β-카로틴은 당근, 시금치, 늙은호박, 깻잎, 아욱, 근대를 비롯한 채소류와 토마토, 수박, 귤 및 김 등과 같은 과일과 해조류에 풍부하다.

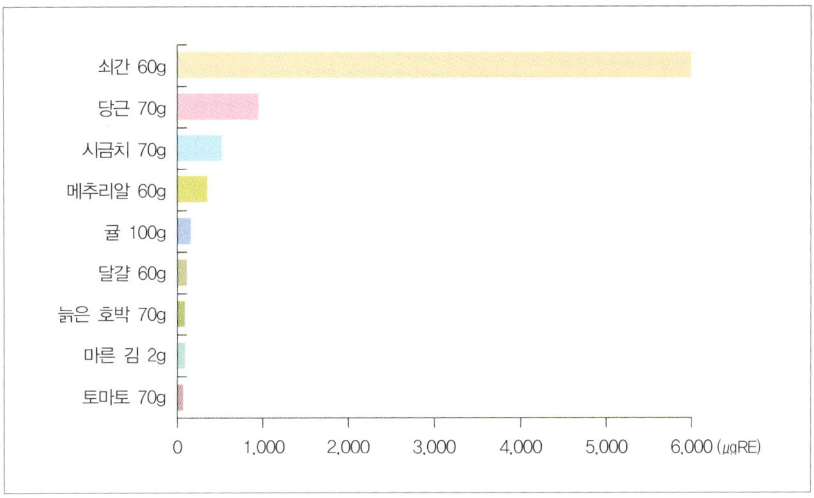

그림 6-3. 주요 식품 1회 분량당 비타민A의 함량

3 비타민D

비타민D는 비타민D 작용이 있는 화합물의 총칭으로 D_2~D_7로 여섯 종류가 있다. 이 중 D_4~D_7은 천연에서 존재량은 매우 적고 생리활성도 낮으므로, 비타민D_2(에르고칼시페롤)와 비타민D_3(콜레칼시페롤)가 대표적이다. 동물의 체내나 식물체에서 생성되기 위해서는 비타민과 전구체인 에르고스테롤과 7-디히드로콜레스테롤이 자외선에 의해 이성화하여 D_2, D_3가 된다(그림 6-4). 비타민D는 무색으로 물에 녹지 않고 유기용매에 용해된다. 공기 중의 광선에 의해 산화와 분해가 일어나며, 산소가 존재하지 않는 조건에서는 130℃ 정도의 가열에도 안정하다.

비타민D
Calciferol

에르고스테롤
ergostrol

7-디히드로콜레스테롤
7-dehydrocholesterol

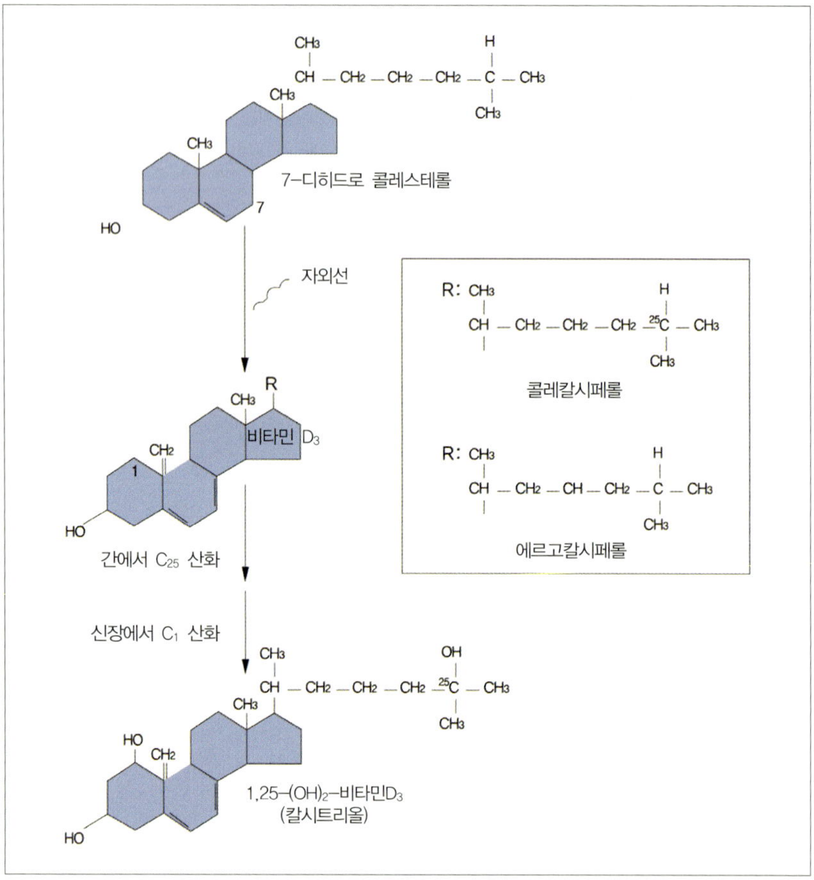

그림 6-4. 비타민D

1) 흡수와 대사

식품을 통해 섭취된 비타민D는 약 80%가 흡수되는데, 식이로 섭취한 비타민D는 담즙산염의 도움으로 수동확산으로 흡수된 후 카일로미크론과 결합하여 림프계를 통하여 흡수되고 간으로 이동된다. 간에서 25-(OH)-비타민D가 되어 순환계로 들어가게 된다. 그러므로 혈장의 25-(OH)-비타민D의 수준은 간 저장량에 비례한다. 또한 간에서 25-(OH)-비타민D는 신장으로 이동되어 생물학적인 활성을 보이는 1,25-$(OH)_2$-비타민D가 된다(그림 6-5). 활성형 비타민D(1,25-$(OH)_2$-비타민D)는 체내에서 이용된 후 대부분 담즙의 형태로 배설되고, 3% 정도는 소변으로 배설된다.

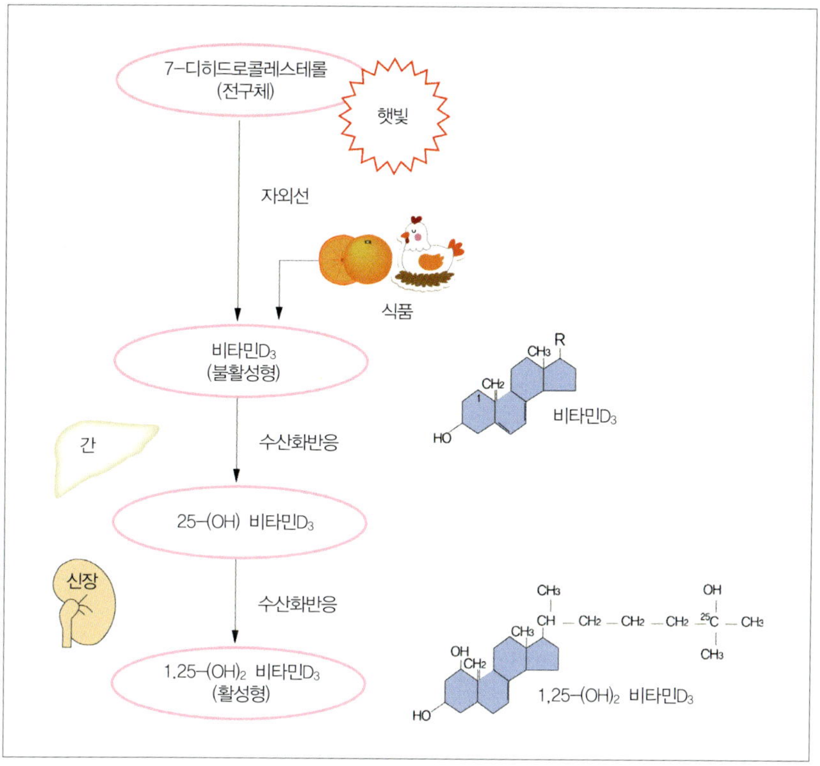

그림 6-5. 비타민D의 합성

2) 체내 작용

(1) 혈중의 칼슘 농도 조절

비타민D는 혈장의 칼슘 항상성 유지를 위하여 부갑상선 호르몬과 함께 작용한다(그림 6-6). 즉 혈액의 칼슘 농도가 감소하게 되면 부갑상선 호르몬이 분비되어 신장에서 활성형의 비타민D를 촉진한다. 이러한 작용은 뼈의 대사, 세포나 신경의 기능을 유지하는데 중요하다.

활성형의 비타민D의 중요한 작용은 첫째, 소장 점막에서 칼슘과 인의 흡수를 촉진시킨다. 즉 비타민D는 점막세포에서 칼슘 흡수에 필요한 단백질을 합성하고 세포막의 유동성을 증가시켜 칼슘과 인이 쉽게 세포막을 통과할 수 있게 한다. 둘째, 새로운 뼈의 석회화와 탈석회화에도 관여하여 혈장 농도를 유지하기 위한 칼슘과 인을 제공

파골세포
osteoclast

하기 위하여 파골세포에서 뼈의 칼슘이 혈액으로 용해되어 나오는 것을 촉진시킨다. 셋째, 신장에서 칼슘의 배설을 감소시켜 곧바로 혈장의 칼슘 농도를 증가시키고 칼슘이 뼈에 축적되는 것을 조절한다.

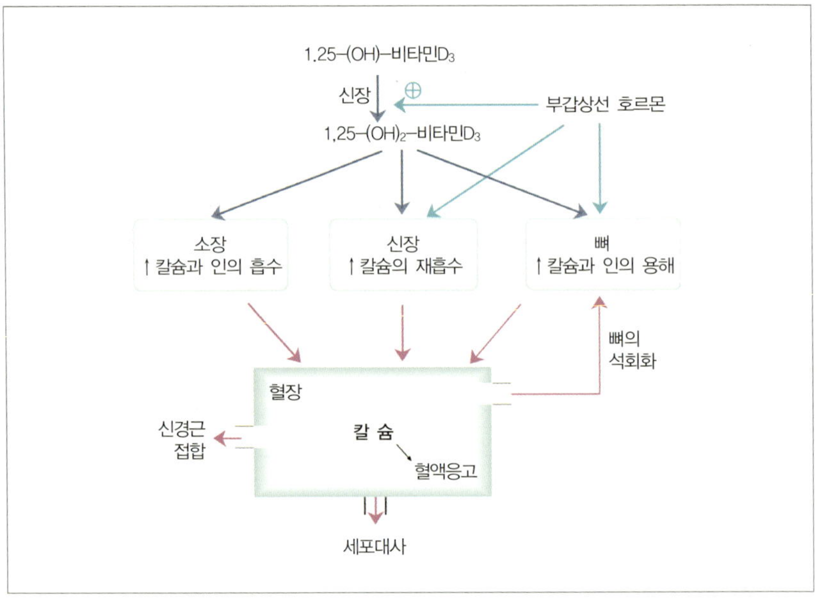

그림 6-6. 비타민D의 기능

(2) 세포의 조절

비타민D는 여러 세포의 증식과 분화를 조절하여 면역조절세포, 상피세포, 악성종양세포에 관여한다. 세포가 분화되는 과정에서 특정한 유전자의 발현으로 고유의 기능을 갖는 단백질이 형성되는데, 이 과정에 비타민D가 관여하게 된다. 따라서 비타민D를 적절하게 섭취함으로써 유방암, 결장암, 전립선암의 발병률을 낮출 수 있다. 또한 비타민D는 프로락틴과 칼시토닌의 합성에도 관여한다.

프로락틴
prolactin

칼시토닌
calcitonin

3) 결핍증과 과잉증

햇볕이 차단되거나 일조량이 부족한 경우나 야간 근무자들의 경우 체내에서 합성되는 양이 부족할 수 있으므로 비타민D가 풍부한 식품을 섭취하여 비타민D의 결핍이 되지 않도록 한다.

비타민D의 결핍증에는 구루병, 골연화증과 골다공증이 있다. 구루병은 어린이에게서 비타민D의 결핍으로 발생하는데, 뼈에 칼슘과 인이 충분히 축적되지 못하면 골격이 적절하게 석회화되지 못하여 뼈가 약해지고 압력을 받게 되면 뼈가 굽게 된다(그림 6-7).

성인에게 나타나는 구루병으로 골연화증은 골반뼈나 갈비뼈의 골절과 뼈가 약해져서 다리뼈가 아프고 걷기가 힘들게 되어 골절이 쉽게 발생한다. 햇빛을 충분히 받지 않거나 비타민D가 충분하지 못한 식사를 하는 임신부나 다산 여성에게서 발생하며 수유기간까지 이어질 수 있다.

골다공증은 중년기 이후의 여성들이나 폐경기 이후에 에스트로겐이 분비되지 않아 1,25-$(OH)_2$-비타민D가 생성되지 않아 칼슘의 흡수율이 떨어지고 혈청의 칼슘 농도가 감소되어 골밀도가 저하되어 골절을 초래한다(그림 6-8).

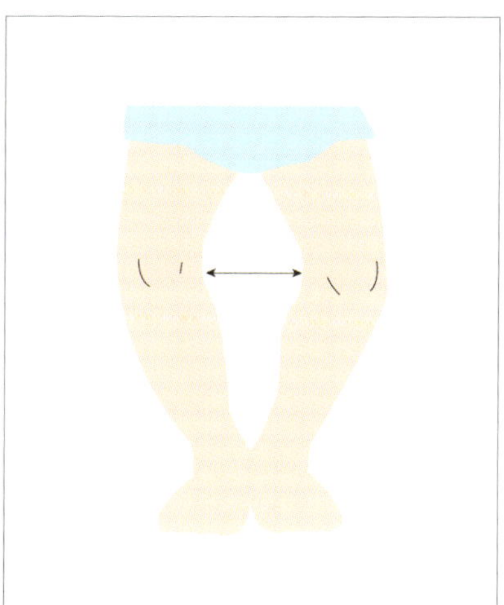

그림 6-7. 골연화증

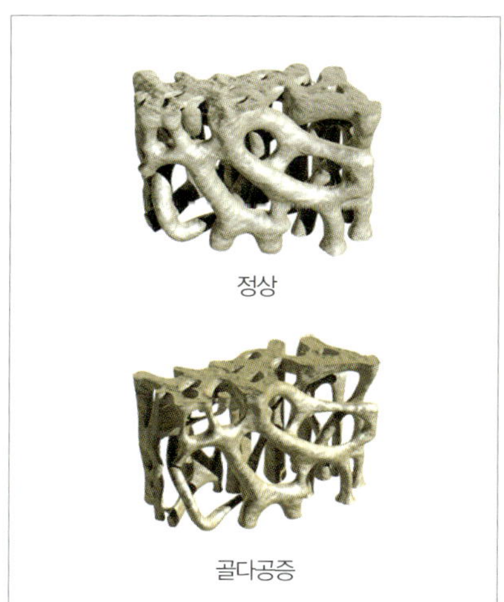

그림 6-8. 골다공증

햇빛에 의해 합성되는 비타민D의 양은 잘 조절되지만, 고용량의 비타민D를 장기간 섭취한 경우에는 고칼슘혈증, 고칼슘뇨증, 신장결석 등이 발생할 수 있다. 그 외에

고칼슘혈증 hypercalcemia

고칼슘뇨증 hypercalciuria

도 구토감이나 허약감이 나타날 수 있다.

영아에서 비타민D 과잉 섭취의 심각성은 폐동맥과 폐포를 축소시키고 얼굴 형태를 변화시킬 수 있다. 유아나 어린이의 비타민D에 대한 안전범위는 하루 권장량의 2배를 넘지 않도록 한다. 성인의 경우 비타민D의 과잉으로 야기되는 독성은 권장량의 5배 이상을 계속 섭취할 경우 나타날 수 있다. 만약 임신 가능성이 있는 여성이 비타민D를 극단적으로 많이 섭취한 경우에는 기형을 유발할 수 있다. 또한 비타민D가 과량으로 강화된 식품에 의해서 비타민D의 과잉증이 나타날 수 있으므로 주의해야 한다.

4) 영양섭취기준과 급원식품

충분한 햇빛을 받지 못하여 신체가 원하는 양만큼 비타민D를 합성할 수 없을 경우에는 식품으로 비타민D를 섭취해야 한다. 비타민D의 충분섭취량은 성인 남녀(19~49세)는 5μg/일, 그 외 19세 미만과 50세 이상의 경우에서는 햇빛을 받은 시간의 감소와 골다공증의 위험성을 고려하여 10μg/일로 정하였다. 또한 비타민D의 과잉으로 인한 독성을 방지하기 위하여 1세 이상의 상한섭취량을 100μg/일로 설정하였다.

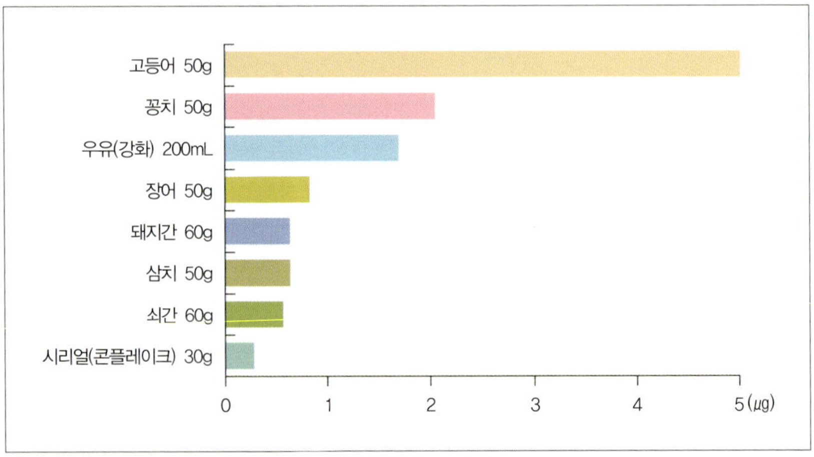

그림 6-9. 주요 식품 1회 분량당 비타민D의 함량

자연식품으로 비타민D를 섭취하기는 용이하지 않으나 생선의 간유, 참치, 고등어, 청어, 정어리와 같은 기름기 많은 생선과 그 외에 비타민D를 강화시킨 우유나 시리얼 등의 강화식품으로부터 섭취할 수 있다(그림 6-9). 비타민D가 강화된 식품을 섭취할 경우에는 독성을 방지하기 위해 주기적으로 강화과정과 강화식품에 대해 매우 정확하게 모니터해야 한다.

4 비타민E

비타민E
tocopherol

1920년대 에반스와 비숍은 동물에게 카제인, 전분, 라드 등으로 사육한 경우 성장을 하더라도 번식능력이 상실한 것을 발견하였다. 이후 식물성 기름을 섭취시켰더니 번식력이 회복된 것이다. 이에 번식에 필요한 인자를 예상하여 E라고 명명하였고, 1936년에 소맥 배아유로부터 E작용 물질로서 α-토코페롤이 분리되었다.

에반스
Evans

비숍
Bishop

α-토코페롤
α-tocopherol

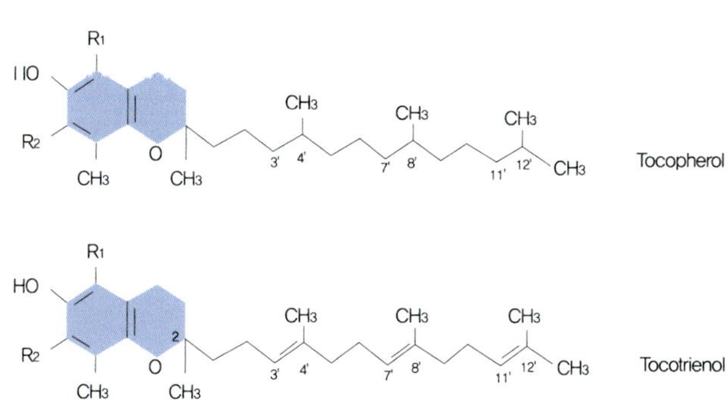

R1	R2	Tocopherol(Toc)	Tocotrienol(Toc-3)
CH_3	CH_3	α − tocopherol	α − tocotrienol
CH_3	H	β − tocopherol	β − tocotrienol
H	CH_3	γ − tocopherol	γ − tocotrienol
H	H	δ − tocopherol	δ − tocotrienol

그림 6-10. 비타민E

토커스 tokos

페린 pherein

토코트리에놀 tocotrienol

토코페롤은 그리스어로 토커스와 페린에서 유래되었으며, 섭취하는 식물성 식품에 함유된 비타민E는 서로 다른 생물학적 특성을 갖는 4개의 토코페롤(α, β, γ, δ)과 토코페롤 측쇄의 3', 7', 11'의 위치에 이중결합이 있는 4개의 토코트리에놀(α, β, γ, δ)을 포함한 8개의 천연화합물로 구성되어 있다(그림 6-10). 토코페롤 및 토코트리에놀은 끈끈한 담황색의 유상물질로 물에 녹지 않고 유기용매에 잘 용해된다. 지용성 비타민 중에서 산소에 의하여 가장 산화되기 쉬우며 광선이 비치면 더욱 빠르게 분해된다.

1) 흡수와 대사

비타민E는 담즙의 도움을 받아 지방산이나 중성지방과 함께 흡수된다. 섭취량의 70% 정도까지도 흡수될 수 있으나 평균적으로 20~40% 정도 흡수되며, 권장량 이상으로 섭취하게 되면 흡수율이 10% 이하로 감소될 수 있다. 비타민E는 소장의 점막세포에서 카일로미크론에 의해 림프계와 흉관을 거쳐 흡수된다. 간에서 비타민D는 지단백질과 결합하여 중성지방을 비롯한 다른 지방과 함께 세포막과 같은 필요한 조직으로 운반된다. 다른 지용성 비타민에 비해 몸 전체에 고루 분포되어 있으며 혈장, 간, 지방조직에 다량 존재한다. 비타민E는 주로 지방조직에 소량 저장되며 대변으로 배설되고, 소량은 소변으로 배설된다.

2) 체내 작용

비타민E는 항산화제로서 작용한다. 지질 이중막에 존재하는 다가불포화지방산은 세포 내의 유리 라디칼에 의해 쉽게 산화되는데, α-토코페롤은 이러한 산화과정을 중단시키고 유리 라디칼을 제거한다. 즉 산화환원제로 작용하여 자신이 산화되면서 다른 물질의 산화를 막기 때문에 산화제의 공격으로부터 다른 분자나 세포의 일부분을 보호하는 역할을 한다.

결합 중 하나가 깨어지게 되면 전자쌍 중 한 전자만 남게 되고, 그 분자는 유리 라디칼이 되고, 다른 전자를 찾아 전자쌍을 이룰 때까지 반응력이 큰 불안정한 형태가 된다. 우리 인체는 정상적인 생화학 반응과정 중 유리 라디칼을 생성되며 프로스타글란딘과 같은 호르몬과 오염물질에 의해서 유리 라디칼이 생성된다. 유리 라디칼은 수분 내에 수천 개의 라디칼을 생성하는 연쇄반응을 일으켜 조직을 손상시키고 기능을 상실하게 한다. 비타민E는 유리 라디칼의 연쇄반응을 중단시킴으로써 지질과 산화반응을 막을 수 있다. 과산화 라디칼을 매우 빨리 포착하여 유리 라디칼 연쇄반응 속도보다 비타민E 라디칼의 생성속도가 커서 이 반응이 먼저 일어나기 때문이다. 비타민E는 막 안에 있는 유일한 항산화제로서 막의 산화반응을 억제한다(그림 6-11).

유리 라디칼 free radical

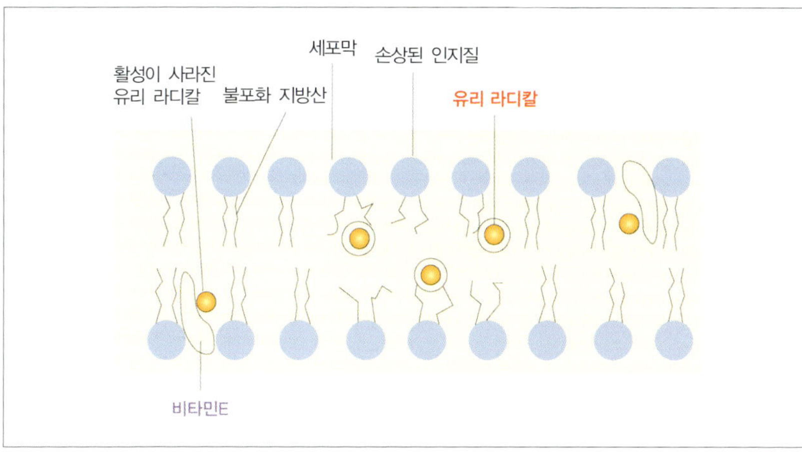

그림 6-11. 유리 라디칼 반응에 대한 비타민E의 작용

비타민E는 불포화지방산과 비타민A 산화를 방지하고 적혈구의 보호작용을 나타내므로 비타민E가 부족한 경우 적혈구의 막이 쉽게 파괴되거나 적혈구의 형태가 변화된다.

그 밖에도 비타민E는 세포의 철 대사와 신경계 및 면역계 작용의 유지와 프로스타글란딘의 생성을 촉진하거나 심혈관 질환 발병의 억제에도 관여한다.

프로스타글란딘 prostaglandin

3) 결핍증과 과잉증

비타민E는 계속 순환되어 소모되지 않기 때문에 성인에게서 비타민E의 결핍증은 거의 유발되지 않는다. 반면 출생 시에는 비타민E의 농도가 상당히 낮고, 특히 미숙아는 비타민E의 저장량이 많지 않아 소화관으로부터 비타민E를 충분히 섭취하지 못하면서 출생 후 성장속도가 빠르기 때문에 정상아보다 더 쉽게 고갈된다. 비타민E의 부족으로 세포는 쉽게 산화적 손상이 야기되고, 이로 인해 적혈구는 다가불포화지방산이 산화되고 세포막이 파괴되어 세포가 손실된다. 따라서 적혈구가 지속적으로 소실되면서 용혈성 빈혈이 발생할 수 있다. 그러므로 미숙아의 경우 특수 조제분유나 비타민E의 보충으로 비타민E의 결핍이 나타나지 않도록 주의해야 한다.

용혈성 빈혈
hemolytic anemia

대체적으로 비타민E는 다른 비타민에 비해 거의 독성이 없다고 알려져 있다. 그러나 몇몇 연구에서는 비타민E를 1일 500mg 이상 섭취하였을 경우 백혈구의 기능이 손상된 결과가 나타났다. 또한 고용량의 비타민E는 혈소판의 응집을 감소시켜 심혈관 기능에 긍정적인 역할을 할 수 있으나, 지혈을 필요로 하는 특수 상황에서는 바람직하지 않은 결과를 초래하기도 한다. 그러므로 수술 전이나 수술 후에는 비타민E 복용을 중단하는 것이 바람직할 것이며, 비타민E와 항응고제는 상승효과가 있으므로 항응고제를 복용하는 경우나 비타민K 결핍증인 사람은 반드시 의사와 상의하여 비타민E 복용을 하여야 한다. 이 밖에도 비타민E의 과잉 섭취는 혈중 중성지방의 증가, 갑상선 호르몬 저하, 심한 설사와 구토, 두통, 피로, 발한 등의 부작용을 초래할 수 있다.

4) 영양섭취기준과 급원식품

α-토코페롤과 β, γ, δ-토코페롤의 생물학적 활성은 차이가 있다. 식품 내의 비타민E의 활성도를 α-토코페롤 당량(α-TE)으로 환산하여 mg으로 표시한다. 비타민E의 충분섭취량을 성인 남자와 여자 모두 12mg α-TE/일로 설정하였다. 보충제나 영양 강화식품의 과잉 섭취로 출혈이 발생할 수 있는 수준을 기초로 하여 비타민E의 상한섭취량을 540mg/일로 정하였다.

비타민E는 식물성 기름, 곡류의 배아, 견과류에 다량으로 함유되어 있다(그림 6-12). 특히 리놀레산의 농도는 비타민E의 농도와 관련성이 있다. 곡류나 종자유의 배아를 도정하는 과정, 기름의 추출 및 정제과정 중에 실제로 섭취하는 비타민E의 함량에는 차이가 있다. 특히 밀은 밀가루가 되는 과정에서 배아가 떨어져 나가므로 대부분의 비타민E가 손실되며, 표백과정 중에 남아있는 비타민E도 완전히 손실된다. 동물성 식품의 경우 간을 제외하고는 비타민E가 거의 함유되어 있지 않다.

비타민E는 산소, 금속, 빛에 노출되거나 조리과정 중 기름에 과도하게 튀기는 경우에는 쉽게 파괴되므로 식품 중의 비타민E 함량은 수확, 정제, 보관, 조리방법에 따라 달라질 수 있다.

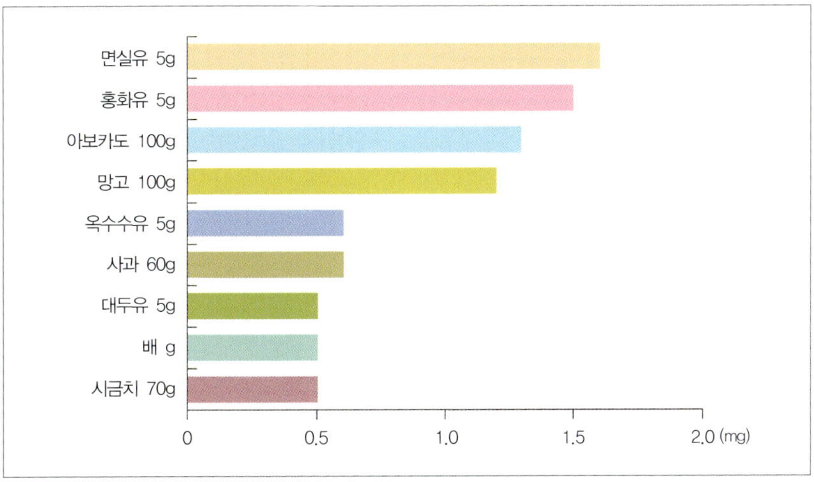

그림 6-12. 주요 식품 1회 분량당 비타민E의 함유식품

5 비타민K

비타민K는 혈액응고에 필수적이다. 식물성 식품에 존재하는 필로퀴논(비타민K_1), 동물성 식품과 미생물에 존재하는 메나퀴논(비타민K_2), 수용성 합성물질로 비타민K

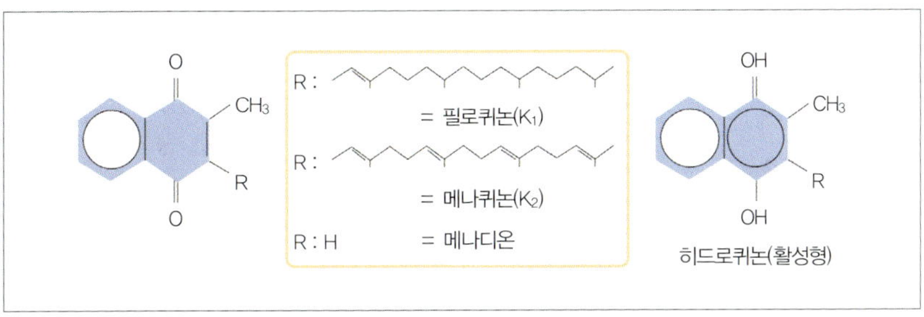

그림 6-13. 비타민K

메나디온 menadione, 비타민K_3

의 전구체인 메나디온(비타민K_3)이 있다(그림 6-13). 다른 지용성 비타민에 비해 공기 중에서 안정하지만 광선에 의해 분해되기 쉽다.

1) 흡수와 대사

섭취한 비타민K는 함께 섭취한 지방의 양이나 담즙의 작용 등에 따라 흡수율이 달라진다(흡수율 10~80%). 소장에서 흡수된 비타민K는 카일로미크론에 포함되어 간으로 이동한다. 간에서 필로퀴논과 메나퀴논이 절반씩 존재하나 혈청에서는 대부분이 필로퀴논의 형태로 존재한다. 비타민K와 그 산화 대사물은 주로 담즙으로 배설되고 일부는 소변으로 배설된다.

필로퀴논 phylloquinone, 비타민K_1

메나퀴논 menaquinone, 비타민K_2

2) 체내 작용

(1) 혈액응고

비타민K는 간에서 혈액응고 인자의 활성에 관여한다(그림 6-14). 출혈하면 혈액 중의 프로트롬빈으로부터 트롬빈이 생성되며 이 트롬빈에 의해 혈장 피브리노겐이 불용성의 피브린으로 변하여 혈액을 응고시킨다. 비타민K가 부족하면 프로트롬빈이 감소하여 혈액이 응고되기 어렵다.

트롬빈 thrombin

피브리노겐 fibrinogen

피브린 fibrin

프로트롬빈 prothrombin

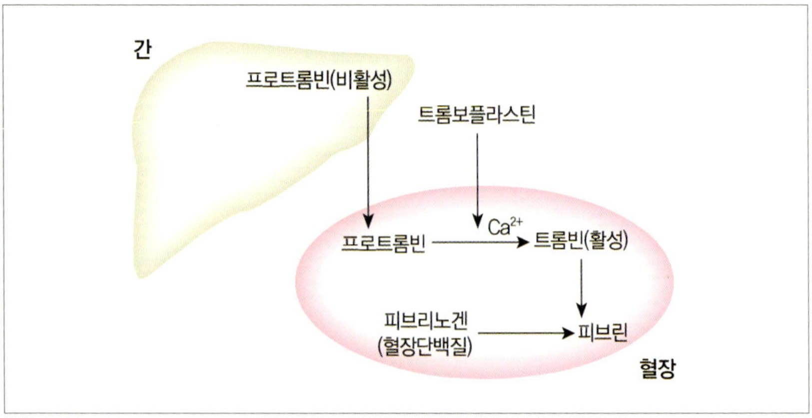

그림 6-14. 비타민K의 혈액응고기전

(2) 뼈의 형성

오스테오칼신 osteocalcin

비타민K 의존성 단백질인 오스테오칼신의 합성에 관여하여 골격을 형성한다. 또한 비타민K는 장벽세포에서 칼슘의 운반을 돕는 칼슘 결합단백질의 합성에도 관여한다. 그 외에도 근육, 신장 등에 존재하는 단백질의 글루탐산을 카르복실화하여 칼슘과 결합할 수 있게 한다.

3) 결핍증과 과잉증

비타민K는 필요량이 적고 식품에 널리 분포되어 있으며 장내 세균에 의해서도 합성되므로 결핍증이 거의 나타나지 않는다. 그러나 신생아의 위장관은 무균상태이므로 비타민K의 합성이 일어나지 않아 출생 직후 비타민K를 투여하기도 한다. 또한 지방 흡수가 부족하게 되면 지용성 비타민K의 흡수에 문제가 발생할 수 있으며, 항응고제인 디쿠마롤은 대사 길항물질로 비타민K의 작용을 억제한다.

디쿠마롤 dicoumarol

비타민K는 지용성 비타민이더라도 체내에서 빠르게 배설되므로 거의 독성을 나타내지 않는다. 필라퀴논과 메나퀴논을 고용량 섭취하여도 독성이 야기되지 않은 것으로 나타났으나, 합성 비타민K인 메나디온의 경우 영아에게서 용혈성 빈혈과 고빌리루빈혈증 등의 독성이 나타나므로 요즘은 신생아에게 필라퀴논을 처방한다.

4) 영양섭취기준과 급원식품

식사를 통하여 하루에 체중 kg당 비타민K를 1μg을 섭취하면 혈액응고 시간을 정상으로 유지하는데 충분하다. 또한 비타민K의 대사는 비타민A와 비타민E와 연관성이 있다. 비타민A를 과다 섭취하면 비타민K의 흡수가 감소하고 비타민E를 과다 섭취하면 비타민K에 의존적인 혈액응고 인자가 감소되어 출혈이 증가할 수 있다. 비타민K의 충분섭취량은 성인 남자의 경우 75μg/일, 여자 65μg/일로 설정하였다.

비타민K가 풍부한 식품으로는 녹색채소, 브로콜리, 양배추, 해조류, 토마토, 곡류, 콩 등이며(그림 6-15), 조리과정에 의해서도 크게 파괴되지 않는다.

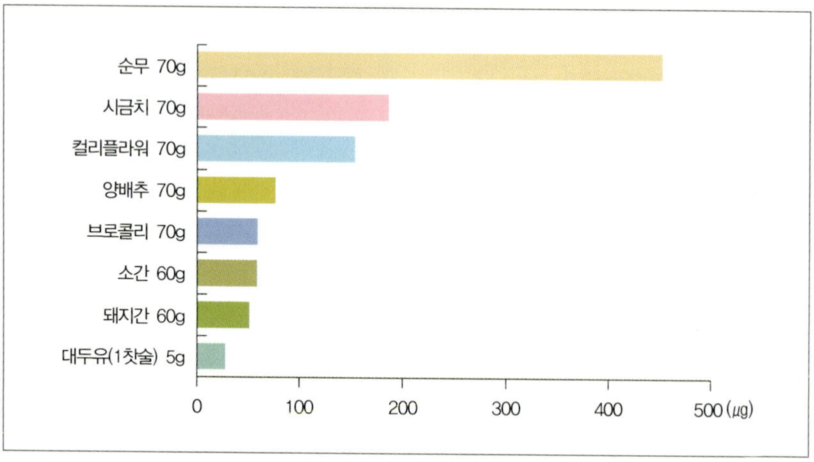

그림 6-15. 주요 식품 1회 분량당 비타민K의 함량

지용성 비타민 요약

지용성 비타민	체내 작용	급원식품	결핍증	과잉증
비타민A (레티놀)	로돕신 생성, 시력유지, 세포분화 관련 기능, 항암작용, 항산화작용	동물의 간, 난황, 당근, 시금치, 늙은호박	안구건조증, 야맹증, 상피세포 각질화	오심, 구토, 현기증, 시력장애
비타민D (칼시페롤)	혈중의 칼슘 농도 조절, 뼈 성장, 칼슘과 인의 흡수 촉진	생선 간유, 강화우유, 참치, 고등어, 청어	구루병, 골연화증, 골다공증	고칼슘혈증, 고칼슘뇨증, 신장결석
비타민E (토코페롤)	항산화작용, 생식에 관여, 철대사, 면역계 작용의 유지	식물성 기름, 배아, 견과류	용혈성 빈혈, 불임	거의 없음
비타민K (필로퀴논)	혈액응고, 뼈의 합성	녹색채소, 브로콜리, 양배추, 토마토, 곡류, 콩	신생아의 위장관 출혈, 혈액응고 장애	거의 없음

Quiz

1 지용성 비타민의 종류와 생리적 기능을 설명하시오.

2 지용성 비타민의 종류에 따른 결핍증과 과잉증을 설명하시오.

3 지용성 비타민의 종류에 따른 급원식품을 설명하시오.

Nutrition

7 수용성 비타민

1 티아민

티아민 thiamin
피리미딘 pyrimidine
티아졸환 thiazole ring

티아민은 피리미딘과 티아졸환이 연결되어 있는 구조이다. 즉 질소를 함유하는 6원자 고리구조인 피리미딘과 황을 함유하는 5원자 고리구조인 티아졸이 메틸렌기(-CH_2)에 의해 연결된 구조를 가진 화합물이다(그림 7-1).

티아민이란 황을 의미하는 'tiho'와 질소화합물을 의미하는 'amino'의 합성어이다. 티아민은 수용성으로 백색결정형 물질로서 산성용액에서 안정하다. 탄소원자를 중심으로 연결된 화학적 결합은 식품의 조리시간이 길어짐에 따라 쉽게 분해되고 pH 8 이상의 알칼리용액에서 쉽게 파괴되므로 조리 시 주의하도록 한다.

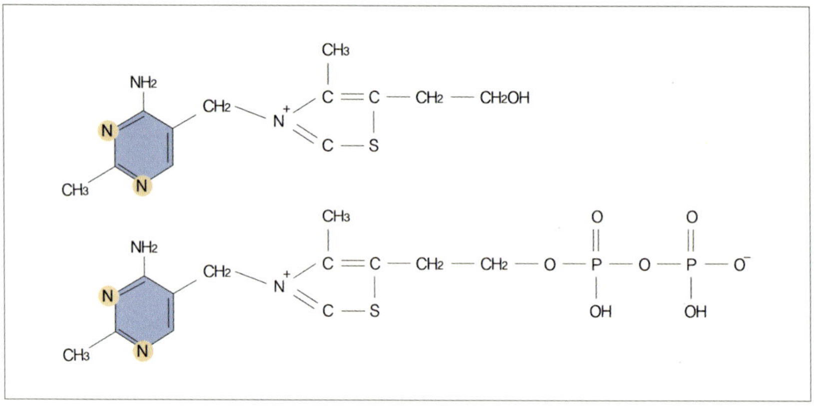

그림 7-1. 티아민과 티아민 피로인산의 구조

1) 흡수와 대사

티아민의 흡수는 주로 소장 상부에서 일어난다. 티아민의 적정량을 섭취할 경우에는 능동적 운반에 의해 완전 흡수되지만, 다량으로 섭취할 경우에는 수동적 운반에 의해 하루 5mg 정도만 흡수되고 나머지는 신장을 통해 배설된다.

흡수된 티아민은 소장의 점막세포에서 인산환 반응에 의해 활성 조효소 형태로 전화되어 문맥과 간을 통해 순환계로 들어간다. 소장 점막세포에서 일어나는 티아민의 활성화 반응에는 ATP가 이용되며, 마그네슘이온이 보조인자로 필요하다. 체내 총 티아민의 80%는 TPP의 형태로 존재하며, 10%는 TTP, 나머지는 TMP와 티아민의 형태로 존재한다. 티아민과 티아민 배설물은 소변을 통해 배설되고 체내 저장은 잘되지 않는다.

ATP adenosine triphosphate

TPP thiamin pyrophosphate

TTP thiamin triphosphate

TMP thiamin monophosphate

$$\text{티아민} + \text{ATP} \xrightarrow[\text{Mg}^{2+}]{\text{티아민키나아제}} \text{TPP} + \text{AMP}$$

2) 체내 작용

에너지 대사의 조효소로 작용하는 티아민은 TPP로 전환된 후 탄수화물, 지질, 단백질의 에너지 대사를 돕는다. TPP는 산화적 탈탄산반응의 조효소로 작용하여 이산화탄소를 제거하는 작용에 관여한다. 이러한 작용은 탄수화물 대사과정 중 피루브산이 아세틸 CoA로 전환될 때, α-케토글루타르산이 석시닐 CoA로 전환되는 반응 등에 관여한다.

조효소 Coenzyme

산화적 탈탄산반응 oxidative decarboxylation

피루브산 pyruvate

아세틸 CoA acetyl CoA

$$\text{피루브산} \xrightarrow[\text{피루브산 탈수소효소}]{\text{TPP}} \text{아세틸 CoA} + \text{Co}_2$$

$$\alpha\text{-케토글루타르산} \xrightarrow[\alpha\text{-케토글루타레이트 탈수소효소}]{\text{TPP}} \text{석시닐 CoA} + \text{Co}_2$$

아세틸 CoA acetyl CoA

α-케토글루타레이트 α-ketoglutarate

석시닐 CoA succinyl CoA

3) 결핍증과 과잉증

(1) 결핍증

① 각기병

티아민 결핍 증세인 각기는 도정된 쌀을 주식으로 하는 동남아지역에 거주하는 사람들에게 많이 발생한다. 티아민의 결핍상태가 지속되면 심근이 약화되고 심부전증이 나타나 심전도가 비정상적이며 심장비대 및 전신부종이 나타난다. 각기는 티아민의 결핍으로 나타나는 증세라고는 하지만, 티아민뿐만 아니라 다른 비타민B군 복합체들이 식품에 동시에 들어 있는 경우가 많으므로 다른 비타민B 복합체들이 부족해지기 쉬운 점도 주의해야 한다.

각기 beriberi

습성 각기 wet beriberi

건성 각기 dry beriberi

각기병은 습성 각기, 건성 각기 등이 있다. 습성 각기는 사지부종, 심장에 수분 축적으로 심장비대, 호흡곤란 증세가 나타난다. 건성 각기는 말초신경 마비로 인한 사지의 감각운동 및 반사기능 장애와 체조직의 손실로 체중이 감소하고 쇠약해진다.

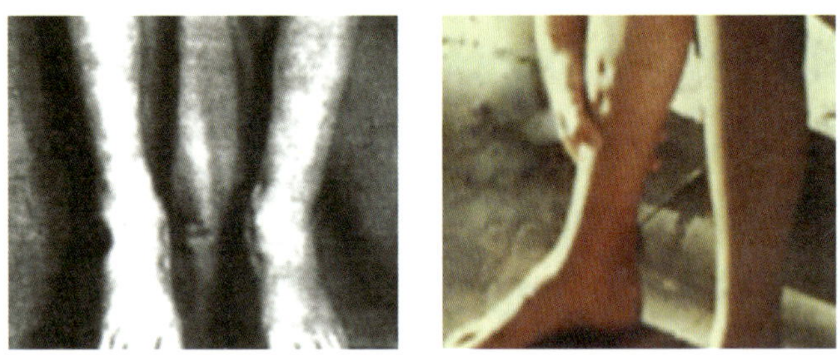

건성 각기　　습성 각기

그림 7-2. 각기병

② 베르니케-코르사코프 증후군

베르니케-코르사코프 Wemike-Kosakoff

알코올중독자나 티아민을 충분히 섭취하지 못하는 빈곤층이나 노인들에게 나타나는 티아민 만성결핍증을 베르니케-코르사코프 증후군이라고 한다. 기억력 감소, 근육운동 실조, 안구의 불수의적 움직임, 안근마비, 정신혼란 등의 증세를 나타낸다.

③ 소화기계

티아민의 결핍으로 식욕부진, 소화불량, 심한 변비, 위산분비 저하 등의 증세가 나타난다. 임신 초기에 나타나는 입덧으로 티아민 결핍증이 초래할 수 있으므로 주의가 필요하다.

(2) 과잉증

체내 요구량 이상으로 티아민을 섭취한 경우는 신장에서 빠르게 소변으로 배설되므로 과잉으로 인한 독성은 나타나지 않는다. 그러나 권장량의 100배 이상으로 주사한 경우에는 두통, 무력감, 마비 등의 부작용이 나타날 수 있다.

4) 영양섭취기준과 급원식품

티아민의 권장섭취량은 성인 남자 1.2mg, 여자 1.1mg으로 설정하였다. 티아민은 동·식물성 식품에 널리 함유되어 있다. 돼지고기와 두류, 해바라기씨, 곡류의 배아, 콩류, 아스파라거스, 내장육, 땅콩 등도 티아민의 좋은 급원식품이다. 돼지고기를 제외한 다른 육류 식품, 우유와 유제품, 도정한 곡류, 채소 등은 티아민의 함량이 낮은 식품이다(그림 7-3).

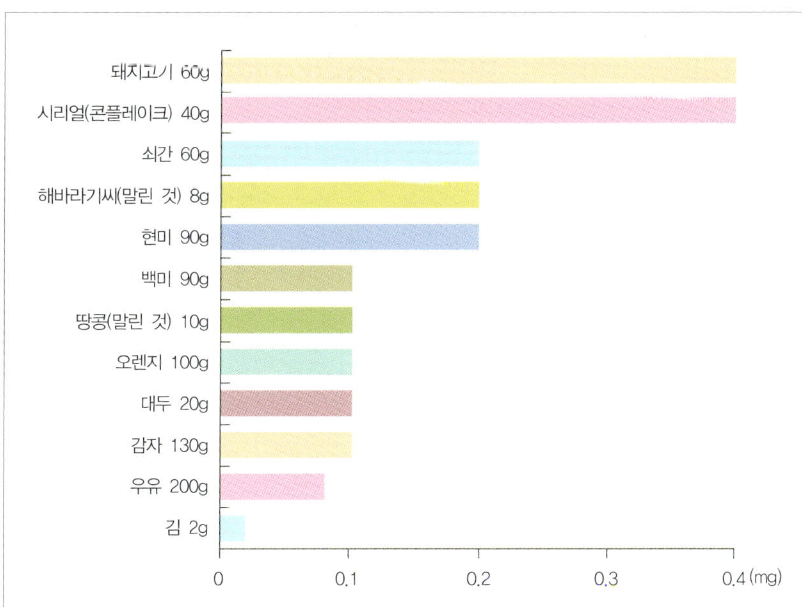

그림 7-3. 주요 식품 1회 분량당 티아민의 함량

2 리보플라빈

리보플라빈
riboflavin

리비톨
ribitol

플라빈
flavin

플라빈 모노뉴클레오티드
FMN : Flavin mononucletide

플라빈 아데닌 디뉴클레오티드
FAD : Flavin adenine dinucleotide

리보플라빈은 당알코올인 5탄당 리비톨이 플라빈과 연결되어 있다. 리보플라빈은 모든 동물의 성장과 조직의 보수에 필수적이며 조효소인 플라빈 모노뉴클레오티드와 플라빈 아데닌 디뉴클레오티드의 구성성분이다(그림 7-4).

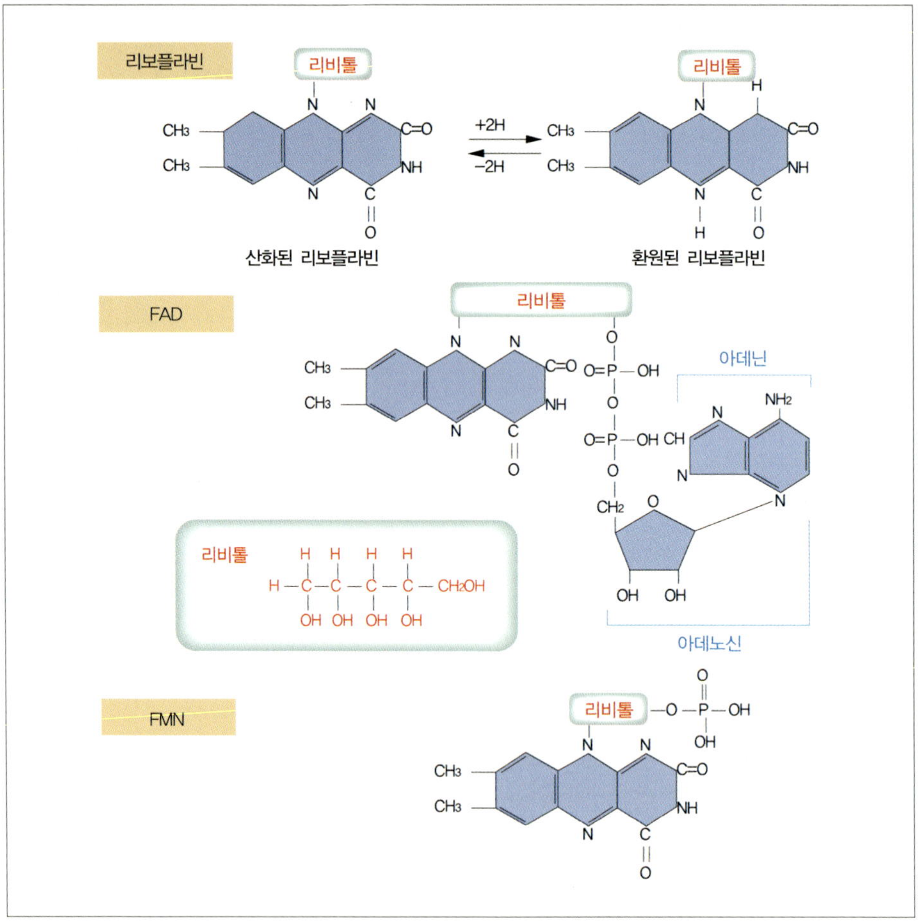

그림 7-4. 리보플라빈과 조효소 형태

1) 흡수와 대사

식품에는 리보플라빈, FMN, FAD의 3가지 형태로 존재하며, FMN과 FAD는 소장에서 흡수되기 전에 유리 리보플라빈으로 전환된다. 흡수된 리보플라빈은 장점막 세포에서 인산염과 결합하여 FMN을 형성하고, FMN과 인산화되지 않은 리보플라빈은 순환계로 들어가 알부민 단백질과 결합한 후 신체의 세포로 운반된다. 대부분의 FMN은 간으로 운반된 후 간에서 ATP와 결합하여 FAD로 전환한다. 많은 양의 리보플라빈을 섭취하여도 간은 최대 저장량의 일정 수준을 초과하지 않고, 리보플라빈의 섭취가 부족할 때에도 간은 최대 저장량의 50%를 보유한다. 흡수되지 않은 리보플라빈은 소변으로 배설된다.

2) 체내 작용

리보플라빈은 FMN과 FAD의 2가지 조효소를 생성하는데 이용된다. FMN과 FAD는 수소 운반체로서 작용하여 플라빈 단백질로 알려진 효소와 결합하여 세포 내의 산화·환원작용에 관여한다.

수소 운반체 hydrogen carrier

에너지를 발생하는 TCA회로와 지방산의 β-산화과정에서 FAD는 전자수용체로 작용하여 $FADH_2$로 환원된다. 예를 들면, 석신산이 푸마르산으로 전환될 때 FAD가 산화반응의 조효소로 작용한다.

석신산 succinate

푸마르산 fumarate

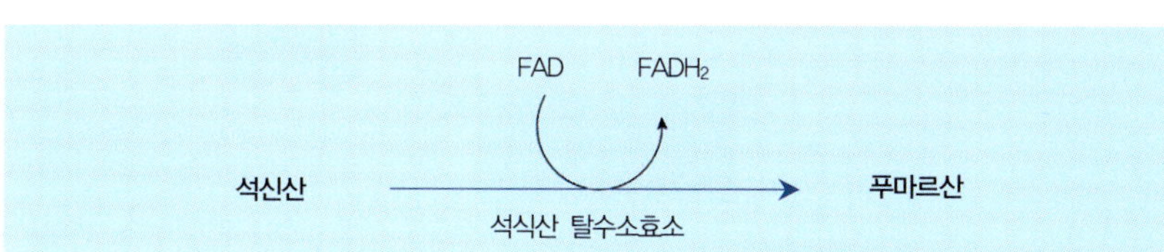

리보플라빈은 아미노산인 트립토판을 비타민인 니아신으로 전환시키고 비타민B_6와 엽산염을 활성형 조효소와 저장 형태로 전환시키는데 관여하여 세포분열과 성장에 간접적으로 영향을 미친다. 또한 리보플라빈의 항산화 작용으로 산화된 글루타티

트립토판 tryptophan

니아신 niacin

글루타티온 환원효소
glutathione reduc8tase

온을 환원형 글루타티온으로 전화시키는 글루타티온 환원효소의 활성을 유지하는 과정에도 관여한다.

3) 결핍증과 과잉증

구순구각염
cheilosis
설염
glossitis
구내염
stomatitis
지루성 피부염
seborrhetic dermatitis
포토포비아
photophobia

리보플라빈의 결핍증은 주로 입, 혀, 피부, 눈, 안면 등에 감염으로 나타난다. 리보플라빈 권장량의 25% 수준으로만 2개월 이상 섭취한 경우 뚜렷한 결핍 증세가 나타난다. 리보플라빈이 부족한 경우에는 구순구각염, 설염, 구내염, 지루성 피부염, 포토포비아 증세가 나타난다. 리보플라빈의 기능은 비타민B_6, 니아신, 티아민, 엽산 등과 연계되어 이루어지므로 리보플라빈의 결핍 증상은 다른 비타민B 복합체의 부족에서도 야기될 수 있다(그림 7-5).

리보플라빈은 용해도가 낮고 소장에서 흡수량이 제한되기 때문에 과량 섭취에 의한 독성이 나타나지 않는다.

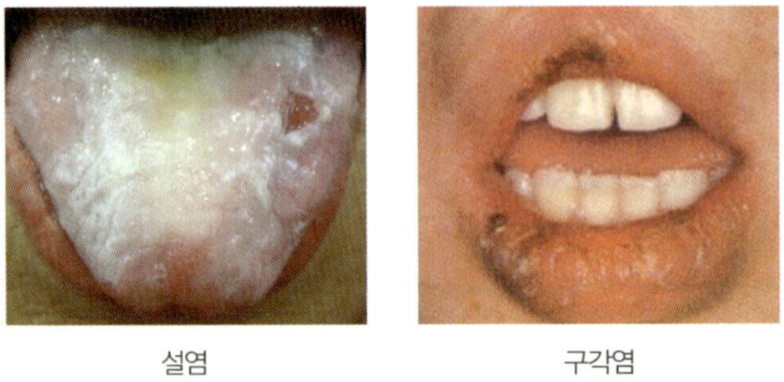

그림 7-5. 리보플라빈 결핍증

4) 영양섭취기준과 급원식품

상한섭취량
UL : tolerable upper intake level

리보플라빈의 권장섭취량은 남자 1.5mg/일, 여자 1.2mg/일이다. 현재까지 리보플라빈의 과잉 섭취로 인한 증상이 나타난 사례가 없으므로 상한섭취량은 정해지지 않았다.

리보플라빈은 간, 육류, 닭고기, 생선, 우유 및 유제품, 양송이, 시금치, 브로콜리 등의 녹색채소와 두류, 달걀이 좋은 급원이다(그림 7-6).

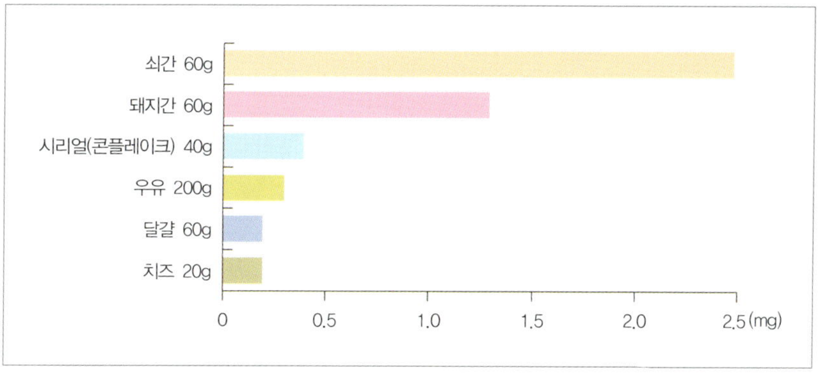

그림 7-6. 주요 식품 1회 분량당 리보플라빈의 함량

리보플라빈은 열에 안정하며 광선조사에 의해 쉽게 파괴된다. 우유의 리보플라빈은 저온 살균하는 온도에서 매우 안정하며 전자레인지에서 가열하여도 매우 안정하다. 그러나 햇빛에 노출되었을 때는 쉽게 파괴되므로 유리용기가 아닌 종이상자나 불투명한 플라스틱용기에 우유를 담도록 한다.

광선조사
irradiattion

3 니아신

니아신의 기능을 지닌 물질은 니코틴산과 니코틴아미드로서 체내에서 조효소인 NAD와 NADP의 구성성분으로 작용한다. 니아신은 다른 수용성 비타민들과는 달리 식품의 가공과 조리 시 열에 매우 안정하여 손실이 거의 없다. 우리 몸은 니코틴산을 쉽게 니코틴아미드로 전환시킬 수 있으며, 혈액에 들어 있는 니아신의 주요 형태는 니코틴아미드이다(그림 7-7).

니아신
niacin

니코틴산
nicotinic acid

니코틴아미드
nicotinamide

NAD
nicotinamide adenine dinucleotide

NADP
nicotinamide adenine dinucleotide phosphate

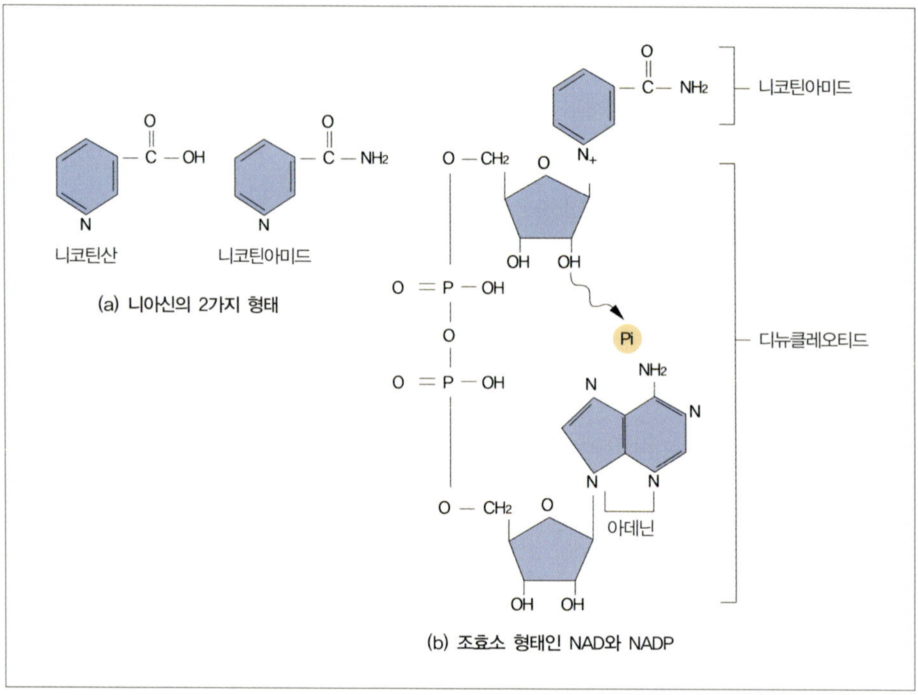

그림 7-7. 니아신과 NAD, NADP 구조

1) 흡수와 대사

메틸 나이아신아미드 methyl niacinamide

메틸 카복시아미드 methyl carboxamide

니아신 당량 NE : niacin equivalent

1NE = 1mg 니아신
1NE = 60mg 트립토판

니아신은 위에서 흡수되기도 하지만 대부분 소장에서 단순확산과 능동수송에 의해 흡수되며, 조효소인 NAD와 NADP로 전환되고 제한된 양이 신장, 간, 뇌에 저장된다. 여분의 니아신은 전체 배설량의 20~30% 정도는 메틸 니아신아미드와 전체 배설량의 40~60% 정도는 메틸 카복시아미드로 뇨로 배설된다. 니아신의 결핍증이 진행될 때는 니아신의 뇨중 배설은 거의 없다. 니아신은 트립토판 60mg이 1mg의 니아신으로 전환되며, 이 과정에서 리보플라빈과 비타민B_6가 조효소로 관여한다.

2) 체내 작용

니아신은 조효소 형태인 NAD와 NADP는 리보플라빈의 조효소인 FAD, FMN과 같이 체내에서 탈수소효소의 조효소로서 산화·환원반응에 관여하며 전자전달계에서 수소 운반체로 작용한다. 또한 에너지 운반작용 중 포도당, 지질, 알코올 대사에서 중심이 된다. 니아신의 조효소는 해당과정 중 피루브산이 아세틸 CoA로 전환될 때 관여하며 TCA회로와 전자전달계의 반응에 필요하며, 지방산의 β-산화, 지방산의 합성, 스테로이드 합성, 아미노산의 분해와 합성에도 관여한다. 따라서 니아신은 세포에 에너지를 공급함으로써 생명유지를 가능하게 한다. 또한 니아신은 혈청 콜레스테롤을 낮추는 약리작용도 한다. 니아신을 1일 1.5~3g 섭취하였을 때 LDL은 저하되고 HDL은 증가되었다.

탈수소효소 dehyrogenase

스테로이드 steroid

3) 결핍증과 과잉증

니아신이 결핍된 지 50~60일 이내에 결핍증인 펠라그라가 나타난다. 펠라그라는 펠라(피부), 그라(거칠은)에서 유래한 것이다. 펠라그라의 증세는 피부염, 식욕부진, 설사, 신경쇠약 등이 나타난다. 증세가 심해지면 혀나 위점막에 염증이 생기고 환각과 기억상실 등이 초래된다. 펠라그라의 증상은 피부병, 설사, 정신이상, 사망의 '4D 증세'로 표현된다(그림 7-8).

니아신의 결핍이 되기 쉬운 조건은 알코올중독자, 식이 제한, 티아민 결핍, 갑상선 기능항진증, 외상, 임신과 수유기이다. 니아신을 과량(50mg/일) 복용하면 피부홍조, 가려움증, 메스꺼움, 간기능이상, 혈청 요산증가, 혈당 증가 등의 부작용이 나타난다.

펠라그라 pellagra

펠라 pell : 피부

그라 agra : 거칠은

피부병 dermatitis

설사 diarrhea

정신이상 dementia

사망 death

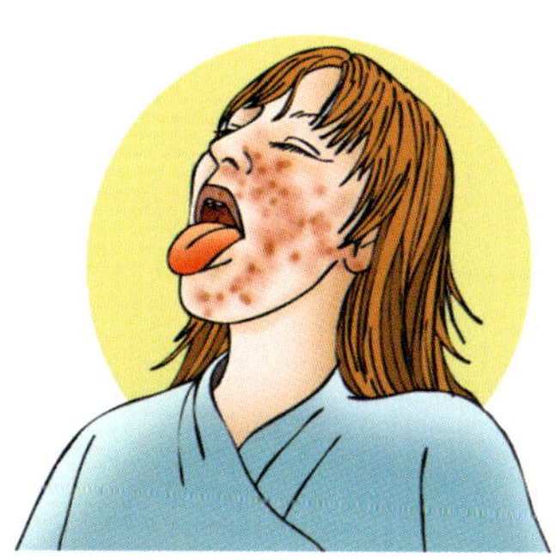

그림 7-8. 펠라그라

4) 영양섭취기준과 급원식품

니아신의 섭취량 단위는 니아신 당량으로 나타낸다. 펠라그라를 예방하기에 충분한 니아신의 양은 1,000kcal당 4.4mg NE 정도다. 성인의 1일 니아신 권장섭취량은 남자 16mg NE/일, 여자 14mg NE/일이다. 니아신의 상한섭취량은 성인 남녀 모두 35mg NE/일로 정하였다.

니아신은 닭고기, 칠면조 등과 같은 가금류와 버섯, 생선, 아스파라거스, 땅콩 등에 풍부하다. 우유류와 난류에는 니아신의 함량이 낮으나 트립토판 함량이 많으므로 니아신의 좋은 급원이다(그림 7-9).

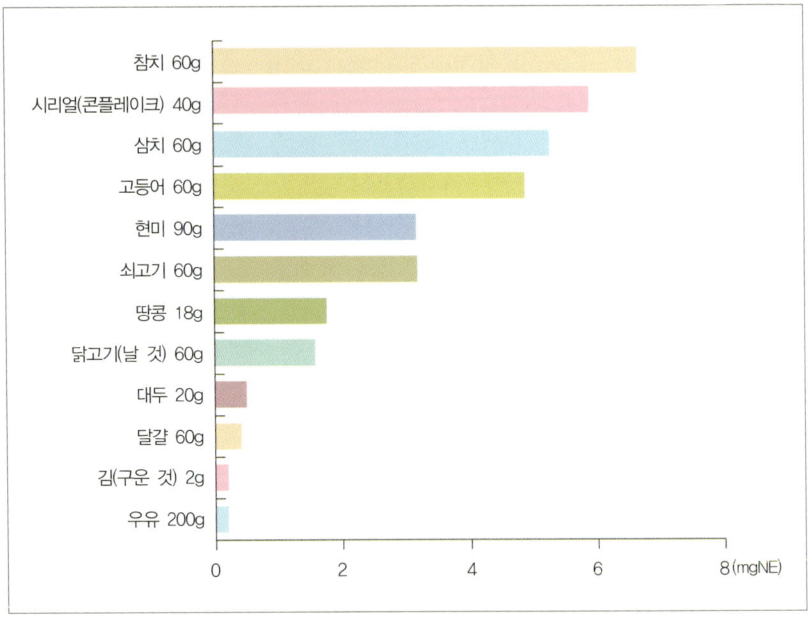

그림 7-9. 주요 식품 1회 분량당 니아신의 함량

4 판토텐산

판토텐산은 그리스어의 '어디에나'에서 유래된 것으로 동·식물성 식품에 널리 분포되어 있기 때문에 붙여진 이름이다. 1940년 해리스 등은 판토텐산이 코엔자임 A의 구성성분임을 확인하였고, 이후 1951년 라이멘은 CoA의 구조적 특성을 파악하였다.

판토텐산은 코엔자임 A(CoA)의 구성성분으로 에너지 대사에 필수적이다. 코엔자임 A는 판토텐산에 아실기 운반단백질 유도체와 시스테인이 결합되어 형성된다(그림 7-10).

판토텐산은 수용성으로 습열과 중성용액에서는 안정하지만 건열, 산, 알칼리에서는 불안정하다. 조리하는 동안의 판토텐산의 손실은 거의 발생하지 않는다.

판토텐산
pantothenic acid

어디에나
panthos

해리스
Harris

코엔자임 A
CoA : coenzyme A

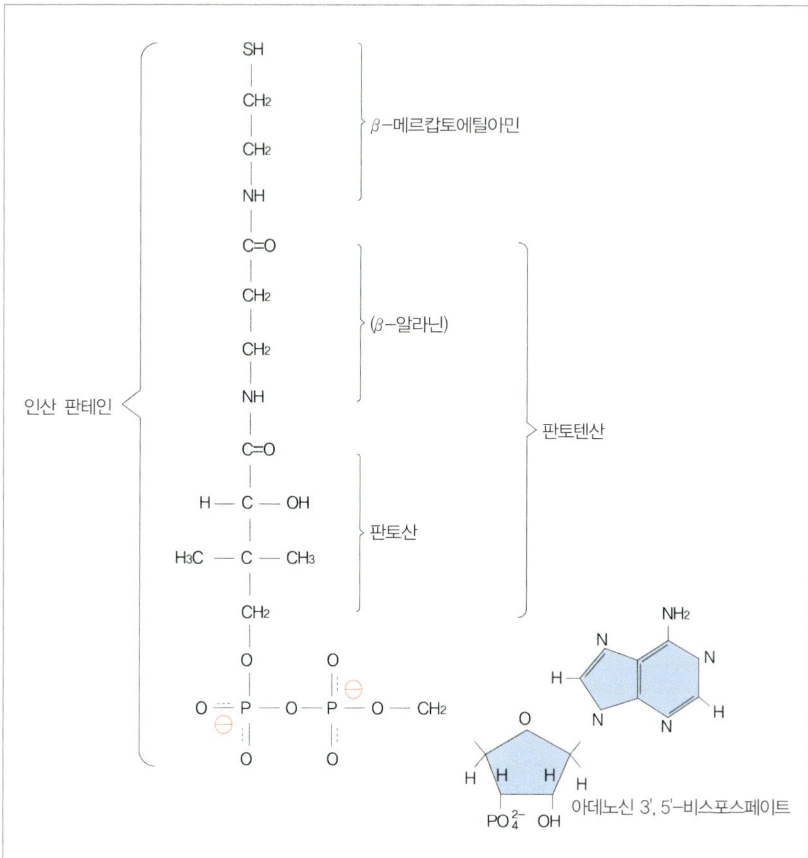

그림 7-10. 판토텐산과 CoA

1) 흡수와 대사

판토텐산은 소장의 점막을 통해 흡수되어 문맥으로 들어간다. 체조직세포에서 대부분의 판토텐산은 코엔자임 A를 합성하는데 사용되며, 지방산 합성효소의 일부인 아실기 운반단백질의 구성성분이다. 판토텐산은 모든 조직에 들어 있으며 간에 함유되어 있는 판토텐산의 총량은 대략 28mg, 혈액의 판토텐산의 함량은 19~32μg/dL이다. 나이가 들어갈수록 판토텐산의 혈중 농도는 감소하며 소변을 통해 배설된다.

2) 체내 작용

아실기 운반단백질 ACP : acyl carrier protein
시스테인 cysteine
-SH기 sulfhydryl
아세틸 CoA acetyl CoA
옥살로아세테이트 oxaloacetate
시트르산 citrate
콜레스테롤 cholesterol
포르피린 porphyrin
아세틸콜린 acetylcholine

판토텐산은 체내 CoA와 아실기 운반단백질의 구성성분으로 작용한다. CoA는 판토텐산이 ADP의 유도체와 시스테인의 결합으로 형성된다. CoA 구조 내의 끝에 있는 -SH기는 반응기로 작용하며 탄수화물, 단백질, 지질 대사에서 ATP를 생성하는데 필요하다. CoA는 아세테이트와 결합하여 활성형 아세테이트인 아세틸 CoA를 형성한다. 아세틸 CoA는 옥살로아세테이트와 결합하여 시트르산을 형성하여 TCA회로로 들어갈 수 있도록 한다.

판토텐산은 지방산의 합성에 관여하며 또한 콜레스테롤과 다른 스테로이드 화합물의 합성, 포르피린의 합성, 신경전달물질인 아세틸콜린의 합성에 이용된다.

3) 결핍증과 과잉증

판토텐산은 식품에 널리 분포되어 있으므로 임상적으로 인체에서 판토텐산의 결핍증이 나타났다는 보고는 없으나, 판토텐산 결핍 식이와 길항물질인 메틸 판토텐산을 9주 동안 제공한 경우 피로, 두통, 수면장애, 손의 통증, 복부 통증이 나타난다. 판토텐산의 결핍증은 판토텐산의 이용률이 낮으며 소변 내 배설량이 높은 알코올중독자, 당뇨 환자 등에서 간혹 나타난다. 판토텐산의 결핍증은 비타민B_1, 비타민B_2, 비타민B_6, 엽산의 결핍증상에 포함되어 감지되지 않을 수 있다.

판토텐산은 과잉으로 인한 독성은 낮으나 1일 10~20g을 섭취시킨 경우 설사나 부종 등의 증상이 보고되었다.

4) 영양섭취기준과 급원식품

판토텐산의 권장섭취량은 성인 남녀 모두 5mg/일이다. 판토텐산은 거의 모든 식품에 존재하며 육류, 생선, 가금류, 전곡류, 두류는 특히 좋은 급원이다.

5 비오틴

비오틴은 황을 함유한 비타민으로(그림 7-11), 식품에는 유리 비오틴과 비오시틴 형태로 존재한다. 비오틴의 활성형 유도체인 비오시틴은 비오틴의 카르복실기에 아미노산인 리신이 결합되어 있다. 비오틴은 열에 비교적 안정하나 자외선에 노출되었을 경우에는 서서히 파괴된다.

비오틴
biotin

비오시틴
biocytin

카르복실기
carboxyl : -COOH

리신
lysine

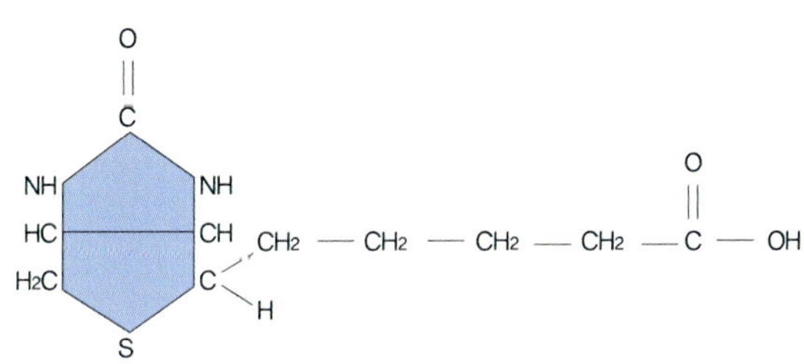

그림 7-11. 비오틴

1) 흡수와 대사

비오틴은 소장에서 흡수되지만, 비오시틴은 비오틴의 카르복실기와 리신으로 가수분해시킨 후 흡수된다. 혈액 내에서는 대부분 단백질과 결합된 형태로 운반된다. 세포막의 비오틴 통과 속도는 세포 내에서의 비타민 필요량에 따라 다르다.

비오틴의 소변 배설량은 매우 적은 반면, 대변 배설량은 섭취량의 2.5~5배로 전체 배설량이 섭취량보다 높다. 이는 비오틴의 상당량이 장내 미생물에 의해 장에서 합성될 수 있음을 시사한다.

2) 체내 작용

카르복실화반응
carboxylation

비오틴은 체내 조효소로서 어떤 화합물에 CO_2를 첨가하는 카르복실화반응에 관여하여 피루브산을 옥살로아세트산으로 전환시킨다. 이 반응은 주로 간에서 일어나며 옥살로아세트산은 TCA회로의 첫 단계에 관여하는 중요한 물질이다.

아세틸 CoA 카르복실레이즈
acetyle CoA carboxylase

말로닐 CoA
malonyl CoA

비오틴은 아세틸 CoA 카르복실레이즈의 조효소로 작용하여 카르복실화시켜 말로닐 CoA를 생성한다.

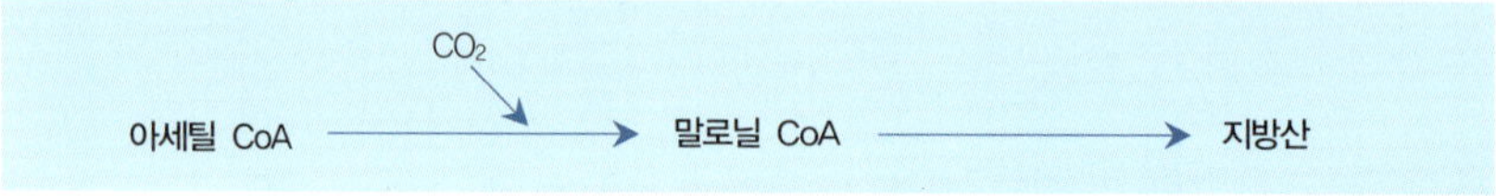

프로피온산
propionate

프로피오닐 CoA 카르복실화 효소
propionyle CoA carboxylase

탈아미노반응
deamination

아밀레이즈
amylase

또한 비오틴은 프로피온산 대사에 필요한 프로피오닐 CoA 카르복실화 효소의 조효소로 작용한다. 이외에도 아미노산의 탈아미노반응, 소장 아밀레이즈의 합성에 관여한다.

3) 결핍증과 과잉증

비오티니데이즈
biotinidase

아비딘
avidin

체내에서 비오틴의 결핍은 매우 드물게 나타난다. 비오틴 결핍 증세는 피부발진, 혀와 입술의 변형, 설염, 식욕 감소, 탈모, 빈혈, 우울증, 근육통증, 성장부진 등이 나타난다. 특히 선천적으로 비오틴 분해효소인 비오티니데이즈가 결핍된 유아에게는 비오틴 결핍 증세가 나타난다. 생난백에 들어 있는 아비딘이라고 하는 당단백질은 비오틴과 결합하여 소화효소의 영향을 받지 못하므로 비오틴의 흡수를 저해시킨다. 이 밖에도 오랫동안 TPN을 지속하는 경우나 무염산증, 알코올중독자, 과량의 난백 섭취, 간질병이 있는 경우에는 비오틴 결핍이 야기될 수 있다.

TPN
total parental nutrition

무염산증
achlorhydria

일반적인 식이를 통해 비오틴의 과잉 섭취로 인한 독성 증세가 나타나지는 않는다.

4) 영양섭취기준과 급원식품

비오틴의 성인 남녀 충분섭취량은 성인 남녀 모두 30μg/일로 정했으며, 과잉증으로 인한 독성이 매우 낮아 상한섭취량은 정하지 않았다. 비오틴은 동·식물성 식품에 널리 함유되어 있으며 특히 간, 땅콩, 대두, 난황, 콩, 이스트, 치즈 등은 좋은 급원이다.

6 비타민B_6

자연계에 존재하는 비타민B_6의 기능을 갖는 물질은 피리독살, 피리독신, 피리독사민과 같이 세 종류이며(그림 7-12), 이들의 인산결합체인 피리독살 포스페이트(PLP), 피리독신 포스페이트(PNP), 피리독사민 포스페이트(PMP)로도 존재한다. 이 중 비타민B_6의 조효소로 단백질 대사에 주로 관여하는 조효소는 피리독살 포스페이트이다.

피리독살
pyridoxal

피리독신
pyridoxin

피리독사민
pyridoxamine

피리독살 포스페이트
PLP : pyridoxal phosphate

피리독신 포스페이트
PNP : pyridoxin phosphate

피리독사민 포스페이트
PMP : pyridoxamine phosphate

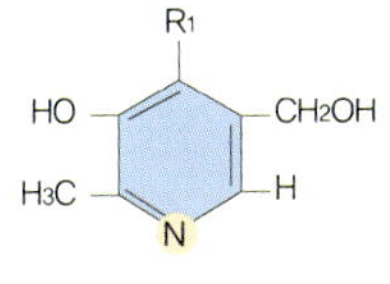

피리독신 : R_1 = CH_2OH
피리독사민 : R_1 = CH_2NH_2
피리독살 : R_1 = CHO

그림 7-12. 비타민B_6

1) 흡수와 대사

식품 중의 비타민B_6는 소장의 내강에서 인산효소에 의해 인산기가 제거되어야 한

인산효소
phosphatase

다. 유리 비타민B_6의 흡수는 소장의 상부에서 주로 일어나며 수동적 확산에 의해 흡수된 후 곧 PLP로 전환된다. 비타민B_6는 혈장단백질인 알부민과 결합하여 순환하며 모든 세포에 이용되고 근육에서 80~90% 저장된다. 과량의 비타민B_6는 산화되어 요로 배설된다.

알부민 albumin

2) 체내 작용

비타민B_6는 다른 비타민B군과 마찬가지로 에너지 생성과정에 직접 관여하지는 않으나 조효소의 형태인 PLP는 에너지 대사에 관여하는데, 특히 단백질 대사에 매우 중요하다.

(1) 아미노산과 단백질 대사

비타민B_6의 조효소 형태인 PLP는 생체 내에서 아미노기를 공급해 아미노산으로부터 수용체에 전달하는데 작용함으로써 새로운 아미노산을 합성하는 아미노기 전이반응, 세린, 호모세린, 트레오닌의 탈아미노반응, γ-아미노부티르산, 노르에피네프린, 에피네프린, 세로토닌 합성을 위한 탈탄산반응과 같은 모든 아미노산의 대사과정에서 작용한다(그림 7-13).

전이반응 transamination
탈아미노반응 nonoxidative deamination
γ-아미노부티르산 GABA : γ-aminobutyric acid
노르에피네프린 norepinephrine
에피네프린 epinephrine
세로토닌 serotonin
탈탄산반응 decarboxylation

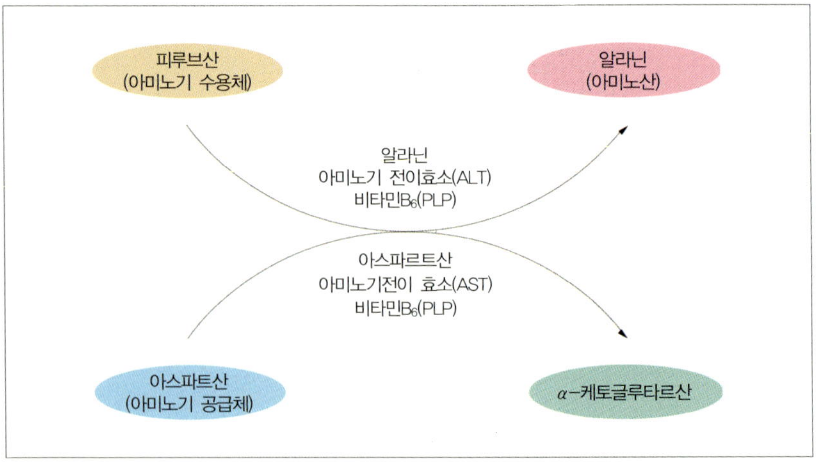

그림 7-13. 비타민B_6에 의한 아미노기 전이반응

(2) 혈구세포 합성

PLP는 적혈구에서 헤모글로빈의 포르피린 고리구조를 합성하는데 중요한 역할을 한다. 비타민B_6의 결핍은 철분결핍성 빈혈과 유사한 소구성 저혈색소 빈혈을 일으키기도 한다. 또한 백혈구 형성에도 필수적이므로 비타민B_6를 적게 섭취할 경우 면역기능이 저하될 수 있다.

포르피린
porphyrin

소구성 저혈색소 빈혈
microcytic hypochromic anemia

(3) 탄수화물과 지질 대사

비타민B_6는 글리코겐 분해과정과 아미노산으로부터 당 신생과정에 관여한다. 또한 리놀레산이 아라키돈산으로 전환되는 지질 대사에 관여한다.

리놀레산
linoleic acid

아라키돈산
arachidonic acid

(4) 신경전달물질의 합성

비타민B_6는 γ-아미노부티르산, 노르에피네프린, 에피네프린, 세로토닌, 도파민과 같은 신경세포들이 서로 상호작용할 수 있게 한다. 따라서 비타민B_6의 부족으로 우울, 두통, 혼란, 메스꺼움, 구토와 같은 뇌신경장애가 생긴다.

도파민
DOPA : dopamin

(5) 기타 역할

비타민B_6는 트립토판이 니아신으로 전환되는 과정에 작용한다. 또한 호모시스테인이 메티오닌으로 전환되는 과정에 관여한다. 호모시스테인은 동맥경화증을 유발하는 원인이 되므로 메티오닌으로 전환되는 것은 중요하다.

호모시스테인
homocysteine

3) 결핍증과 과잉증

비타민B_6는 거의 모든 식품에 들어 있으므로 결핍증상은 드물며, 또한 단독으로 나타나기보다는 주로 다른 비타민B 복합체의 섭취가 부족한 경우에 나타난다. 비타민B_6의 결핍으로 피부염, 구각염, 구내염, 간질성 혼수, 신경과민, 허약, 불면증, 우울증, 빈혈 등이 나타나며, 심한 경우 성장부진과 신경장애가 초래된다. 알코올중독자나 갑상선기능항진, 요독증, 간장병, 유방암, 임신, 피임약 장기복용 시 비타민B_6가 결핍되기 쉽다.

월경전증후군
PMS : premenstrual syndrome

비타민B_6의 과잉증은 흔하지 않으며 단기간의 과잉 증세는 거의 없다. 그러나 월경전증후군이나 정신장애 치료의 목적으로 2~6g의 용량을 2~6개월 정도 과량 복용한 경우 비가역적인 신경 손상이나 보행 곤란과 손과 발의 마비 증세가 보고되었다.

4) 영양섭취기준과 급원식품

비타민B_6의 권장섭취량은 성인 남자 1.5mg/일, 여자 1.4mg/일이며, 성인의 상한섭취량은 100mg/일로 설정하였다. 비타민B_6는 육류, 생선, 가금류 등이 가장 좋은 급원식품이다. 동물성 식품 속의 비타민B_6는 식물성 식품보다 쉽게 흡수되지만 밀의 배아, 밀겨, 전곡 등도 좋은 급원이다(그림 7-14).

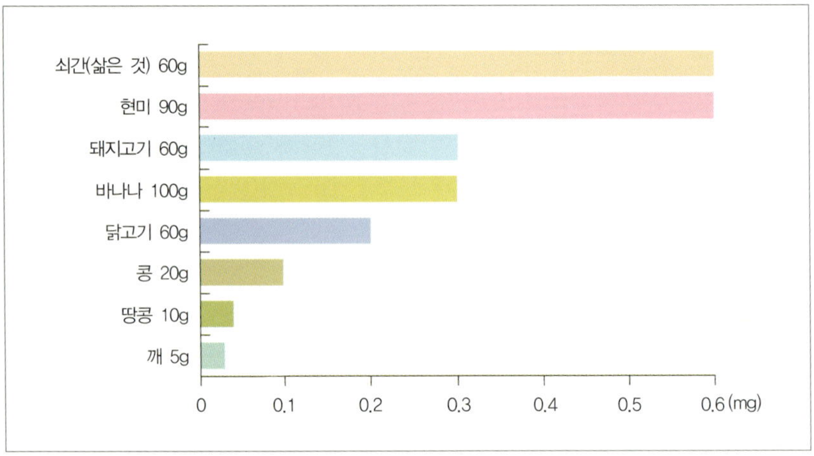

그림 7-14. 주요 식품 1회 분량당 비타민B_6의 함량

엽산
folic acid

프테리딘
pteridine

파라-아미노벤조산
PABA : para aminobenzoic acid

글루탐산
glutamate

7 엽산

엽산은 프테리딘, 파라-아미노벤조산, 글루타민산이 결합된 구조를 갖는 화합물이다. 단순한 형인 'folic acid'는 자연계에서 생성되지 않고 인공 합성된 형태이다. 식품에는 보통 엽산에 여러 개의 글루탐산이 결합되어 있다. 2개 이상의 글루탐산을 갖는

엽산 형태를 폴리폴리글루탐산(H_4PteGlun)이라 한다. 식품 내의 엽산분자는 3~11개의 글루탐산과 결합되어 있는 폴리글루탐산 형태이다(그림 7-15).

폴리폴리글루탐산
folypolyglutamates

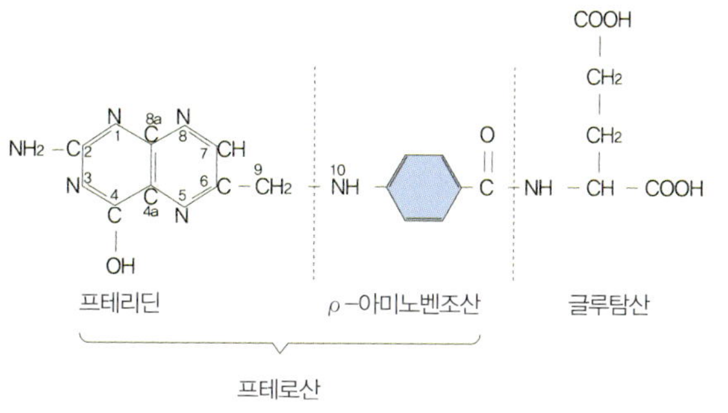

그림 7-15. 엽산의 구조

1) 흡수와 대사

식품에 함유된 엽산은 흡수되기 전에 글루탐산은 모노글루탐산 형태로 가수분해된 후 5-메틸-THF 형태로 전환되어 혈액을 통해 운반된다. 성인의 경우 모노글루탐산의 70%, 폴리글루탐산의 50%가 흡수된다고 한다. 체내 엽산의 50%는 간에 저장되며, 대변과 소변으로 배설한다.

모노글루탐산
monoglutamate

5-메틸-THF
N5-methyl-tetrahydrofolate

테트라히드로엽산
THF : tetrahydrofolic acid

메틸기
methyl

포르밀기
formyl

메틸렌기
methylene

단일탄소
single carbon

DNA
deoxyribonucleic acid

퓨린
purines

피리디민
pyrimidine

2) 체내 작용

엽산의 중요한 체내 작용은 조효소인 테트라히드로엽산의 형태로 전환되어 메틸기, 포르밀기, 메틸렌기와 같은 단일탄소가 결합하여 신체 내 화합물을 합성하는 대사과정에 참여한다. 이들 단일탄소 수송은 DNA 합성, 여러 종류의 아미노산과 그 유도체의 대사, 세포분열, 적혈구 성숙에 이용된다.

엽산은 DNA, RNA 합성에 필요한 염기인 퓨린과 피리디민의 합성에도 관여한다. 또한 호모시스테인으로부터 메티오닌을 합성하는 반응에 엽산과 비타민B_{12}가 조효소

콜린 choline

로 관여한다. 이외에도 비타민 유사물질인 콜린의 합성과정에도 작용한다.

3) 결핍증과 과잉증

메토트렉세이트 methotrexate

엽산의 결핍 증세는 빈혈, 설염, 성장장애, 정신혼란, 신경장애 등이 나타난다. 엽산이 부족된 식사를 하거나 알코올중독, 흡수 불량, 엽산 요구량 증가 또는 아스피린, 경구피임제, 백혈병 치료에 사용되는 메토트렉세이트의 약제 복용으로 인한 엽산 대사이상으로 결핍증이 야기될 수 있다.

거대 적아구 megaloblast

거대 적아구성 빈혈 megaloblast anemia

엽산이 부족하게 되면 적혈구 등의 세포들이 DNA를 합성할 수 없으므로 성숙한 적혈구로 분열되지 못하여 크기만 비정상적으로 크고 미숙한 상태의 거대 적아구 형태가 된다. 엽산이 부족한 사람의 골수에서는 혈액 내로 방출되는 성숙한 정상 적혈구의 수가 감소되어 산소운반 능력이 저하되어 거대 적아구성 빈혈이 나타난다(그림 7-16).

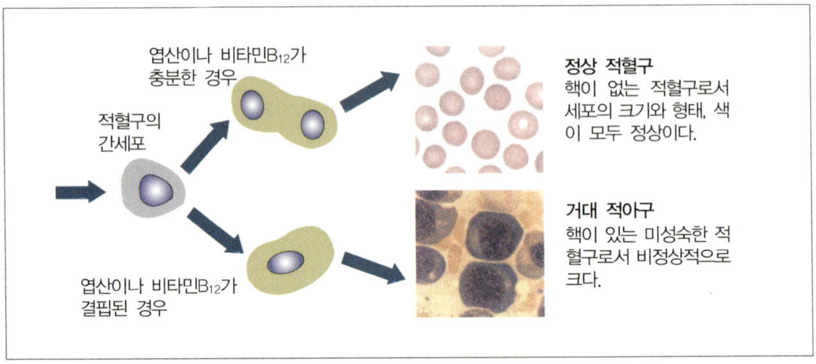

그림 7-16. 거대 적아구성 빈혈

신경관 손상 neural tube defects

무뇌증 anencephaly

이분척수 spina bifida

임산부의 엽산 결핍으로 태아의 신경관 손상과 척추 파열이 초래된다. 태아가 성장함에 따라 뇌, 척수 및 말초신경이 분화되는 과정에 이상이 생기면 여러 가지 신경관 손상이 나타나고, 심한 경우에는 무뇌증으로 출생 후 곧 사망한다. 무뇌증보다 더 빈번하게 나타나는 손상상태는 척추골이 척수를 보호할 수 있는 고리구조를 형성하지 못하는 이분척수로서 마비, 배변실금, 뇌수종, 지능장애가 나타난다.

엽산을 과잉 섭취할 시에도 소변으로 배설되기 때문에 독성은 매우 드물다. 그러나 비타민B_{12} 결핍의 초기 증세를 감지하지 못하여 비타민B_{12} 결핍상태가 진행되어 신경계 손상을 악화시킬 수 있으므로 엽산 보충제 섭취 시 주의한다.

4) 영양섭취기준과 급원식품

엽산의 권장섭취량은 400μg DFE/일이며, 상한섭취량은 1,000μg DFE/일이다. 엽산이란 용어가 '식물의 잎'라는 뜻으로 유래되었듯이 짙푸른 잎채소와 간, 오렌지주스, 밀의 배아, 해바라기씨에도 풍부하다(그림 7-17). 엽산은 열, 산화, 자외선에 쉽게 파괴되며 조리수에 의해 절반 이상의 손실량이 생긴다. 따라서 신선한 생과일이나 열처리하지 않는 채소가 엽산의 공급원으로 좋다.

잎
foliage

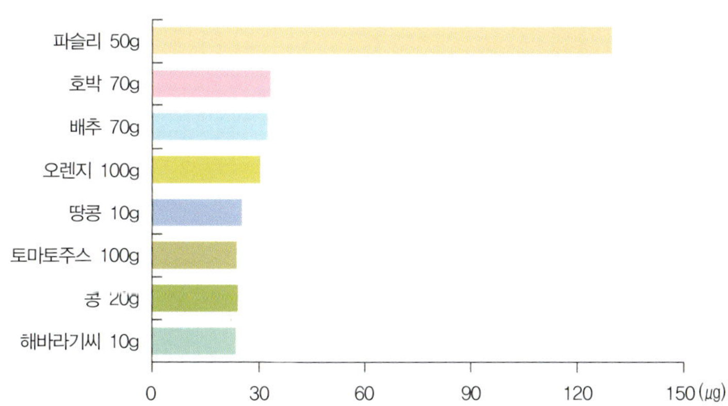

그림 7-17. 주요 식품 1회 분량당 엽산의 함량

8 비타민B_{12}

코린핵
corrin ring

클로로필
chlorophyll

철
Fe

마그네슘
Mg

비타민B_{12}는 중심에 코발트를 함유하고 있는 코린핵이 있으며, 이 화합물은 헤모글로빈이나 클로로필이 철이나 마그네슘을 함유하고 있는 구조와 유사하다. 비타민B_{12}의 중

코발아민 cobalamin

심에 코발트가 들어 있기 때문에 코발아민이란 이름이 붙여진 것이다(그림 7-18).

비타민B_{12}는 동물성 식품에 함유되어 있고, 식물성 식품에는 함유되어 있지 않으나 박테리아 등에 의한 발효과정을 통해 비타민B_{12}가 소량 함유되기도 한다.

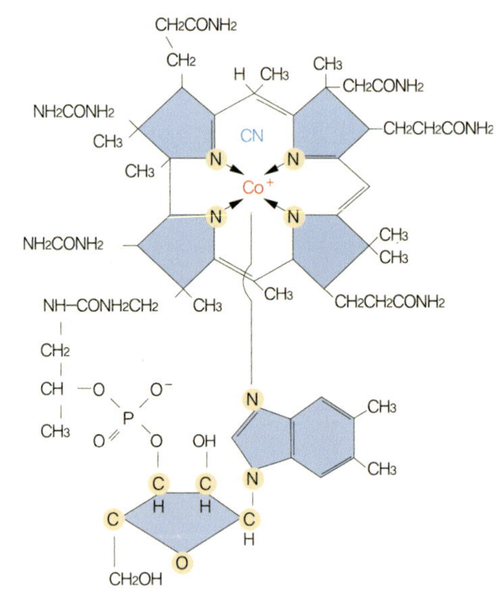

그림 7-18. 비타민B_{12}의 구조

1) 흡수와 대사

R-단백질 R-protein

트립신 trypsin

내적 인자 IF : instrinstic factor)

트랜스코발아민 II transcobalamin II

식품 내의 비타민B_{12}는 소화 과정에서 위산에 의해 다른 물질들로부터 비타민B_{12}가 분리된다. 위 내에서 유리된 비타민B_{12}는 R-단백질이라는 물질과 결합하여 복합체를 형성하여 소장으로 이동한다. 이동하는 과정 중에 췌장으로부터 분비되는 단백질 분해효소인 트립신이 R-단백질로부터 비타민B_{12}를 분리시킨다. 분리된 유리형 비타민B는 위벽세포에서 분비되는 당단백질인 내적 인자와 결합하여 회장 장점막 표면에 있는 수용기에 접착한 후 회장세포에서 비타민B_{12}를 흡수하여 특정한 비타민B_{12} 수송 단백질인 트랜스코발아민 II에 의해서 운반된다(그림 7-19).

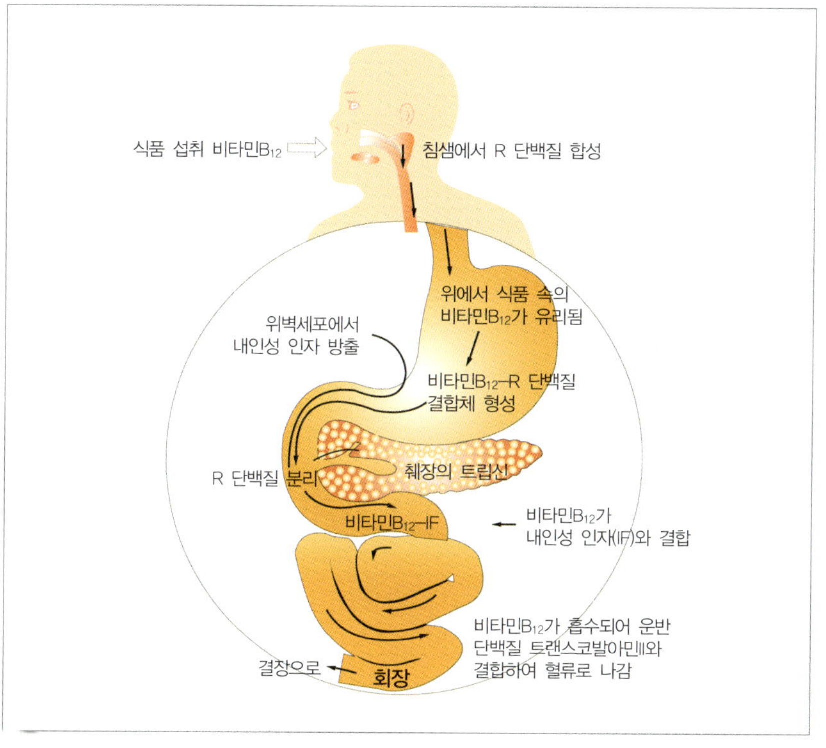

그림 7-19. 비타민B12의 흡수

섭취된 비타민B_{12}의 약 50~90%는 간에 저장되며 저장량은 5~12mg이다. 체내의 비타민B_{12}는 손실이 잘되지 않으므로 장 간 순환과정에서 재흡수되지 않는 소량의 비타민B_{12}만이 손실된다. 이렇듯 비타민B_{12}는 수용성 비타민 중 체내 저장량이 매우 좋으므로 식이로 정상적인 흡수가 되지 못하는 사람이라도 매달 1회의 주사만으로 결핍증을 예방할 수 있다.

2) 체내 작용

비타민B_{12}는 체내의 세포작용에 관여한다. 비타민B_{12}의 조효소는 체세포에서 수소 운반체로 작용하는 아데노실코발아민과 메틸기 운반체로서 작용하는 메틸코발아민의 2가지가 있다.

아데노실코발아민
adenosylcobalamin

메틸코발아민
methylcobalamin

비타민B_{12}가 조효소로 작용하는 여러 반응 중에서 가장 중요한 반응은 호모시스테인으로부터 메티오닌을 합성하는 반응으로 엽산 대사과정과 상호 연관성이 있다(그림 7-20). 엽산의 조효소 THF가 메틸기와 결합하는데, 이 메틸기를 제거하는 과정에 비타민B_{12}가 필요하다. 만약 비타민B_{12}가 부족하게 되면 엽산 조효소인 THF와 메틸기가 결합된 형태로 존재하게 되어 세포는 단일탄소기 전이반응에 필요한 THF가 부족하게 된다. 메틸기가 결합되지 않은 엽산 조효소의 부족으로 DNA 합성과 같은 중요한 세포 내 반응에 지장을 받게 된다. 따라서 비타민B_{12}가 결핍되면 이차적인 엽산 결핍상태를 초래하여 거대 적아구성 빈혈이 타나나게 된다.

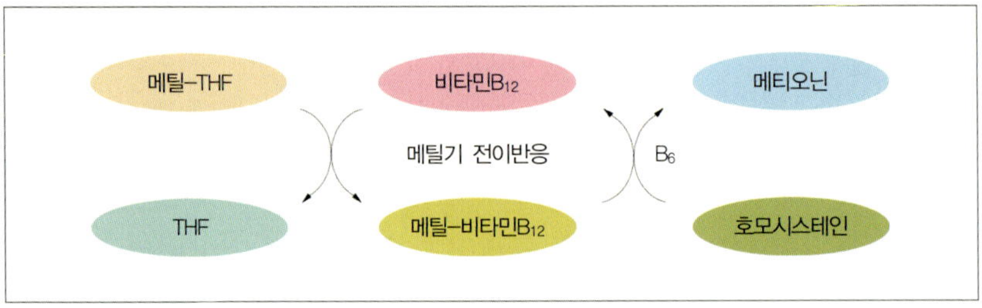

그림 7-20. 비타민B_{12}의 메티오닌 합성

미엘린 수초
myelin sheath

비타민B_{12}는 신경계를 정상적으로 유지시키는 작용을 한다. 비타민B_{12}는 각각의 신경섬유를 다른 신경섬유의 절연제 역할을 하는 미엘린 수초를 유지시켜 주는 역할을 한다. 비타민B_{12}의 부족으로 미엘린 수초가 파괴되어 마비증세가 나타나며 사망에 이르게 된다.

프로피오닐 CoA
propionyl CoA

비타민B_{12}는 지방의 산화로 생성되는 프로피오닐 CoA에서 전환된 메틸말로닐 CoA를 석시닐 CoA로 전환시켜 TCA회로에 의해 대사되는 반응의 조효소로 작용한다.

3) 결핍증과 과잉증

악성빈혈
pernicidus anemia

비타민B_{12}의 결핍은 일반적으로 비타민을 잘 흡수하지 못할 경우에 나타나며, 식이 중의 비타민B_{12}의 부족으로는 잘 발생하지 않는다. 임상적으로 악성빈혈의 증세는 엽산 결핍성 빈혈과 유사하게 거대적혈구가 나타나므로 거대적혈구성 빈혈이라고도 부른다.

악성빈혈은 비타민B_{12}를 잘 흡수하지 못할 때 나타난다. 적혈구수의 감소로 인한 헤모글로빈 함량이 부족하게 되어 빈혈이 되며 이외에도 허약증, 설염, 식욕 감퇴, 소화불량 등이 나타나고 보행이 어렵거나 두뇌활동력 감퇴, 기억력상실 증세를 나타낸다. 이미 손상된 신경은 이후 비타민B_{12}를 공급하더라도 회복되지 않는다. 채식만 하는 사람은 반드시 비타민B_{12}의 보충이 필요하다.

비타민B_{12}의 과잉으로 인한 독성은 매우 낮은 비타민이다. 비타민B_{12}를 보충 급여한 경우 알레르기반응을 일으키거나 과민성 쇼크가 일어나기도 한다.

4) 영양섭취기준과 급원식품

비타민B_{12}는 권장섭취량은 남녀 모두 2.4㎍/일이다. 과잉증에 의한 독성은 크지 않으므로 상한섭취량은 설정되어 있지 않다.

비타민B_{12}는 육류, 내장육, 가금류, 해산물, 난류, 유제품에 풍부하게 들어 있다(그림 7-21). 식물성 식품에는 비타민B_{12}가 거의 들어 있지 않다.

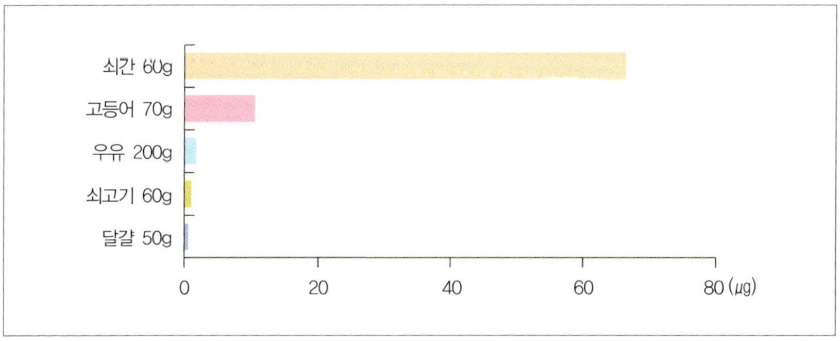

그림 7-21. 주요 식품 1회 분량당 비타민B_{12}의 함량

9 비타민C

비타민C는 아스코르브산의 생물학적 활성을 나타내는 화합물의 일반 명칭이다. 아스코르브산은 포도당과 유사한 구조를 가지고 있는 수용성 물질이다. 비타민C는 모든 생물조직체에 존재하며 포도당으로부터 합성되지만, 인간을 비롯한 몇 종류의 동물은 체내에서 비타민C를 합성하지 못하므로 반드시 식품으로 섭취하여야 한다.

아스코르브산 ascorbic acid
디히드로아스코르브산 dehydroascorbic acid
디케토굴론산 diketogulonic acid

체내에서 비타민C 활성은 환원형인 아스코르브산과 산화형의 디히드로아스코르브산이다(그림 7-22). 이 2가지 형태는 체내에서 항산화작용을 하는 환원제이므로 산화에 매우 민감하다. 디히드로아스코르브산이 더 산화하게 되면 활성을 잃어버리는 비가역적 반응산물인 디케토굴론산이 생성된다.

비타민C는 백색의 결정체로 산에 안정하고 산화, 광선, 알칼리에 의해 산화된다. 특히 열을 가하거나 철과 구리이온을 만나게 되면 더 쉽게 산화된다.

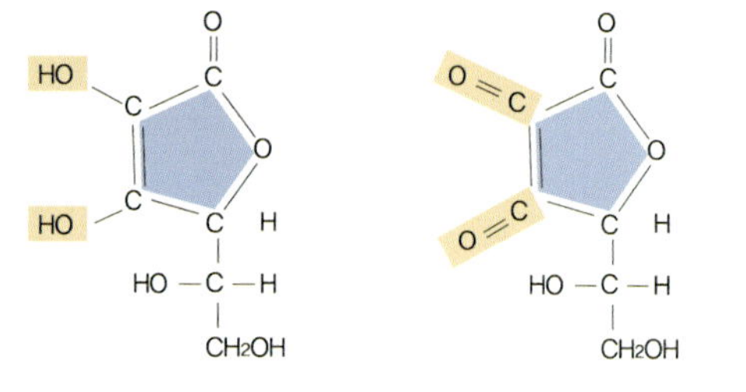

그림 7-22. 비타민C의 구조

1) 흡수와 대사

비타민C는 소장 상부에서 흡수되어 문맥을 통해 간으로 이동하여 각 조직으로 운반된다. 소장에서 흡수될 때 주로 능동수송에 의해 흡수되지만, 일부는 단순확산으로 흡수된다. 비타민C의 흡수량은 섭취량에 의해 달라지는데, 섭취량이 증가하면 흡수기전의 효율성이 감소하게 된다(표 7-1).

권장량 정도로 비타민C를 섭취한 경우의 혈청 내 비타민C 농도는 0.5~1.0mg/dL이며, 권장량보다 2~3배(100~150mg/일)를 섭취하게 되면 혈청 내 비타민C의 수준이 1.4~1.5mg/dL까지 증가하나 섭취량이 더 증가한다 하더라도 혈청 수준은 일정하게 유지된다.

표 7-1. 비타민C의 1일 섭취량에 따른 흡수 효율성

1일 섭취량(mg/day)	흡수 효율성(%)
30～120	80～90
180	70
1,500	50
12,000	16

흡수된 비타민C는 혈액을 따라 각 조직으로 운반되며, 비타민C의 농도가 높은 곳은 뇌하수체, 부신피질, 백혈구, 수정체, 뇌 등이다.

비타민C의 섭취량이 보통 수준(100mg/일)인 경우에는 대부분 수산으로 전환되어 소변으로 배설되는데, 혈청을 과포화시킬 정도로 과잉 섭취할 경우에는 아스코르브산 형태 그대로 배설된다.

체내 비타민C는 체내에서 평형을 유지할 수 있도록 조절되므로 비타민C 함량이 과포화될 경우에는 여분의 비타민C는 디케토굴론산으로 전환된 후 옥살산이나 L-트레오닌으로 전환되어 뇨로 배설된다.

2) 체내 작용

체내에서 비타민C는 환원형인 아스코르브산과 산화형인 디하이드로아스코르브산이 세포 내에서 산화·환원 반응으로 상호 전환되어 세포의 정상적인 기능을 유지할 수 있게 한다. 비타민C는 여러 가지 수산화반응의 조효소로 이용되며 콜라겐 합성, 신경전달물질의 합성, 스테로이드 합성, 철의 흡수, 면역기능, 아미노산, 콜레스테롤, 포도당 대사에도 작용한다. 즉 비타민C의 중요한 생리적 기능은 수산화반응이 진행되는 동안 산화형 철이온(Fe^{3+})에 전자를 주어서 환원형 철이온(Fe^{2+})으로 환원시킨다.

수산화
hydroxylation

콜라겐
collagen

산화형 철이온
ferric iron; Fe^{3+}

환원형 철이온
ferrous iron; Fe^{2+}

(1) 콜라겐 합성

비타민C는 세포들과 조직들을 서로 결합시키는 결합조직의 주요 성분인 콜라겐 합성에 필요하다. 콜라겐은 섬유상 단백질로서 결합조직을 단단하게 결합시키며 골격, 치아, 연골, 피부, 상처 치료에 필수적이다.

결합조직
polypeptide

글리신 glycine
알라닌 alanine
프롤린 proline
히드록시프롤린 hydroxyproline
히드록시리신 hydroxysine
유리 라디칼 free radical

글리신, 알라닌, 프롤린, 히드록시프롤린, 히드록시리신 등은 콜라겐을 구성하는 아미노산이다. 콜라겐 합성 시 비타민C는 프롤린을 히드록시프롤린으로 전환시킨다.

(2) 항산화작용

항산화제는 자신을 먼저 산화시킴으로써 다른 물질이 산화되지 않게 하거나 억제하는 물질이다. 비타민C는 환원제로서의 성질 때문에 항산화제로 작용하며, 비타민E와 함께 유리 라디칼을 제거하는 역할을 한다. 특히 비타민E나 다가불포화지방산의 정상적인 세포막 유지를 위하여 비타민C의 항산화 기능은 생리적으로 매우 중요하다.

비타민C는 엽산의 조효소(THF)를 환원상태로 유지시켜서 엽산이 산화되거나 분해되는 것을 막아준다.

(3) 카르니틴의 합성

카르니틴 carnitine
리신 lysine
메티오닌 methionine

카르니틴은 세포질에서 미토콘드리아로 지방산을 운반함으로써 에너지를 생산한다. 이 과정에서 카르니틴은 리신과 메티오닌으로부터 합성되는데, 이때 환원형 철이온(Fe^{2+})과 비타민C가 필요하다. 따라서 비타민C가 부족하게 되면 카르니틴의 생합성이 저하되어 혈액의 중성지방이 증가한다.

(4) 세포 구성물질의 합성

티로신 tyrosine
도파민 dopamine
노르에피네프린 norepinephrine
세로토닌 serotonin

비타민C는 중추신경에서 티로신으로부터 형성된 도파민이 수산화반응으로 노르에피네프린을 생성하는 과정에서 이용된다. 또한 트립토판이 신경전달물질인 세로토닌으로 전환될 때도 필요하다. 이외에도 티록신, 헤모글로빈, 담즙산, 스테로이드 호르몬, 퓨린의 생합성에도 비타민C가 필요하며, 이러한 반응은 모두 수산화반응에 의하여 이루어진다.

(5) 철 흡수

비헴철 nonheme iron

식물성 식품에 함유되어 있는 비헴철 상태의 철은 환원형인 2가의 철이온(Fe^{2+})일 때 잘 흡수된다. 비타민C는 비헴철을 환원시켜서 소장의 약알칼리성에서도 잘 용해되도록 하여 철분의 흡수를 도와준다.

(6) 면역기능

비타민C는 백혈구의 산화적 손상뿐만 아니라 백혈구의 식작용 시에 생기는 유리 라디칼에 의한 산화적 손상을 막아주어 면역계에 중요한 역할을 한다.

식작용
phagocytosis

3) 결핍증과 과잉증

혈청의 비타민C 농도가 0.2mg/dL로 저하되면 괴혈병 증세로 잇몸 출혈이 나타나고 피부 밑의 모세혈관의 파괴로 출혈이 발생한다(그림 7-23).

괴혈병
scurvy

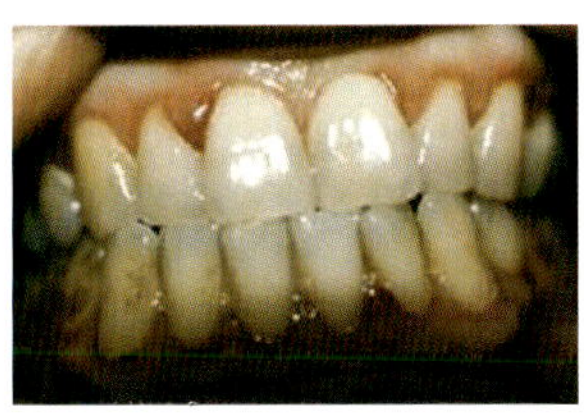

그림 7-23. 비타민C 결핍증상

유아 시기의 비타민C 결핍은 소아괴혈병으로 묄러병이 발생한다. 이 질환은 성인의 비타민C 결핍과는 달리 출혈 증세보다는 골격계이상이 나타나 가슴뼈와 관절의 연골과 골격 사이가 벌어져서 통증이 심하고 움직이기가 어려워진다.

묄러병
Moeller-Barlow's disease

흡연자들은 비흡연자들보다 혈액의 비타민C 농도가 낮으므로 더 많은 비타민C 섭취가 필요하다.

건강한 사람에게는 식이로 섭취하는 비타민C의 과잉증으로 인한 독성이 나타나지 않는다. 그러나 보충제를 이용한 비타민C를 과잉 섭취(3,000mg/일 이상)한 경우 위염, 설사, 뇨의 pH 감소, 통풍 등이 유발될 수 있다. 과도한 비타민C를 섭취한 경우 수산염을 함유하는 신장결석으로 발전할 수 있으므로 신장기능에 문제가 있거나 신장결석이 있는 경우에는 비타민C를 다량으로 복용하지 않도록 한다.

4) 영양섭취기준과 급원식품

성인의 비타민C 권장량은 1일 100mg/일, 상한섭취량은 2,000mg/일로 정하였다. 또한 흡연자는 폐에서의 산화적 스트레스 증가에 인한 손실분을 감안하여 30mg을 더 섭취하도록 하였다. 비타민C는 신선한 과일과 채소에 풍부하며, 특히 감귤, 오렌지, 녹색채소, 감자 등은 좋은 급원이다(그림 7-24).

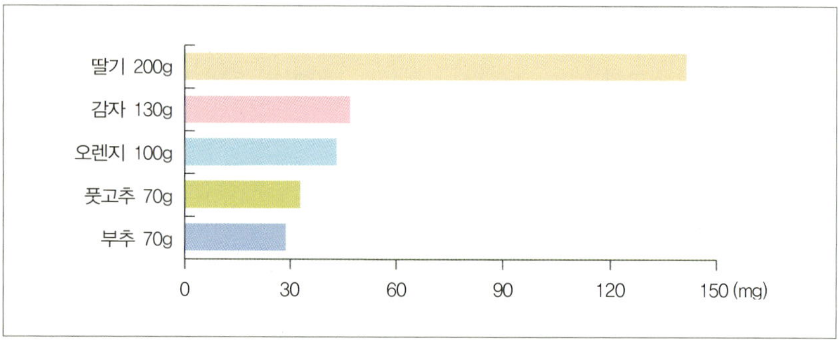

그림 7-24. 주요 식품 1회 분량당 비타민C의 함량

10 비타민 유사물질

체내 대사를 정상적으로 유지하기 위하여 체내에서 합성될 수 있으며, 필수아미노산 등과 같은 인체에 필수적인 물질로부터 합성이 가능한 콜린, 카르니틴, 타우린, 이노시톨, 리포산과 같은 비타민 유사물질이 필요하다.

건강한 성인에서는 비타민 유사물질의 결핍은 우려되지 않으나, 질병상태에서는 체내 합성이 불충분할 수 있으므로 식품으로의 섭취가 중요하다. 또한 미숙아의 경우는 조직의 성장이 급속도로 일어나기 때문에 비타민 유사물질의 필요량이 증가한다.

1) 콜린

콜린은 식물과 동물성 식품에 널리 분포되어 있으므로 식이로 부족될 경우는 매우 적다. 특히 난황, 땅콩, 간, 생선, 커리플라워에 많이 함유되어 있다. 콜린은 세린으로부터 간조직에서 합성되는 간단한 화합물이며, 콜린의 생성과정에는 비타민B_1, B_2 및 엽산을 필요로 한다(그림 7-25).

콜린 choline
세린 serine

콜린의 체내 중요한 작용은 메틸기를 공여체로 작용하는 것으로 엽산과 비타민B_{12}와 함께 콜린이 작용하여 메티오닌이 재생성될 수 있도록 한다. 또한 콜린은 신경전달물질인 아세틸콜린과 세포막, 담즙의 구성성분인 레시틴(포스파티딜콜린)의 구성물질이다.

아세틸콜린 acethylcholine
레시틴 lecithin : phosphatidylcholine

보통 1일 콜린을 600~1,000mg 정도 섭취한다. 유아나 어린이와 같은 성장기에는 다량의 콜린이 세포막을 형성하는데 요구하므로 더 많은 콜린을 필요로 한다. 콜린을 과량(20~30g/일) 섭취한 경우 설사, 구토, 위경련, 생선 비린내와 같은 냄새 등의 부작용이 초래되며, 대사과정에서 니트로소아민류로 전환될 수 있으므로 위암 발생률을 증가시킬 수 있다.

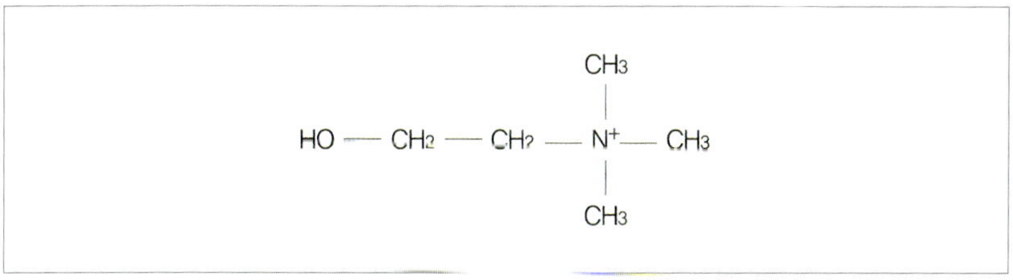

그림 7-25. 콜린의 구조

2) 카르니틴

카르니틴은 간에서 리신과 메티오닌으로부터 합성되는 화합물로 긴사슬지방을 세포질에서 미토콘드리아로 운반하여 지방산의 산화와 에너지 대사에 관여한다(그림 7-26).

건강한 성인은 체내에서 카르니틴을 합성하여 사용할 수 있으나, 신생아 특히 미숙아는 체내 생합성 능력이 부족하고 체내 저장량이 낮으므로 식이로서 공급하여야 한다.

카르니틴 carnitine
긴사슬지방산 long chain fatty acid

카르니틴의 주요 급원은 육류와 유제품 등과 같은 동물성 식품이며 채소, 과일 및 곡류의 카르니틴 함량은 낮다.

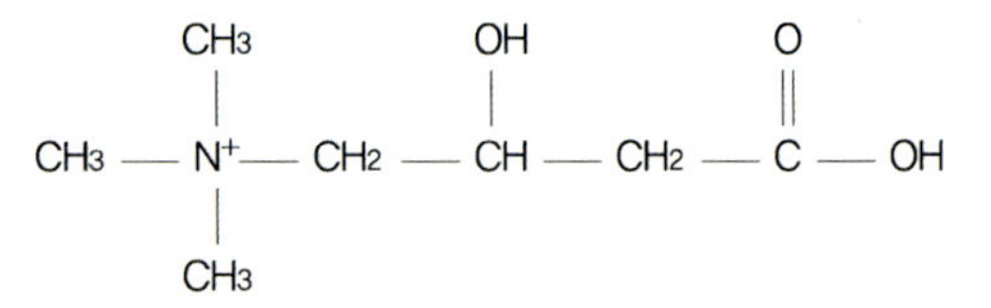

그림 7-26. 카르니틴의 구조

3) 타우린

타우린
taurine

타우린은 황을 함유한 아미노산인 메티오닌과 시스테인으로부터 합성된다(그림 7-27). 타우린은 근육, 혈소판, 신경조직에 분포되어 있으며 담즙산의 구성성분, 망막의 광수용체 활성, 혈구 내의 항산화 작용, 혈전증 방어, 심장기능 강화, 세포분화와 성장, 인슐린 작용 등에 관여한다.

타우린은 육류와 생선에 풍부하고 채소, 과일 및 곡류에는 함유량이 낮다. 그러나 채식주의자들에게서도 타우린 부족 증세가 나타나지 않은 것으로 보고된 바, 건강한 체내에서는 필요한 양만큼 합성할 수 있는 것으로 추정된다.

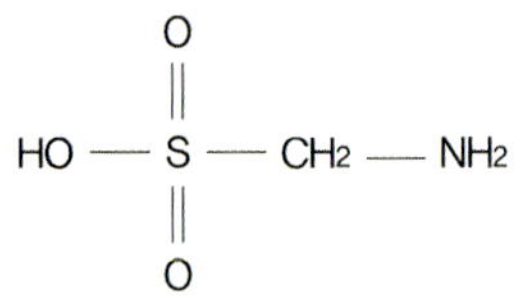

그림 7-27. 타우린의 구조

4) 이노시톨

이노시톨
inositol

미오-이노시톨
myo-inositol

IP3
inositol phosphate

이노시톨은 포도당과 유사한 화학구조를 나타내고, 9개의 이성체를 가지며 이 중 미오-이노시톨만이 인체에서 영양적 의미를 지닌다(그림 7-28). 신체세포 내에는 다량의 이노시톨이 IP3와 같이 인산화된 형태로 존재하며, 일부는 세포막의 인지질 구성성분으로 작용한다.

동물성 식품에는 유리형 이노시톨과 이노시톨 인지질 형태로 들어 있고, 식물성 식품에는 피틴산의 일부 구조로 들어 있다.

이노시톨의 좋은 급원식품으로는 과실, 육류, 우유, 견과류, 채소이다. 식사로 섭취되는 이노시톨의 양은 1g 정도이며, 신장에서는 하루에 약 4g의 미오-이노시톨을 합성된다.

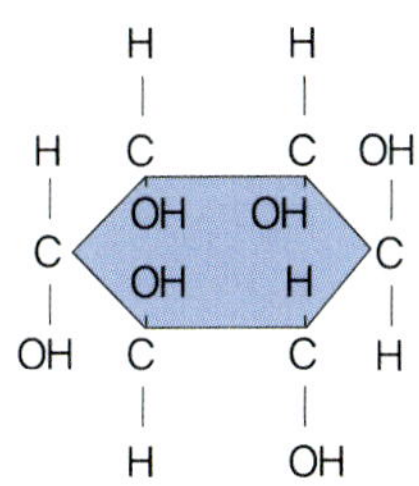

그림 7-28. 이노시톨 구조

5) 리포산

리포산
lipolic acid

리포산은 황을 함유하고 간과 효모에서 분리되며, 몇몇 종류의 미생물 성장에 필수적이나 인간을 비롯한 포유동물의 체내에서 쉽게 합성되므로 필수적인 영양소는 아니다(그림 7-29).

리포산은 피루브산이 아세틸 CoA로 전화되는 과정에서 티아민과 함께 CO_2 분자를 제거할 때 필요한 탈탄산효소의 조효소로 작용한다.

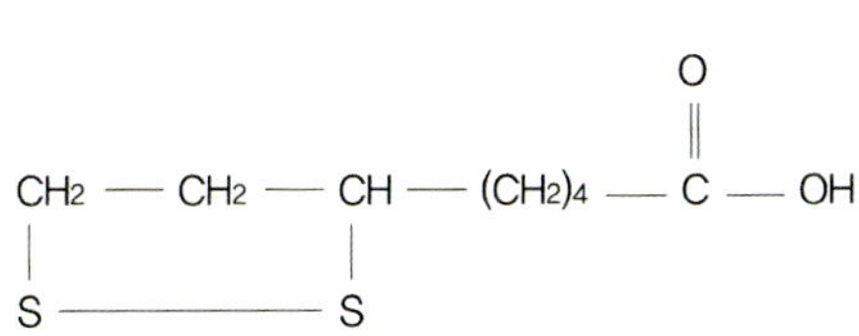

그림 7-29. 리포산의 구조

수용성 비타민의 요약

수용성 비타민	체내 작용	급원식품	결핍증	과잉증
티아민	당질 대사의 조효소(TPP)로 탈탄산반응, 신경계 기능	돼지고기, 두류, 해바라기씨, 내장육, 땅콩 등	각기병, 기억력 감퇴, 근육운동 실조, 정신혼란	일반적으로 과잉증으로 인한 독성은 없음
리보플라빈	에너지 대사의 조효소(FMN, FDA)로 작용, 전자전달계 작용	간, 육류, 닭고기, 생선, 우유 및 유제품, 녹색채소, 두류, 달걀	구순구각염, 설명, 구내염, 지루성 피부염	거의 없음
니아신	당질 산화, 전자운반, 지방산 생합성	가금류, 버섯, 생선, 아스파라거스, 땅콩	피부염, 식욕부진, 설사, 신경쇠약(펠라그라)	피부홍조, 가려움증, 메스꺼움
판토텐산	에너지 대사의 조효소(CoA), 아세틸콜린, 콜레스테롤, 아세틸콜린 합성	동물성, 곡류 등 모든 식품	피로, 두통, 수면장애, 복부통증, 수족마비	독성이 강하지 않으나 설사나 부종이 있을 수 있음
비오틴	당질 지질 대사에서 CO_2 운반에 필요한 조효소	간, 땅콩, 대두, 난황, 콩, 이스트, 치즈	피부발진, 혀와 입술 변형, 설염, 식욕감퇴, 탈모, 빈혈, 우울증	거의 없음
비타민B_6	아미노산 대사의 조효소, 신경전달물질의 합성, 니아신으로 전환	육류, 생선, 가금류, 견과류	피부염, 구각염, 구내염, 간질성 혼수, 우울증	거의 없음
엽산	RNA와 DNA 대사의 조효소(THF), 단일탄소 전달의 조효소	간, 녹색채소, 오렌지주스, 밀의 배아	빈혈, 설염, 성장장애, 정신혼란, 신경장애	거의 없음
비타민B_{12}	엽산 대사와 DNA 합성에 관여	동물성 식품	거대 적아구성 빈혈	거의 없음
비타민C	콜라겐 합성, 항산화작용, 카르니틴 합성, 면역 기능	과일, 채소, 감자	괴혈병, 상처회복 지연, 면역력 손상	설사, 통풍, 신장결석

Quiz

1. 티아민의 체내 작용을 설명하시오.

2. 리보플라빈의 결핍 증세와 급원식품에 관하여 설명하시오.

3. 니아신의 조효소 형태에 관하여 설명하시오.

4. 비타민B_{12}와 거대 적아구성 빈혈에 관하여 설명하시오.

5. 비타민C의 체내 작용을 설명하시오.

NUTRITION

Nutrition

8 다량무기질

1 무기질의 이해

1) 무기질의 정의

회분 ash

무기질은 식품을 태웠을 때 재가 되어 남는 성분(회분이라고도 함)으로 체내에서 합성되지 않아 반드시 음식물을 통해 섭취해야 하는 미량영양소이다. 인체 내에서 골격과 치아 등을 구성하고, 여러 가지 생리기능을 조절하는 무기질은 탄소를 함유하고 있지 않다는 점에서 탄수화물, 단백질, 비타민 등과 구별된다.

식품 중에 들어 있는 무기질은 열이나 산, 염기, 빛 등에 안정한 편이나 조리 시 물에 용출될 수 있다.

2) 무기질의 분류 및 체내 분포

우리 몸에는 체중의 약 4%에 달하는 무기질이 있으며, 체내 함유량 또는 하루 필요량에 따라 다량무기질과 미량무기질로 구분한다.

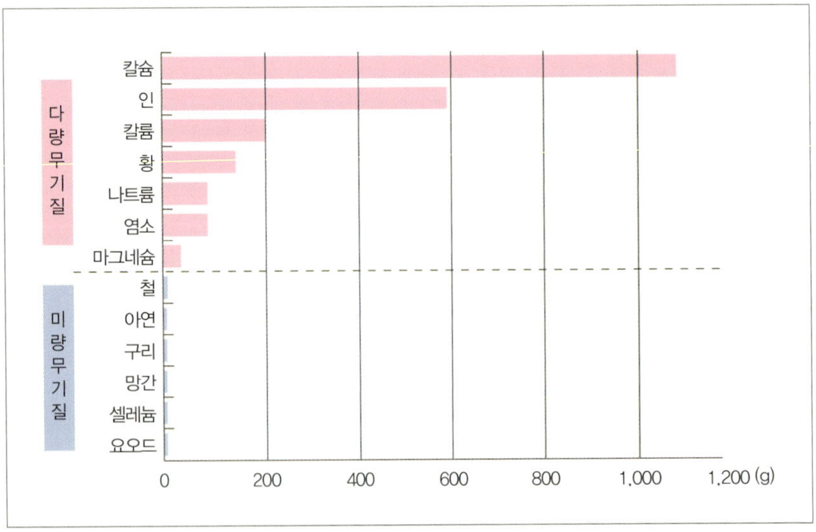

그림 8-1. 체내 무기질 함량(체중 60kg, 성인)

일반적으로 하루에 필요한 양이 100mg/d 이상이면 다량무기질, 100mg/d 미만이면 미량무기질로 나눈다.

다량무기질에는 칼슘, 인, 마그네슘, 나트륨, 칼륨, 염소, 황 등이 있고, 미량무기질에는 철분, 아연, 구리, 요오드, 불소, 셀레늄, 망간, 몰리브덴, 크롬 등이 있다(그림 8-1).

3) 무기질의 일반적 기능

(1) 인체 구성성분

칼슘과 인 같은 무기질은 뼈와 치아 등 경조직을 구성하는데 기여한다. 이들 무기질은 혈액 중에도 일정량 존재하며, 근육에는 황, 갑상선에는 요오드, 헤모글로빈에는 철분이 자리하고 있다. 이 밖에도 여러 무기질들이 인체의 각 조직을 구성하고 있다.

(2) 산 · 염기평형

무기질은 체액 및 혈액의 pH를 일정하게 유지하는 역할을 한다. 인체 내 혈액의 pH는 약 7.4로, 정상적인 대사작용이 일어나기 위해서는 pH를 항상 정상 범위 내로 유지해야 한다. 그러므로 체내에 다량의 산 또는 염기가 유입되면 무기질이 이를 중화하여 중성으로 유지시킨다

(3) 수분평형

체액은 세포내액과 세포외액으로 구분되며, 이들 사이의 수분평형은 나트륨, 칼륨, 염소, 인 등과 같은 주요 무기질에 의해 조절된다. 체액의 균형이 깨어지면 수분의 이동이 일어나 부종이나 탈수현상이 발생된다.

(4) 촉매작용

많은 무기질은 효소반응의 촉매 형태로 생리적인 조절작용을 수행한다. 인체 내 효소계에서 무기질이 관여하는 반응은 매우 많으며 체내 이화작용과 동화작용에서 무기질이 필수적이다. 즉 마그네슘과 나트륨은 탄수화물의 흡수를 증진시키고, 칼슘은 혈액응고 작용에 필요하다.

(5) 신경 및 근육의 흥분 전달

신경세포가 흥분상태에 있을 때는 세포막의 투과성이 변하여 나트륨과 칼륨이 이동된다. 그 결과 자극이 다른 신경세포로 전달되고 근육의 수축이 일어나게 된다.

2 칼슘

칼슘
Ca : calcium

칼슘은 체내 무기질 중 가장 풍부한 무기질로서, 치아와 골격을 구성하고 유지하며 주요한 생리기능을 담당하는 영양소이다. 칼슘은 체중의 약 2%(0.9~1.4kg)를 차지하며, 이 중 99%는 골격과 치아에, 나머지 1%는 혈액과 근육에 존재하면서 여러 가지 생리적 조절작용을 한다.

1) 흡수 및 대사

칼슘의 흡수율은 여러 가지 요인에 의해 달라지나 일반적으로 생애주기에 따라 차이가 많이 난다. 영유아의 경우 50~70%, 골격이 활발한 성장기에는 칼슘 흡수율이 75%까지 증가하며, 임신기에는 60%까지 증가한다. 성인의 경우 식사를 통해 섭취되는 칼슘의 흡수율은 10~30% 정도이고, 노년기로 갈수록 흡수율이 계속 저하된다.

(1) 칼슘의 흡수를 증진시키는 인자

① 신체의 요구도

체내에서 칼슘 요구량이 클수록 칼슘 흡수율이 증가한다. 즉 성장기, 임신·수유기의 경우 체내 요구량의 증가로 칼슘 흡수율이 증가하며, 폐경 후 여성이나 노인의 경우 흡수율이 감소한다.

② 소화관 내의 산도

칼슘은 산성 환경에서 용해도가 증가하므로 장 내의 산도, 특히 십이지장 상부의 산도가 증가하면(pH 감소) 칼슘의 흡수율이 높아진다.

③ **유당**

유당은 유산균에 의해 젖산으로 변하여 칼슘의 용해도를 증가시킨다.

④ **비타민D**

비타민D는 십이지장 점막에 있는 칼슘 결합단백질의 합성을 촉진하여 칼슘의 흡수를 증가시킨다.

⑤ **칼슘 섭취 부족**

칼슘 흡수율은 식사 중 칼슘 섭취량에 영향을 받는다. 즉 칼슘 섭취가 많으면 섭취량은 증가하나 흡수율은 떨어진다.

⑥ **식사 내 칼슘과 인의 비율**

음식을 통해 섭취한 칼슘과 인의 비율이 1 : 1에 가까울 때 칼슘의 흡수율이 최대가 된다. 만약 칼슘과 인의 비율이 불균형을 이루면 두 무기질 모두 흡수가 저해되며, 인의 비율이 현저히게 높을 때는 불용성 인산칼슘을 형성하게 되어 칼슘이 흡수되지 않고 배설된다.

⑦ **비타민C**

충분한 비타민C는 칼슘의 이온화를 촉진시켜 칼슘의 흡수를 증가시킨다.

(2) 칼슘의 흡수를 저해하는 인자

① **과량의 식이섬유**

식이섬유는 소장의 콜레스테롤의 흡수를 방해하고 장의 연동운동을 촉진하는 등 건강상의 이점을 많이 가지고 있으나, 소장 내에서 영양소의 통과 속도를 빠르게 함으로써 칼슘과 같은 무기질의 흡수를 방해한다.

② 수산, 피틴산, 탄닌

녹황색 채소에 다량 함유되어 있는 수산이나 곡류에 풍부한 피틴산 등은 칼슘과 불용성 염을 형성하여 칼슘의 흡수를 방해한다.

③ 과량의 지방

과량의 지방을 섭취하면 지방의 분해산물인 지방산이 다량 생성되어 칼슘과 결합하게 되므로 칼슘의 흡수를 방해한다.

표 8-1. 칼슘 흡수에 영향을 주는 요인들

흡수를 증진시키는 요인	흡수를 방해하는 요인
신체의 요구도(성장, 임신 등)	과량의 식이섬유
소장 상부의 산성 환경	수산, 피틴산, 탄닌
유당	소장 하부의 알칼리성 환경
비타민D	폐경(에스트로겐 감소)
칼슘 섭취 부족	칼슘에 비해 과량의 인, 철분, 아연
식사 내 칼슘과 인의 비율이 비슷	비타민D 부족
부갑상선 호르몬	노령기
비타민C	과량의 지방 섭취

(3) 칼슘의 배설

섭취된 칼슘은 주로 소장 상부에서 능동수송에 의해 흡수된 후 혈액을 통해 칼슘을 필요로 하는 조직으로 이동한다. 각 조직에서 대사된 대부분의 칼슘은 재흡수되고 일부는 땀, 소변, 대변 등을 통해 배설된다.

(4) 혈중 칼슘의 항상성

혈액의 칼슘 농도는 약 9~11mg/100mL로 항상 일정하게 유지되는데, 이를 칼슘의 항상성이라고 한다. 식사에서 얻어지는 칼슘의 양은 매일 달라질 수 있으나 혈중의 칼슘 농도는 엄격하게 조절된다. 즉 혈중 칼슘의 농도가 정상 범위에서 벗어나면 뼈에서의 칼슘의 침착과 손실, 소장에서의 칼슘 흡수율 조절, 신장에서의 칼슘의 재흡수 및 배설을 통해 정상 수준을 회복한다. 이 과정에서 주요한 역할을 하는 것은 부갑상선 호르몬과 비타민D, 칼시토닌이다.

부갑상선 호르몬
PTH : parathyroid hormone

칼시토닌
calcitonin

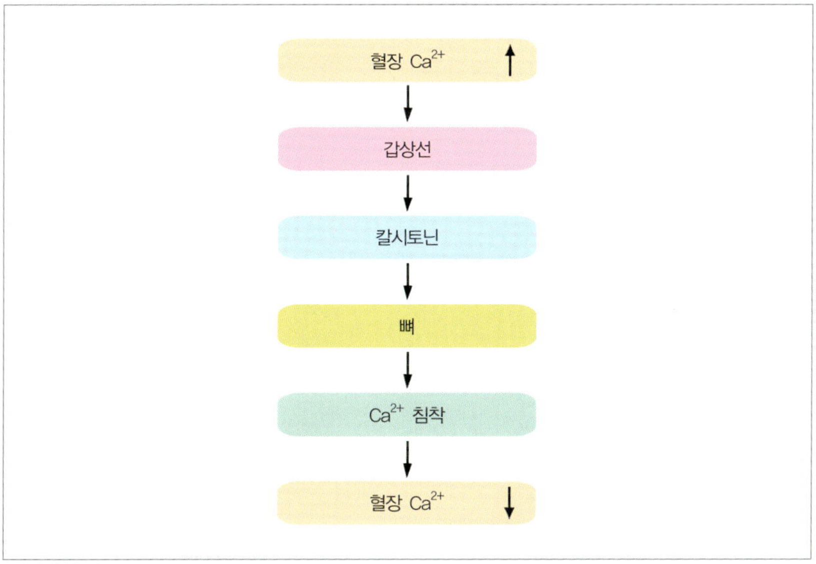

그림 8-2. 칼슘의 항상성 조절

그림 8-2와 같이 혈중의 칼슘 농도가 감소하면 부갑상선 호르몬의 분비가 증가한다. 이 호르몬은 신장을 자극하여 비타민D의 활성형인 1,25$(OH)_2$비타민D의 생성을 증가시켜 소장에서 칼슘의 흡수를 증가시킨다. 동시에 신장에서 칼슘의 재흡수를 증가시키며 골격에서 칼슘의 용출을 증가시켜 혈중 칼슘농도를 정상 수준으로 끌어올린다.

이와는 반대로 혈중 칼슘농도가 상승하면 칼시토닌이 분비되어 소장 내에서의 칼슘 흡수를 감소시키고 신장에서 칼슘의 배설을 촉진한다. 또한 골격에서 칼슘의 유출을 억제시켜 혈중의 칼슘 농도를 낮추게 된다.

2) 체내 기능

(1) 골격과 치아 구성

체내 칼슘의 가장 주된 역할은 골격과 치아를 구성하는 일이다. 골격은 보통 치밀골과 해면골의 2가지 형태로 이루어져 있는데, 치밀골은 아주 단단하고 치밀한 구조를 가지고 있고, 해면골은 다공성의 스펀지 형태로서 모세혈관에 접해 있고 골수로부터 칼슘을 공급받는다(그림 8-3). 골격은 무기질과 단백질, 콜라겐 등으로 구성되어 있으며, 뼈 무기질의 주된 성분은 칼슘과 인의 수산화물인 히드록시아파타이트이다. 뼈의 성장과 균형은 뼈의 생성을 담당하는 조골세포와 분해를 담당하는 파골세포에 의해 이루어진다.

히드록시아파타이트 hydroxyapatite, $Ca_{10}(PO_4)_6(OH)_2$

조골세포 osteoblast

파골세포 osteoclast

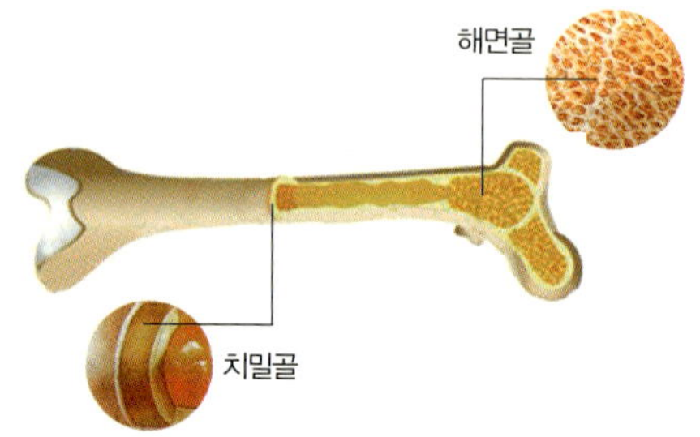

그림 8-3. 뼈의 구조

즉 조골세포는 지속적으로 뼈의 기질을 형성하고, 여기에 무기질을 축적하여 뼈의 결정이 생성되도록 한다. 반면 파골세포는 골격조직을 분해하여 칼슘을 용출시킨다. 골격은 이러한 두 세포에 의해 칼슘이 침착 또는 용출됨으로써 평생동안 골격의 교체와 재형성이 반복되는 동적 평형상태를 유지하고 있다.

(2) 신경전달

하나의 신경세포 흥분이 다른 신경세포에게 전달되려면 두 신경세포의 사이, 즉 시냅스에 신경전달물질이 분비되어야 한다. 이때 칼슘은 시냅스 틈새에 있다가 세포 내로 들어오면서 신경전달물질의 분비를 촉진하는 역할을 한다.

시냅스 synapse

(3) 근육의 수축과 이완

골격근은 근섬유 내에 있는 액틴과 미오신이 결합하여 액토미오신을 형성할 때 수축이 되고 다시 분리되면서 이완이 되는데, 이 두 과정 모두 칼슘이 관여한다.

액틴 actin

미오신 myosin

액토미오신 actomyosin

(4) 혈액응고

칼슘은 그림 8-4와 같이 혈액응고 과정에 필수적이다. 상처가 생겨 출혈이 일어나면 혈소판에서 트롬보플라스틴을 방출하여 혈액응고 효소의 전구체인 프로트롬빈을 트롬빈으로 활성화시킨다. 트롬빈은 피브리노겐을 피브린으로 전환시켜 혈액이 응고되도록 한다. 칼슘은 혈소판에서 트롬보플라스틴을 방출하는 과정, 프로트롬빈에서 트롬빈으로 활성화되는 과정 등에 관여한다.

트롬보플라스틴 thromboplastin

프로트롬빈 prothrombin

트롬빈 thrombin

피브리노겐 fibrinogen

피브린 fibrin

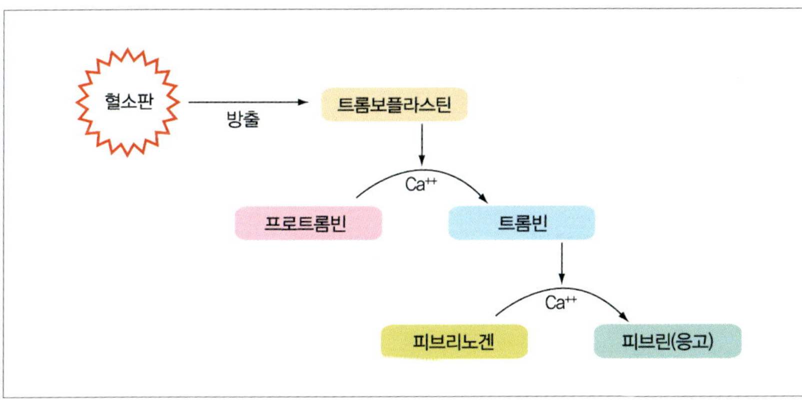

그림 8-4. 혈액의 응고기전

3) 결핍증과 과잉증

(1) 결핍증

① 골다공증

골다공증은 뼈에서 칼슘이 용출되어 골밀도가 감소되고 뼈가 약해져 쉽게 금이 가거나 골절이 되는 질환이다. 폐경기 이후의 여성이나 노인에게서 주로 발생하며 척추, 허리뼈, 손목, 고관절이 골절되기 쉽다. 골다공증의 원인으로는 노화와 같은 생물학적 요인 외에도 흡연, 음주, 카페인 과다, 운동 부족, 불충분한 칼슘 섭취 등 생활습관적인 요인도 있다.

사람의 골질량은 30세를 전후로 하여 최대치에 도달하고, 나이가 들면서 점차 골밀도가 떨어진다. 특히 여성의 경우 폐경 이후 매 10년마다 10%씩 감소하므로 골다공증의 발생 빈도가 높다.

골다공증을 예방하기 위해서는 가급적 골 손실이 나타나기 전에 칼슘 섭취를 충분히 하고, 운동을 꾸준하게 하는 것이 좋다. 또한 인의 함량이 높은 탄산음료의 과다 섭취를 피하고, 지나친 고단백 식사도 줄이는 것이 바람직하다.

정상인　　골다공증 환자

그림 8-5. 뼈 사진

② 구루병 · 골연화증

성장기에 칼슘 섭취가 충분하지 못하면 구루병이 나타난다. 구루병은 뼈의 석회화가 충분하지 못하여 쉽게 부러지며, 다리가 휘거나 관절이 확대되는 기형적인 모습이 되는 것을 말한다.

골연화증은 성인형 구루병으로서 뼈의 크기는 그대로이나 뼈 속의 칼슘이 빠져나가 뼈의 밀도가 감소하는 현상이다. 골연화증은 출산 경험이 많거나 칼슘이 매우 부족한 식사를 하는 여성에게서 많이 나타나는데, 구루병과 골연화증은 모두 비타민D 결핍 시에 더 잘 나타난다.

③ 저칼슘혈증

혈중의 칼슘 농도가 저하되는 저칼슘혈증이 나타나면 근육경련, 근육통증이 일어나고 근육의 긴장이 쉽게 풀어지지 않는 테타니 현상이 일어날 수 있다.

테타니 tetany

(2) 과잉증

우리나라 사람들의 칼슘 섭취는 아직도 부족한 경우가 더 많아 과잉증을 염려할 수준은 아니지만, 칼슘을 장기간 과잉 섭취하게 되면 고칼슘혈증, 신결석 등이 나타날 수 있다. 또한 칼슘의 과다 섭취로 인해 철분 등과 같은 미량무기질의 흡수가 저하될 수 있다.

4) 영양섭취기준 및 급원식품

(1) 영양섭취기준

칼슘은 우리나라 사람들에게 가장 결핍되기 쉬운 영양소이다. 2014년 국민건강영양조사 결과에 따르면, 칼슘은 모든 연령층에서 영양섭취기준 미만 비율이 60% 미만이었다.

우리나라 19세 이상 49세 성인 남자의 하루 권장섭취량은 800mg이고, 50세 이상부터는 750mg이 권장되고 있다. 여자의 하루 권장섭취량은 19~49세까지는 700mg, 50세 이상은 800mg이다. 성장이 활발한 12~14세 남자의 경우 1,000mg, 여자는 900mg의 칼슘 섭취가 권장된다.

(2) 급원식품

칼슘의 주요 급원식품은 우유 및 유제품, 뼈째 먹는 생선류, 두부, 해조류 등이다(그림 8-6). 칼슘을 섭취할 때는 함량뿐만 아니라 흡수율도 고려해야 하는데, 이 중 우유는 칼슘 함량이 높을 뿐만 아니라 흡수율도 높아 칼슘의 좋은 급원이 된다. 우리나라 사람들의 경우 채소류로부터 칼슘을 가장 많이 섭취하고 있으며 우유, 어패류, 곡류가 그 다음으로 중요한 식품군이었다(2014년 국민건강영양조사).

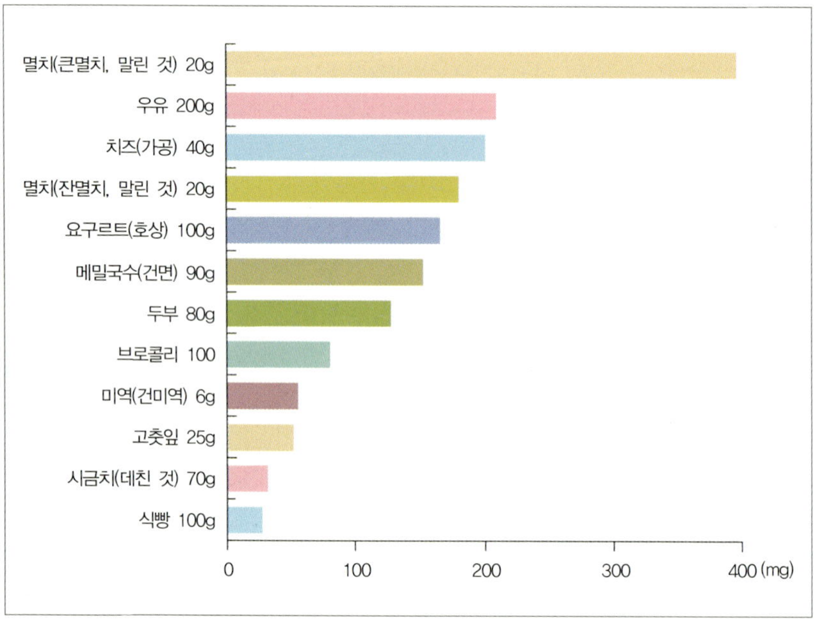

그림 8-6. 주요 식품 1회 분량당 칼슘의 함량

3 인

인
P : phosphorus

인은 인체 내에서 칼슘 다음으로 많이 들어 있는 무기질로써 칼슘과 함께 치아와 골격을 구성하고 체내 조절기능을 한다. 인은 체중의 0.8~1.1kg이며, 이 중 85%는 골격과 치아에, 나머지 15%는 세포외액이나 연조직 등에 존재한다.

1) 흡수 및 대사

인의 흡수율은 칼슘에 비해 높아 보통 식사로 섭취하는 인의 55~70%가 흡수되며, 체내 요구량이 증가하거나 섭취량이 부족할 때는 90%까지 흡수된다. 식사 내 칼슘과 인의 비율은 1:1일 때가 가장 이상적이며, 둘 중 하나의 비율이 높으면 흡수가 저해된다. 또한 다른 무기질의 존재도 인의 흡수율을 낮추는 요인이 되기도 한다.

소장에서 흡수된 인은 뼈와 치아에 축적되고 기타 조직에서 이용된다. 80% 이상의 인은 신장을 통해 배설되는데, 비타민D는 인의 재흡수를 증가시키고, 부갑상선 호르몬은 인의 배설을 촉진시킨다. 장내에서 흡수되지 않은 인은 대변으로 배설된다.

2) 체내 기능

(1) 골격과 치아 구성

체내에 있는 인의 85% 정도가 칼슘과 결합된 인산칼슘의 형태로 골격과 치아를 구성하고 있다.

(2) 신체의 필수물질 구성

인은 유전과 단백질 합성에 필요한 핵산(DNA, RNA)의 구성성분이며, 세포막을 구성하는 인지질의 구성성분이다. 또한 혈장과 신경계의 성분이며 영양소의 세포 내 · 외의 이동을 조절하는 역할을 한다.

(3) 에너지 대사에 관여

인은 인체 내 유용한 형태의 에너지인 ATP를 구성하는 성분이다. 에너지가 필요할 때는 ATP에서 인산이 떨어져나와 ADP가 되면서 에너지를 방출하게 된다. 또한 포도당이 해당과정에 들어가기 전 인산화과정에 관여한다.

(4) 조효소의 구성요소

인은 탈탄산반응에 관여하는 티아민의 조효소인 TPP와 산화환원 반응에 관여하는 나이아신의 조효소인 NADP, NADPH의 구성요소이다. 그 밖에도 여러 조효소의 활성화에 필수적이다.

(5) 산 · 염기평형에 관여

인은 인산과 인산염의 형태로 체액의 산 · 염기평형을 유지하는데 기여한다. 다량의 산이나 알칼리가 체내에 유입되면 결합하여 완충작용을 한다.

3) 결핍증과 과잉증

(1) 결핍증

인은 거의 모든 식품에 골고루 분포되어 있어 정상적인 식사를 하는 성인의 경우 결핍되는 일이 드물다. 그러나 제산제를 남용하거나 인이 결핍된 식사를 장기간 하는 경우 결핍증이 나타날 수 있다. 인이 결핍되면 저인산혈증이 나타날 수 있고, 뼈와 근육에 이상을 초래할 수 있으며 어린이의 경우 성장이 지연될 수 있다.

(2) 과잉증

신장의 기능이 정상인 경우 체내에 인이 과량 존재하더라도 신장에서 조절하므로 문제가 되지 않으나, 만성 신부전과 같이 신장기능에 이상이 있을 때는 과잉증이 나타날 수 있다. 인이 과잉되면 고인산혈증이 나타나는데, 심하면 근강직성 테타니를 일으킬 수 있다. 또한 부갑상선 호르몬의 분비를 항진시켜 인의 배설을 촉진시키는 한편 뼈에서 칼슘의 용출을 초래하므로 뼈의 형성을 약하게 한다.

4) 영양섭취기준 및 급원식품

(1) 영양섭취기준

인의 하루 평균필요량은 성인 남녀 모두 580mg, 권장섭취량은 700mg이고, 상한섭취량은 3,500mg으로 설정되어 있다. 우리나라 사람들의 경우 영양섭취기준에 대한 인의 섭취 비율이 남자 172%, 여자 140%로 높게 나타났다(2014년 국민건강영양조사).

(2) 급원식품

인은 우리가 먹는 일상식품 속에 널리 분포되어 있다. 식품 중에서는 보통 인산염의 형태로 들어 있으며 육류, 생선류, 우유, 달걀 등에 많다. 우리가 주식으로 먹는 곡류에도 인의 함량이 높으나 흡수율은 낮은 편이다. 또한 가공식품이나 탄산음료 등에는 식품첨가물의 형태로 다량 함유되어 있는데, 다량의 인은 칼슘의 흡수를 저해할 수 있으므로 성장기의 아동, 청소년들은 가급적 섭취를 줄이는 것이 바람직하다.

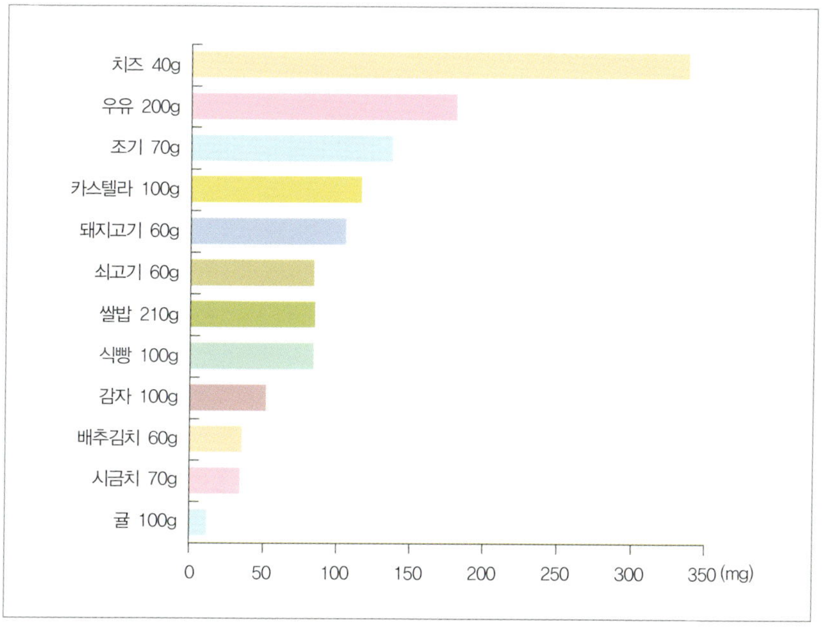

그림 8-7. 주요 식품 1회 분량당 인의 함량

4 마그네슘

마그네슘은 인체에 체중의 0.05% 정도 함유되어 있고, 그 중 60%는 칼슘, 인 등과 함께 골격과 치아를 구성하고 있다. 나머지는 혈액, 간, 근육 등에 분포되어 있다. 엽록소의 구성성분이기도 한 마그네슘은 식물성 식품에 다량으로 함유되어 있다.

마그네슘
Mg : magnesium

1) 흡수 및 대사

마그네슘의 흡수는 주로 회장에서 이루어지고, 흡수율은 정상 성인의 경우 30~40% 정도이다. 흡수율은 식이 중 섭취량, 칼슘이나 인 등 다른 무기질의 존재 여부, 섬유소, 피틴산 등에 의해 영향을 받으며, 흡수는 단순확산이나 능동수송에 의해 이루어진다. 마그네슘의 항상성은 신장으로 배설되는 양에 따라 조절된다.

2) 체내 기능

(1) 골격과 치아 구성

마그네슘은 칼슘, 인과 함께 골격과 치아를 구성하는 역할을 한다.

(2) 에너지 대사에 관여

마그네슘은 탄수화물, 단백질, 지방 대사의 효소반응에서 촉매로 작용한다. 또한 핵산 대사과정 중에 필요한 효소를 활성화시키기도 하고, 산화적 인산화반응에서 ADP가 ATP로 전환되는데 필요한 효소를 촉매하는 역할을 한다.

(3) 근육의 수축 · 이완 및 신경전달에 관여

마그네슘은 칼슘, 나트륨, 칼륨과 더불어 근육의 수축 · 이완을 조절한다. 신경의 흥분을 전달하는데 관여한다. 이때 마그네슘은 칼슘과는 반대로 근육을 이완시키고 신경을 안정시키는 역할을 하므로 마취제나 항경련제의 성분으로 이용되기도 한다.

3) 결핍증과 과잉증

(1) 결핍증

마그네슘은 자연계에 널리 분포되어 있어 정상적인 식사를 하는 사람들은 결핍증이 거의 나타나지 않는다. 그러나 알코올중독, 장기간 이뇨제 사용, 심한 구토와 설사로 인한 체액의 손실과 흡수부진 시에는 결핍증이 올 수 있다. 마그네슘이 결핍되면 근육의 수축 · 이완 및 신경자극 전달기능이 잘 조절되지 못하여 경련 증세가 나타난다. 또한 마그네슘의 결핍이 심할 때에는 무기력, 근육 약화, 구토, 무감동, 심부전 등의 증상도 발생할 수 있다.

(2) 과잉증

마그네슘 과잉증은 정상적인 사람에게는 나타나지 않으나, 제산제나 영양보충제를 과잉 복용하는 경우 신장기능에 문제가 있는 사람에게는 독성이 나타날 수 있다.

4) 영양섭취기준 및 급원식품

우리나라 20~29세 성인 남녀의 마그네슘 권장섭취량은 각각 350mg, 280mg이고, 상한섭취량은 350mg으로 제안되었다. 상한섭취량은 식품이 아닌 영양보충제나 약물 등으로 섭취한 마그네슘에 한하여 설정되었다. 마그네슘은 엽록소의 구성성분이므로 녹색채소에 다량으로 함유되어 있다. 또한 두류, 견과류, 전곡류, 육류, 생선, 가금류 등에도 들어 있다.

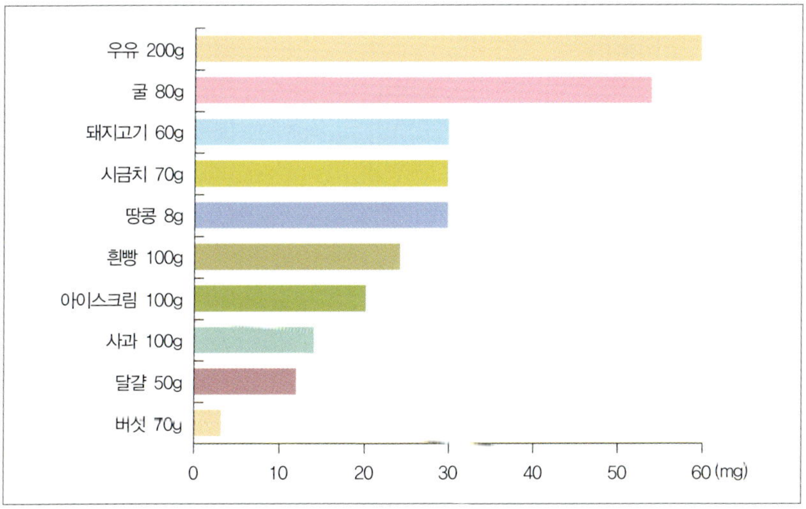

그림 8-8. 주요 식품 1회 분량당 마그네슘의 함량

5 나트륨

나트륨
Na : Sodium

나트륨은 세포외액의 주된 양이온으로 체중의 0.15%를 차지하고 있다. 체내의 나트륨의 50%는 세포외액에, 40%는 골격 및 치아에, 나머지 10%는 세포내액에 존재한다.

1) 흡수 및 대사

섭취한 나트륨의 대부분은 소장에서 능동수송을 통해 흡수되고, 신장을 통해 주로 배설된다. 신장에서는 체내 필요량에 따라 재흡수되는데, 부신피질에서 분비되는 알도스테론에 의해 나트륨의 배설량이 조절된다(그림 8-9).

알도스테론
aldosterone

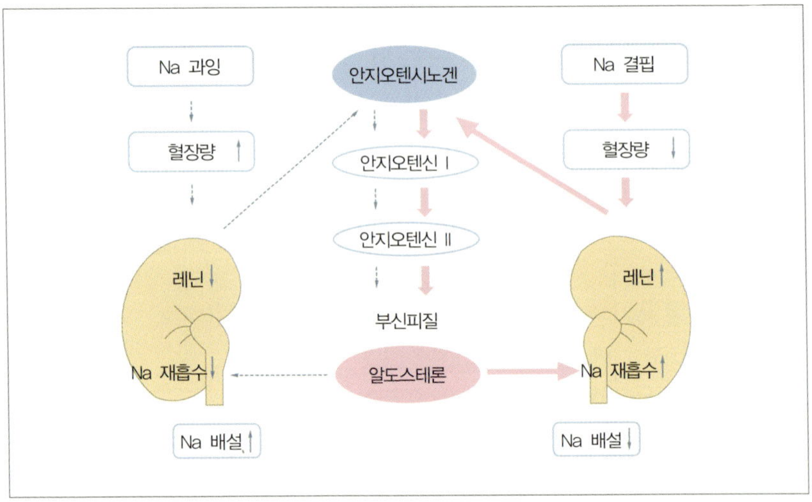

그림 8-9. 체내 나트륨의 조절

2) 체내 기능

(1) 수분평형 유지

세포 내 · 외의 수분평형은 나트륨과 칼륨의 농도에 따른 삼투압에 의해 조절된다. 정상적인 상태에서 세포외액의 Na과 K의 비율은 28 : 1로, 세포내액에서는 1 : 10으로 유지되고 있다. 즉 나트륨은 체내 수분과 삼투압을 조절하는데 주요한 역할을 한다.

(2) 산 · 염기평형 조절

나트륨은 양이온으로서 칼슘, 마그네슘, 칼륨, 염소 등과 함께 체내의 산 · 염기평형을 유지하는데 기여한다.

(3) 세포막의 전위차 유지

안정상태인 세포에서는 세포막을 경계로 외부는 (+)전하를, 내부는 (−)전하를 나타낸다. 세포내액에는 주로 칼륨이온이, 세포외액에는 나트륨이온이 존재하기 때문인데, 이러한 막전위차로 인해 신경의 흥분 및 전도, 근육수축 등이 조절된다.

3) 결핍증과 과잉증

(1) 결핍증

나트륨은 식품 중에 널리 분포되어 있고, 조리 시에 대부분 소금을 사용하고 있기 때문에 결핍증이 일어나는 일이 거의 없다. 그러나 장기간 심한 구토, 설사, 발한 등이 지속되거나 부신피질 기능부전으로 인해 체내 나트륨 함량이 낮아지면 결핍 증세가 나타날 수 있다. 결핍증상은 식욕부진, 두통, 메스꺼움, 설사, 근육경련 등이다.

(2) 과잉증

나트륨의 과잉 섭취는 고혈압과 부종의 원인이 될 수 있다. 체내에 나트륨이 축적되면 수분이 체내에 보유되어 혈액량이 증가하게 되고 결과적으로 혈압이 상승된다. 또한 세포외액의 증가로 인해 부종이 나타난다.

4) 영양섭취기준 및 급원식품

나트륨의 영양섭취기준은 충분섭취량만 설정되어 있고, 평균필요량, 권장섭취량, 상한섭취량은 정해져 있지 않다. 2014년 국민건강영양조사 결과에 의하면, 대상자의 79.4%가 목표섭취량(2,000mg)을 초과하여 나트륨을 섭취하였고, 초과 섭취 비율이 가장 높은 연령대는 30~49세였고, 총 식품 섭취량이 높은 군에서 나트륨 섭취량도 높았다.

식품 중에 널리 분포되어 있는 나트륨은 소금의 형태로 가장 많이 섭취한다. 또한 식물성보다는 동물성 식품, 인스턴트식품, 가공식품 등에 많이 들어 있다. 우리나라 사람들의 경우 소금 외에도 김치, 간장, 된장 등과 조미료류로부터 나트륨을 섭취하는 양이 절대적으로 높았고, 주요 급원식품 10위 내에 라면, 배추김치, 빵, 국수 등이 포함되어 있다.

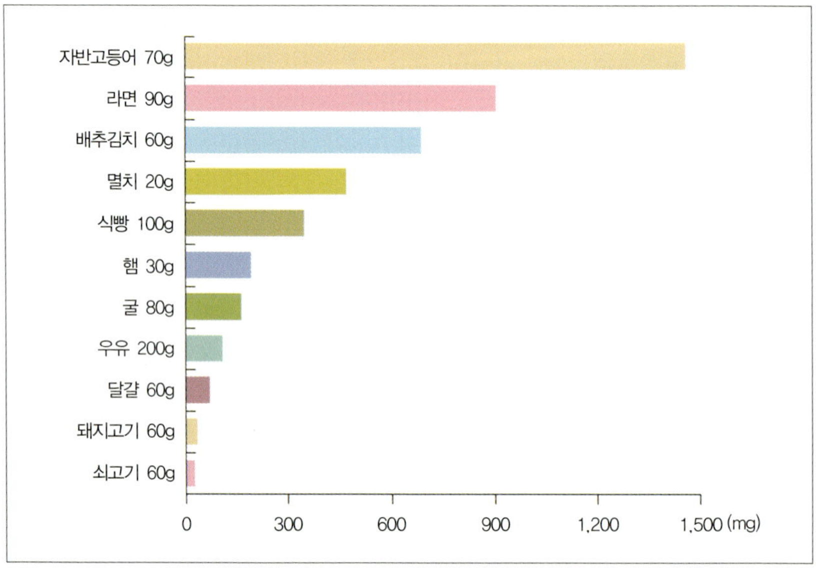

그림 8-10. 주요 식품 1회 분량당 나트륨의 함유

6 칼륨

칼륨
K : potassium

칼륨은 세포내액의 주된 양이온으로 체중의 0.35%를 차지하고 있다. 체내에 있는 칼륨의 95%는 세포내액에 존재하며 주로 체지방조직인 근육세포에 있다.

1) 흡수 및 대사

섭취한 칼륨 대부분은 소장에서 단순확산에 의해 쉽게 흡수되며 주로 소변을 통해 배설된다. 신장에서 칼륨의 균형을 조절하며 알도스테론에 의해 칼륨의 배설이 촉진된다.

2) 체내 기능

(1) 수분평형 유지

칼륨은 나트륨과 함께 체액의 삼투압과 세포 내·외의 수분평형을 유지하는데 기여한다.

(2) 산 · 염기평형 조절

칼륨은 나트륨, 칼슘, 마그네슘 등과 함께 체내의 산 · 염기평형을 유지하는데 관여한다.

(3) 근육의 수축과 이완에 관여

칼륨은 나트륨, 칼슘과 더불어 신경의 흥분 및 전도, 근육의 수축과 이완을 조절한다. 특히 칼륨은 심장근육의 활동에 영향을 미친다.

(4) 당질 및 단백질 대사에 관여

포도당이 글리코겐으로 전환될 때 칼륨이 필요하며 단백질 합성에도 관여한다.

3) 결핍증과 과잉증

(1) 결핍증

칼륨은 일상적인 식사로부터 충분히 섭취 가능한 무기질이므로 결핍되는 일이 드물다. 그러나 오랜 기간 영양불량이거나 알코올중독, 빈번한 설사 및 구토, 이뇨제의 장기복용 등에 따라 결핍증이 나타날 수 있다. 결핍 시에는 구토, 근육경련, 불규칙한 맥박, 저혈압, 불안 증세 등의 저칼륨혈증이 초래될 수 있다.

(2) 과잉증

정상인에게는 칼륨의 과잉증은 나타나지 않으나 신장 질환이 있거나 부신피질 호르몬의 분비가 부족했을 때는 고칼륨혈증이 나타날 수 있다. 혈중 칼륨의 농도가 높으면 근무력증, 호흡곤란 등이 나타나고 심장박동이 서서히 느려져 결국 심장기능이 마비될 수 있다.

4) 영양섭취기준 및 급원식품

칼륨의 평균필요량, 권장섭취량, 상한섭취량은 설정되어 있지 않으나, 충분섭취량은 성인 남녀 3,500mg으로 되어 있다. 칼륨은 대부분의 동·식물성 식품에 함유되어 있으며 곡류, 콩류, 녹색채소류, 바나나 등에 많이 들어 있다.

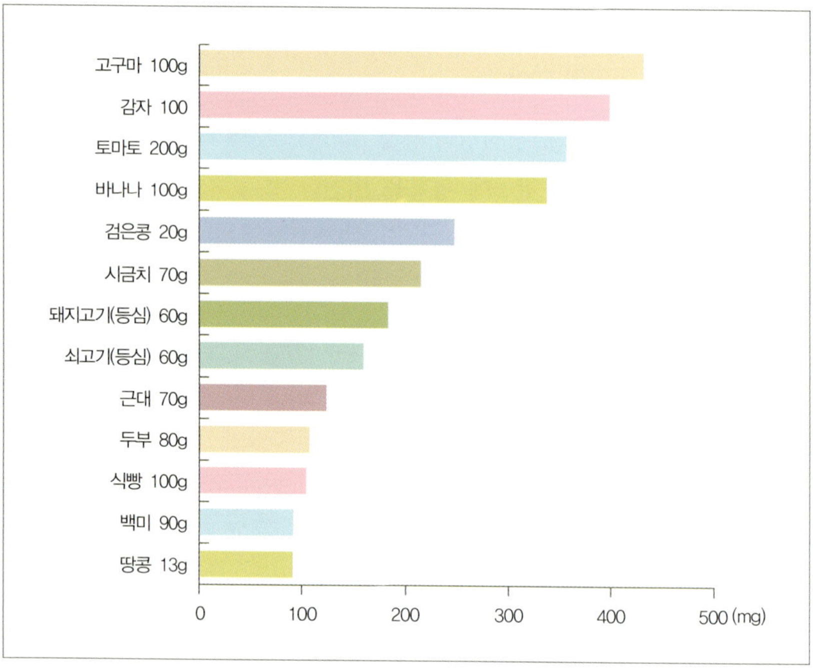

그림 8-11. 주요 식품 1회 분량당 칼륨의 함량

7 염소

염소
Cl : chloride

염소는 세포외액의 주된 음이온으로 체중의 약 0.15%를 차지한다. 체내 염소의 상당량은 위액 중 염산(HCl)의 구성성분으로 존재한다.

1) 흡수 및 대사

섭취한 염소는 소장에서 거의 흡수되고 신장을 통해 배설되며 일부는 땀으로 배설된다. 염소는 나트륨과 마찬가지로 알도스테론에 의해 조절된다.

2) 체내 기능

(1) 수분평형 유지

염소는 나트륨과 함께 체액의 삼투압과 세포 내 · 외의 수분평형 유지에 기여한다.

(2) 산 · 염기평형 조절

염소는 나트륨, 칼륨 등과 함께 체내의 산 · 염기평형을 유지하는데 관여한다.

(3) 위산의 성분

염소는 위벽세포에서 분비되는 염산(HCl)의 성분으로 펩시노겐을 펩신으로 활성화시키는데 기여한다.

3) 결핍증과 과잉증

염소는 소금(NaCl)의 형태로 쉽게 섭취 가능하므로 결핍증이 드물다. 그러나 장기간 구토, 설사 증세가 지속되거나 하제의 남용, 위장 질환, 극도의 소금 제한 등의 경우 결핍증이 나타날 수 있다. 염소이온의 과잉 섭취는 나트륨의 작용을 강화시키므로 혈압상승의 원인이 될 수 있다.

4) 영양섭취기준 및 급원식품

염소의 영양섭취기준은 나트륨, 칼륨과 마찬가지로 충분섭취량만 설정되어 있고, 평균필요량, 권장섭취량, 상한섭취량은 정해져 있지 않다. 염소의 충분섭취량은 성인 남녀 기준으로 하루 2,300mg이다. 염소는 나트륨과 함께 들어 있으므로 나트륨이 풍부한 식품이 염소 함량도 높다.

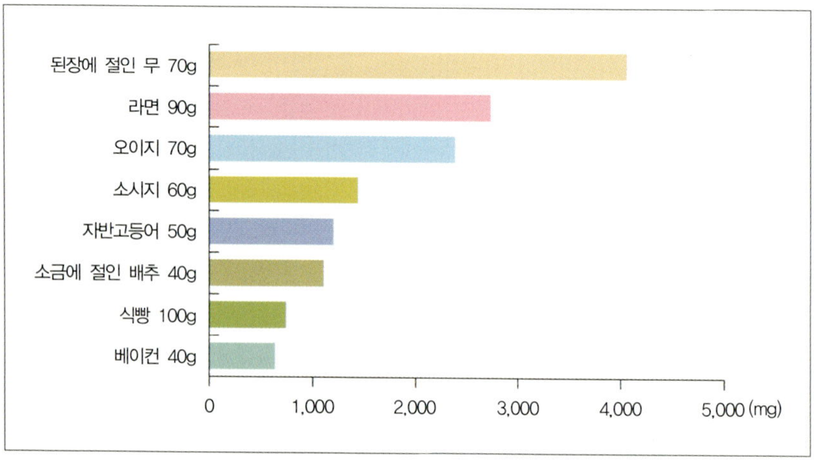

그림 8-12. 주요 식품 1회 분량당 염소의 함량

8 황

황
S : sulfur

체중의 약 0.25%를 차지하고 있는 황은 다른 무기질들과는 달리 이온의 형태로 있지 않고 대부분 비타민이나 단백질의 구성성분으로 존재한다.

1) 흡수 및 대사

식품 중에 함유된 황은 대부분 함황아미노산과 같은 유기물 형태로 소장에서 흡수된다. 체내에서 함황아미노산은 황산을 생성하는데, 이는 곧 중화되어 무기염의 형태로 배설된다.

2) 체내 기능

(1) 체조직 구성 및 효소, 호르몬 등 주요 물질의 성분

황은 메티오닌, 시스테인, 시스틴 등과 같은 함황아미노산을 구성하고 있다. 또한 머리카락 등을 구성하는 케라틴 단백질이나 결합조직인 콜라겐의 성분이며, 연골 등에 있는 점성다당류(콘드로이틴 황화염 등)의 구성성분이기도 하다. 황은 호르몬인 인슐린, 조효소로 작용하는 티아민, 비오틴, 코엔자임 A의 구성성분이며, 생체 내 산화 · 환원반응에 관여하는 글루타티온을 구성하고 있다.

(2) 산 · 염기평형에 관여

황의 이온화된 형태인 황산염(SO_4^{2-})은 체내에서 산 · 염기평형을 조절하는 역할을 한다.

(3) 페놀류, 크레졸류 등 인체 유해물질의 해독

황은 인체 유해물질인 페놀류, 크레졸류와 결합하여 소변으로 배설시키는 작용을 한다.

3) 결핍증과 과잉증

황의 결핍증은 함황아미노산의 결핍으로 이어져 단백질 합성에 영향을 주게 된다. 황의 과잉증에 대해서는 알려진 바가 거의 없다.

4) 영양섭취기준 및 급원식품

황의 영양섭취기준은 아직 설정되어 있지 않다. 황의 급원식품은 함황아미노산이 포함된 단백질 식품으로 육류, 우유 및 유제품, 콩류 등이 대표적이다.

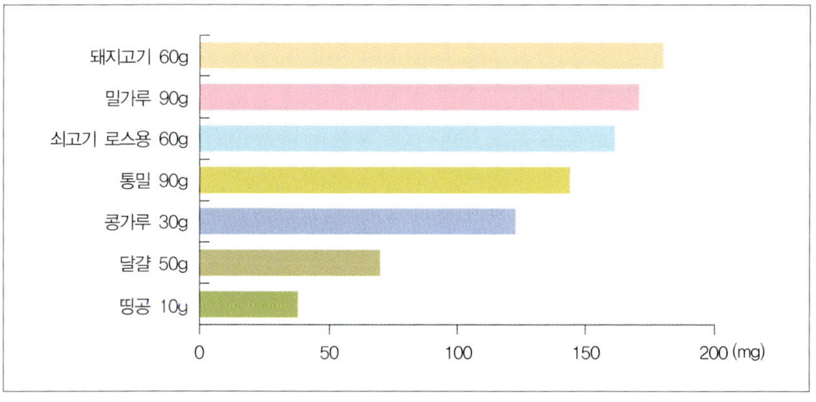

그림 8-13. 주요 식품 1회 분량당 황의 함량

다량무기질 요약

영양소	체내 작용	급원식품	결핍증	과잉증
칼슘	골격과 치아 구성 신경전달 근육의 수축과 이완 혈액응고	우유 및 유제품, 뼈째 먹는 생선, 녹색채소, 칼슘 강화식품	골다공증, 골연화증	신결석, 고칼슘혈증
인	골격구성, 세포의 구성성분, 산 · 염기평형	유제품, 어 · 육류, 제빵류, 탄산음료, 곡류	저인산혈증	고인산혈증
마그네슘	골격과 치아 구성 에너지 대사, 신경전달 근육의 수축과 이완	전곡, 녹황색채소, 견과류, 초콜릿, 콩류	허약, 근육통, 심장기능 악화	
나트륨	수분평형 산 · 염기평형 세포막의 전위차 유지	식탁염, 가공식품, 양념류, 스낵 과자류, 베이킹 파우더, 육류	근육경련, 식욕감퇴	고혈압, 요중 칼슘손실 증가
칼륨	수분평형 산 · 염기평형 근육의 수축과 이완 당질 및 단백질 대사	시금치, 호박, 바나나, 오렌지주스, 채소, 시금치, 토마토, 호박, 과일류, 우유, 육류, 콩류, 전곡, 감자	부정맥, 식욕상실, 근육경련	심장마비, 부정맥
염소	수분평형 산 · 염기평형 위산의 성분	식탁염, 가공식품		
황	체조직 구성 효소, 호르몬의 성분 산 · 염기평형 유해물질 해독	단백질 식품		

Quiz

1. 다량무기질과 미량무기질을 구분하는 기준은 무엇인가요?

2. 칼슘의 흡수에 영향을 주는 인자들은 어떤 것들이 있나요?

3. 혈중 칼슘의 항상성은 어떻게 이루어지는지 설명하시오.

4. 체내 기능면에서 나트륨과 칼륨의 공통점, 차이점을 설명하시오.

NUTRITION

Nutrition

9 미량무기질

1 철

철
Fe : iron

철은 미량무기질로서 모든 생명체에서 발견되며 인체 내에서는 약 3~4g 함유되어 있다. 그 중 약 2/3는 혈색소를 구성하여 체내에서 산소와 이산화탄소를 운반하는 중요한 역할을 담당한다. 철은 영양소 중에서도 결핍되기 쉬운 영양소로 성장기 아동이나 가임기 여성들의 경우 철 결핍 증상이 흔하다.

1) 흡수 및 대사

철은 십이지장과 공장에서 주로 흡수가 되는데, 흡수율은 10% 정도로 낮은 편이다. 철의 흡수율은 철의 형태, 체내 요구량, 함께 섭취하는 식품 등 여러 가지 요인에 의해 달라진다(표 9-1).

(1) 철의 흡수를 증진시키는 인자

① 신체의 요구도 및 체내 저장량 감소

체내에서 철 요구량이 클수록, 체내 저장량이 적을수록 흡수율이 증가한다. 즉 성장기, 임신 · 수유기, 철 결핍증인 경우 소장에서 철 흡수가 효과적으로 일어난다.

② 소화관 내의 산도

철은 산성조건에서 흡수율이 증가된다. 즉 위액의 산성 환경에서는 제2철(Fe^{3+})이 흡수되기 쉬운 형태인 제1철(Fe^{2+})로 전환된다. 그러므로 위산분비에 이상이 있을 때는 흡수율 저하로 인해 철 결핍이 생길 수 있다.

③ 헴철

헤모글로빈
Hb : hemoglobin

미오글로빈
Mb : myoglobin

식품 중의 철은 헴철과 비헴철의 형태로 존재한다. 헴철은 동물성 식품에 함유되어 있는 철로서 헤모글로빈, 미오글로빈 등의 성분이다. 비헴철은 동물성 식품에도 들어 있지만, 식물성 식품에 많이 들어 있다. 헴철의 흡수율은 약 20%로 비헴철의 흡수율(2~10%)보다 높다.

④ **비타민C**

비타민C는 식품 중의 제2철(Fe^{3+})을 흡수되기 쉬운 형태인 제1철(Fe^{2+})로 환원시켜 흡수율을 증가시킨다. 비타민C 외에도 구연산이나 젖산과 같은 유기산도 철의 흡수율을 높이는 효과가 있다.

(2) 철의 흡수를 저해하는 인자

① **저장된 철이 많을 때**

체내에 저장된 철이 많으면 소장 점막에서 철분의 흡수가 저하된다.

② **과량의 식이섬유, 수산, 피틴산, 탄닌**

식이섬유, 수산, 피틴산 등은 철과 불용성염을 형성하여 철의 흡수를 방해한다.

③ **위산분비 저하**

무산성 위염, 노화로 인한 위산분비 저하, 제산제의 사용 등으로 인해 위 내의 산도가 높아지면 제2철(Fe^{3+})이 제1철(Fe^{2+})로 전환되지 못하여 철 흡수율이 감소한다.

④ **다른 무기질의 존재**

소장 내에 다른 무기질의 양이 많으면 철분과 경쟁적으로 작용하여 철분의 흡수율이 떨어진다.

표 9-1. 철 흡수에 영향을 주는 인자들

흡수를 증진시키는 인자	흡수를 방해하는 인자
신체의 요구량 증가(성장, 임신 등)	저장된 철이 많을 때
체내 저장량 감소	과량의 식이섬유
소화관 내의 산성 환경	수산, 피틴산, 탄닌
헴철(동물성 식품)	위산분비 저하
비타민C	다른 무기질

(3) 철의 대사

트랜스페린
transferrin

페리틴
ferritin

소장에서 흡수된 철은 트랜스페린과 결합한 후 혈액을 따라 이동되어 필요한 조직에서 사용되거나 소장에서 페리틴의 형태로 저장된다. 저장된 철은 체내 요구에 따라 사용되기도 하고, 그대로 소장에 머물러 있다가 소장세포의 수명이 다할 때 함께 대변으로 배설된다.

트랜스페린과 결합한 철은 주로 골수로 운반되어 적혈구 생성에 필요한 헤모글로빈을 합성하는데 쓰인다. 적혈구는 산소 요구량이 큰 환경에서 생성이 촉진되며 수명은 약 120일이다. 수명이 다한 적혈구는 간이나 비장에서 파괴되고, 철분은 분리되어 대부분 재활용된다(그림 9-1).

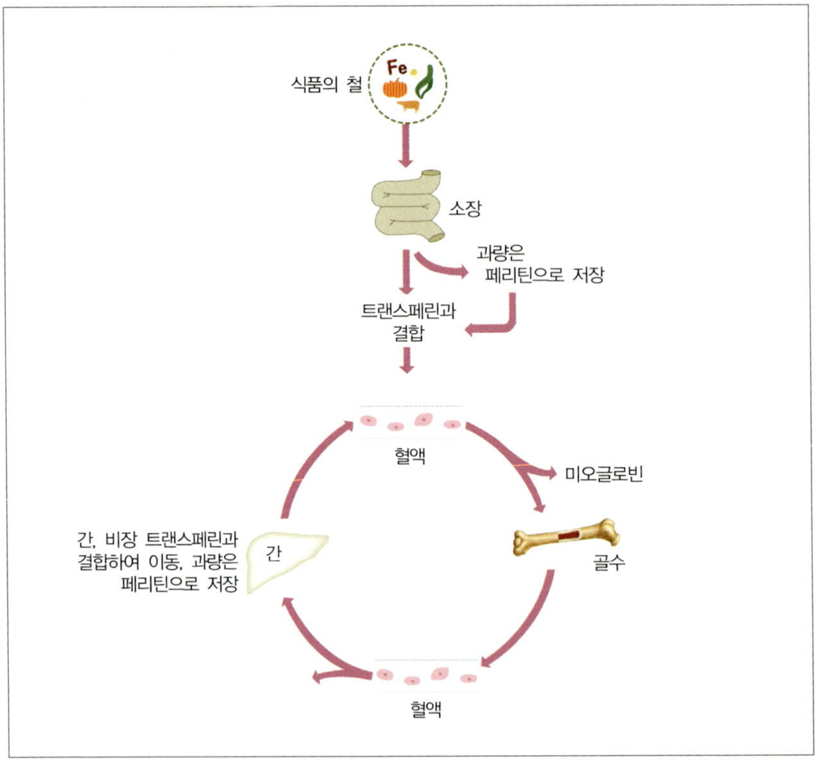

그림 9-1. 철의 대사

2) 체내 기능

(1) 산소의 운반과 저장에 관여

철의 가장 중요한 기능 중 하나는 산소의 운반과 저장에 관여하는 것이다. 혈액 중 적혈구는 폐에서 산소와 결합하여 조직으로 운반하고, 조직에 있는 이산화탄소는 폐로 운반하여 체외로 배설하는 역할을 한다.

적혈구 내의 혈색소인 헤모글로빈은 4개의 헴(heme) 분자와 글로빈 단백질이 결합되어 있는 형태이며, 헴 분자 내에 있는 철이 산소와 결합한다(그림 9-2).

근육 내에 있는 미오글로빈의 구성성분이기도 한 철은 근육 내에서 산소의 운반과 저장기능을 수행한다.

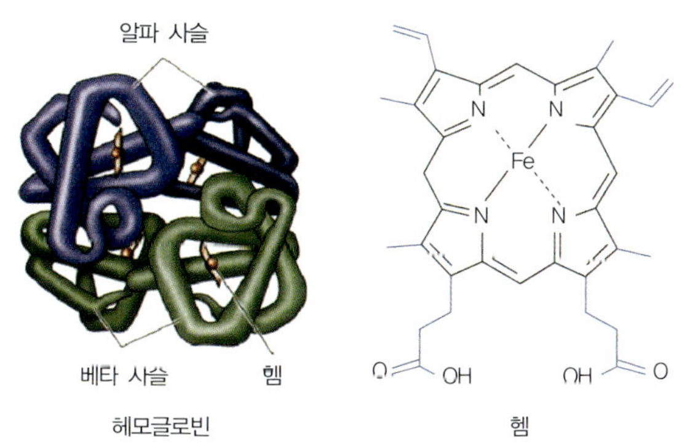

그림 9-2. 헤모글로빈의 구조

(2) 효소의 구성성분

철은 헴을 가지고 있는 시토크롬계 효소의 구성성분으로 에너지 대사 중 전자전달계에 관여한다. 또한 항산화기능을 가진 퍼옥시데이즈, 카탈레이즈를 구성하고 있으며, 에너지 대사에 관여하는 비헴철 함유 효소의 보조인자로도 쓰인다. 이 밖에도 콜라겐 합성과 신경전달물질 합성에도 관여한다.

퍼옥시데이즈 peroxidase

카탈레이즈 catalase

3) 결핍증과 과잉증

(1) 결핍증

철의 결핍은 여러 가지 요인에 의해 나타날 수 있다. 영유아, 성장기 청소년, 생리를 시작하는 사춘기 여학생, 임신·수유부와 같이 요구량이 증가하는 시기일 때 철 결핍이 생길 수 있다. 또한 경제적인 이유로 식사를 통한 철의 섭취가 부족했을 때, 습관성 출혈, 조혈기능 장애나 소화기 질환, 말라리아, 기생충 감염 등에 의해서도 발생할 수 있다. 철의 결핍은 헤모글로빈 생성 부족으로 이어져 적혈구가 산소운반 기능을 충분히 수행할 수 없게 되므로 빈혈 증세가 초래된다.

철 결핍은 주로 3단계로 일어나는데, 먼저 저장된 철의 감소로 인해 혈청 페리틴의 감소가 일어난다. 2단계로는 혈청·철, 트랜스페린 포화도가 감소하며, 3단계에서는 헤모글로빈 농도가 낮아지며 철 결핍성 빈혈의 임상증상이 나타난다(그림 9-3).

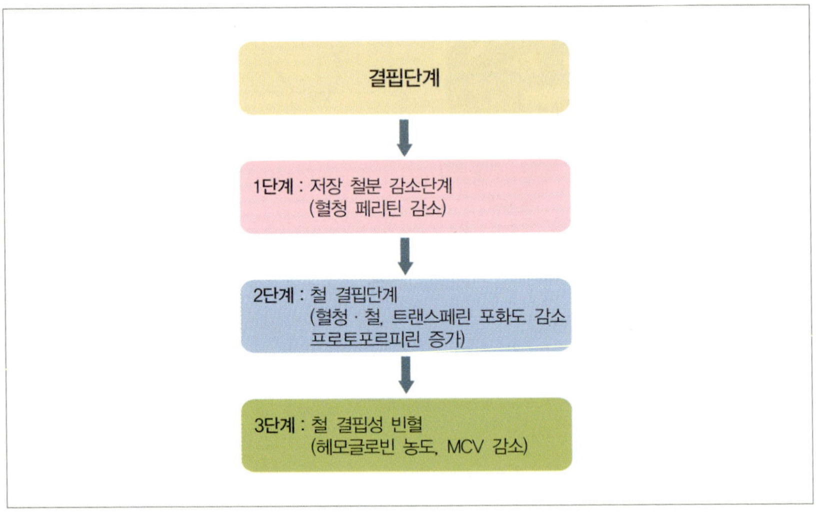

그림 9-3. 철 결핍단계

헤마토크리트
hematocrit

철 결핍성 빈혈의 판정지표는 여러 가지이나, 일반적으로 헤모글로빈 농도(g/dL)와 헤마토크리트(%)를 주로 이용한다. WHO의 기준에 따르면, 헤모글로빈 농도가 성인 여성은 12g/dL, 성인 남성의 경우 13g/dL 이하일 때 빈혈로 판정한다. 철 결핍성 빈혈 환자의 적혈구는 정상인에 비해 헤모글로빈 함량이 낮아 세포 크기가 작아지거나 모양이 변형되어 정상적인 기능을 수행하기 어렵다(그림 9-4).

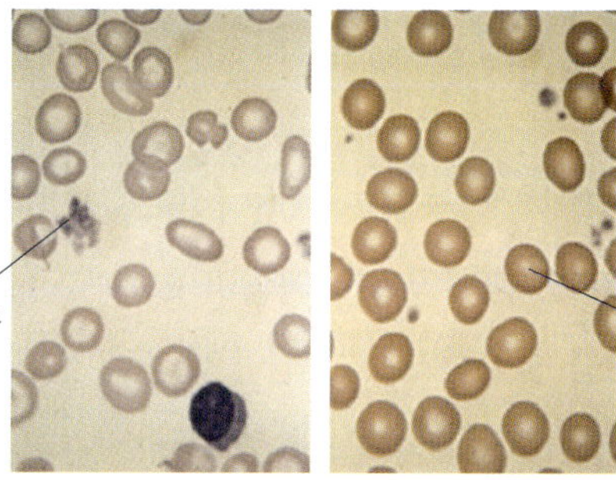

그림 9-4. 철 결핍성 빈혈 환자의 적혈구

표 9-2. 철 결핍성 빈혈의 판정기준(WHO)

나 이	헤모글로빈 농도(g/dL)	헤마토크리트(%)
영유아(6개월~59개월)	11.0	33.0
소아(만 5~11세)	11.5	34.0
청소년(만 12~14세)	12.0	36.0
성인 여성	12.0	36.0
성인 남성	13.0	39.0
임신부	11.0	33.0

철 결핍성 빈혈의 증상으로는 피로감, 어지럼증, 무기력, 창백한 얼굴, 두통, 체온 조절장애, 집중력 저하 등이 나타난다.

(2) 과잉증

철 과잉증상은 유전적 질환인 혈색소증이 있을 때 나타날 수 있다. 혈색소증은 철의 대사이상으로 인해 간, 췌장, 피부 등에 철이 침착되는 질환이다. 일반적으로 건강한 성인은 철의 과잉 섭취로 인한 독성이 쉽게 발생하지 않는다. 그러나 어린이의 경우 과잉의 철에 대한 방어체계가 성인만큼 빠르게 작동하지 못하므로 철의 독성

증세가 나타날 수 있다. 철의 과잉증은 철분제와 같은 영양보충제를 과다 복용했을 때 체내에 철이 축적됨으로써 발생한다. 철의 독성은 구토, 설사, 현기증, 심부전 등의 증상을 야기할 수 있다.

4) 영양섭취기준 및 급원식품

(1) 영양섭취기준

철의 영양섭취기준은 0~5개월 영아를 제외한 모든 연령층을 대상으로 평균필요량, 권장섭취량, 상한섭취량이 설정되었다. 성인 남성의 철 권장량은 10mg, 성인 여성은 14mg이며, 상한섭취량은 모두 45mg이다. 2014 국민건강영양조사에 의하면, 영양섭취기준 대비 철의 섭취율은 남 200%, 여 143%이었다.

(2) 급원식품

철의 공급원으로 가장 좋은 것은 헴철을 가지고 있는 육류, 가금류, 생선류 등 동물성 식품이다. 식물성 식품으로는 두류, 녹색채소 등이 있으며, 우리나라 사람들의 경우 주로 채소류와 곡류에 의해 철을 공급받고 있다.

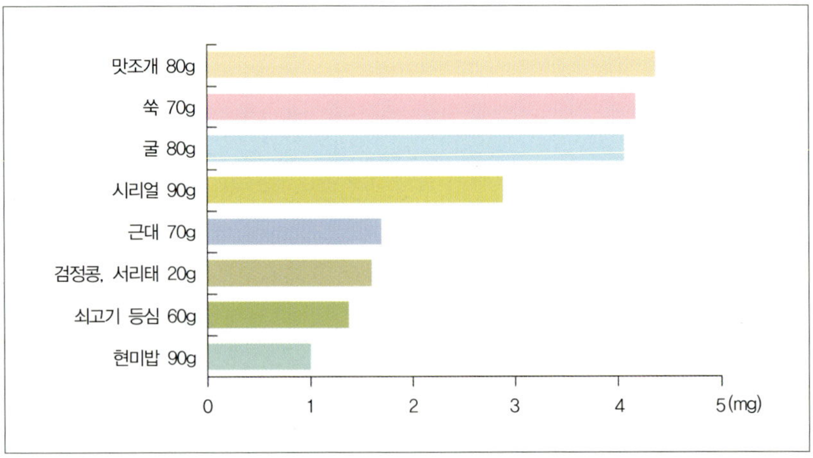

그림 9-5. 주요 식품 1회 분량당 철의 함량

2 아연

아연은 체내에 약 1.5~2.5g 들어 있는 미량무기질로서 이 중 90% 정도가 골격과 근육에 존재하며 거의 모든 세포에서 발견된다. 아연의 중요성은 1960년대 중동지역 청소년들에게서 나타난 아연 결핍증상을 계기로 알려졌다.

아연
Zn : zinc

1) 흡수 및 대사

식품으로부터 섭취한 아연은 대부분 소장에서 흡수된다. 흡수된 아연은 장점막 내 금속단백질인 메탈로티오네인의 합성을 유도하는데, 이 단백질이 아연의 흡수 정도를 조절한다. 장점막을 통과한 아연은 알부민이나 아미노산과 결합한 후 간으로 운반되며 주로 대변을 통해 배설된다.

메탈로티오네인
metallothionein

아연은 칼슘이나 철 등과 같이 여러 가지 인자에 의해 촉진되거나 또는 방해받는다. 아연의 흡수를 돕는 인자로는 신체의 요구량 증가 및 결핍상태, 영유아, 임신·수유기, 동물성 단백질 등이 있다. 반면에 식이섬유, 옥살산, 피틴산, 칼슘이나 철, 구리 등 다른 무기질이 있을 때 아연의 흡수는 저해된다(그림 9-6).

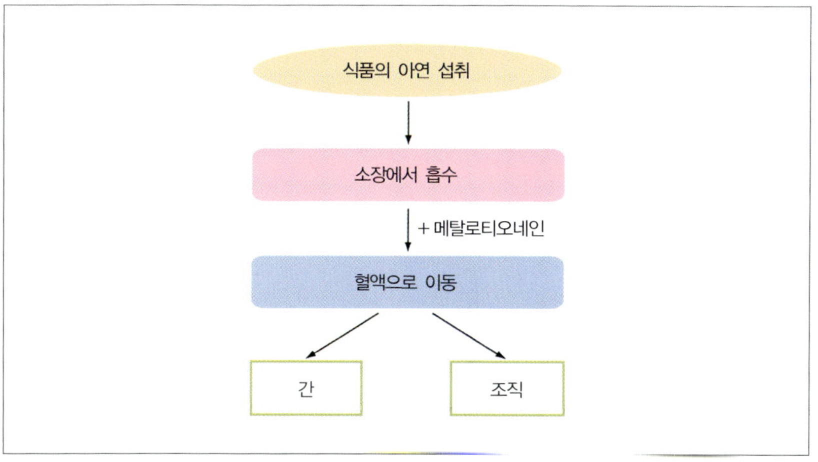

그림 9-6. 아연의 흡수와 대사

2) 체내 기능

(1) 금속효소의 구성성분

아연은 체내 대사과정에 관여하는 수많은 금속효소들의 구성성분이다. 아연은 이들 효소의 보조인자로서 탄수화물 대사, 단백질 대사, 알코올 대사, 항산화 작용 등 여러 가지 반응을 조절한다.

아연은 세포막의 구조를 유지하는데 중요한 역할을 하고 있다. 아연이 결핍되면 세포막이 산화적 손상을 입게 되어 문제가 발생할 수 있다.

(2) 세포막 구조의 안정화에 기여

아연은 세포막 구조와 기능을 안정화시키는 역할을 한다. 아연이 부족하면 세포막에 손상을 입어 물질 수송에 문제가 생길 수 있다.

(3) 핵산 합성에 관여

아연은 DNA와 결합하여 특정 유전자의 전사에 영향을 주며, 단백질의 대사에 관여한다.

(4) 면역기능

아연은 면역을 담당하는 T세포와 B세포의 기능유지에 관여한다. 그러므로 아연이 부족하면 면역계의 기능이 약화된다.

3) 결핍증과 과잉증

(1) 결핍증

인체의 아연 결핍증은 1960년대 중동지역에서 처음 보고된 것을 계기로 사람들에게 알려지기 시작했다. 심한 아연 결핍증의 결과로 중동지역의 청소년들은 성장부진, 생식기 발달지연 등의 증상이 나타났는데, 이는 섬유소와 피틴산 함량이 높은 통곡물을 이용하여 만든 무발효빵을 섭취하는 이 지역의 전통적인 식생활에 기인한 것이었다. 이 밖에도 전반적인 영양불량일 때나 동물성 식품의 섭취가 매우 부족할 때, 간경변, 당뇨병 등의 질환, 알코올중독, 임신부 등에서도 아연 결핍이 나타날 수 있다. 아연의 결핍은 면역기능의 약화, 영양소 흡수불량으로 인한 설사, 상처회복 지연, 식욕감퇴, 미각의 둔화, 탈모 등의 증상을 일으키기도 한다.

(2) 과잉증

아연의 과잉 섭취는 철이나 구리의 흡수를 방해하여 빈혈을 야기할 수 있다. 또한 메스꺼움, 구토, 설사, 경련, 면역기능 저하 등이 나타날 수 있다.

4) 영양섭취기준 및 급원식품

(1) 영양섭취기준

우리나라 성인의 1일 아연 필요량은 남녀 각각 8.0mg, 7.0mg이며, 상한섭취량은 남녀 모두 35mg이다. 임산부의 경우 성인 여성에 비해 1일 2.5mg을, 수유부는 5mg 더 섭취하도록 권장하고 있다.

(2) 급원식품

아연의 주된 급원은 단백질 함량이 높은 식품이다. 식물성보다는 동물성 식품에 함유된 아연의 생체 이용률이 더 높아 쇠고기, 굴, 조개, 새우 등이 좋은 급원이다. 식물

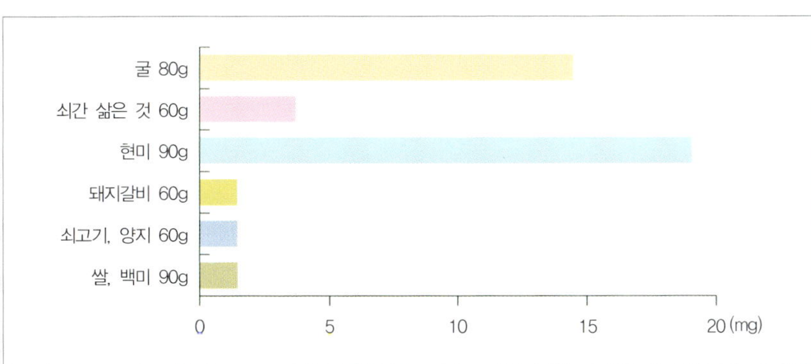

그림 9-7. 주요 식품 1회 분량당 아연의 함량

성 식품 중에는 땅콩, 호두 등 견과류와 곡류의 배아에 많이 들어 있는데, 도정하지 않은 곡류는 피틴산 함량도 높아 아연의 흡수율이 낮다. 아연의 급원식품과 함량은 그림 9-7과 같다.

3 구리

구리
Cu : copper

구리는 인체 내 여러 효소의 구성성분으로 성인 기준으로 약 75~150mg 들어 있다. 주로 간, 심장, 신장, 뇌 등에 농축되어 있고, 혈액과 근육 중 구리의 농도는 낮다. 그러나 비율로 보면 체내 구리의 40%가 근육에 함유되어 있다.

1) 흡수 및 대사

구리는 주로 소장의 상부에서 흡수되고 위에서도 일부 흡수된다. 식품으로 섭취한 구리의 흡수율은 여러 가지 요인에 따라 달라지며, 구리의 흡수 정도는 아연처럼 장점막 내에 있는 메탈로티오네인이 조절한다. 구리의 섭취량이 많을 때는 흡수가 저하되고, 장내 농도가 낮을 때는 흡수가 촉진된다. 또한 칼슘이나 철, 아연 등 경쟁관계에 있는 다른 무기질이 있을 때 구리의 흡수율은 감소한다.

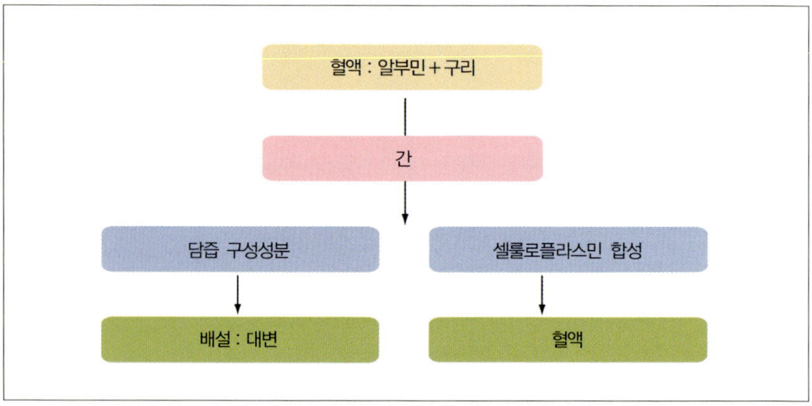

그림 9-8. 구리의 대사

흡수된 구리는 혈액 중에 있는 알부민과 결합하여 간으로 이동된 후 셀룰로플라스민을 합성한다. 구리는 셀룰로플라스민의 형태로 혈액을 통하여 조직으로 운반되며, 사용 후에는 간으로 회수되어 대부분 담즙을 통해 대변으로 배설된다(그림 9-8).

셀룰로플라스민
celuloplasmin

2) 체내 기능

(1) 금속효소의 구성성분

구리는 여러 종류의 금속효소를 구성하고 있다. 구리는 미토콘드리아 내 전자전달계 효소인 시토크롬 산화효소의 조효소로서 에너지 대사에 관여하고 신경전달물질 형성에도 기여한다.

시토크롬
cytochrome

(2) 철의 흡수 및 이용 지원

구리를 함유한 셀룰로플라스민은 철이 소장 점막에서 흡수될 수 있도록 산화시켜 준다. 또한 저장 철을 헤모글로빈 생성장소로 이동시키는 데에도 관여한다.

(3) 항산화 기능

구리는 항산화 효소인 카탈레이즈와 슈퍼옥사이드 디스뮤테이즈의 촉매로 작용함으로써 항산화 기능을 수행한다.

카탈레이즈
catalse

디스뮤테이즈
superoxide dismutase

(4) 결합조직의 형성에 관여

구리는 결합단백질인 콜라겐과 엘라스틴의 형성에 관여한다. 콜라겐과 엘라스틴의 안정적인 구조 형성을 위해서는 가교결합이 필수적인데, 구리는 이 반응을 촉진하는 효소를 활성화시킨다.

3) 결핍증과 과잉증

(1) 결핍증

구리는 간에 축적되므로 결핍되는 일이 드물지만 미숙아나 심한 영양불량인 사람,

아연의 섭취가 많거나 과량의 아연 보충제를 복용했을 경우 결핍증이 발생할 수 있다. 구리의 결핍증상으로는 빈혈, 성장부진, 백혈구 감소증 등이 있다.

(2) 과잉증

구리의 과잉증은 흔하지 않으나 영양보충제 등을 통해 다량의 구리를 복용하는 경우 과잉증이 나타날 수 있다. 과잉증상은 구토, 메스꺼움, 설사, 복통 등이며 심할 경우 혼수, 간세포 손상, 사망에까지 이를 수 있다.

윌슨씨병 Wilson's disease

유전적 질환인 윌슨씨병은 구리 대사의 장애를 일으키는 질환이다. 그 결과 구리가 뇌, 간, 신장, 각막 등에 축적되어 심한 경우 뇌 손상이 나타나기도 한다.

4) 영양섭취기준 및 급원식품

(1) 영양섭취기준

우리나라 성인의 1일 구리 필요량은 남녀 모두 600μg이며, 권장섭취량은 800μg, 상한섭취량은 1,000μg이다.

(2) 급원식품

구리는 자연식품에 널리 분포되어 있다. 구리가 풍부한 식품은 동물의 내장, 굴, 조개, 새우, 가재, 두류, 견과류 등이며 다크초콜릿, 곡류의 배아 등에도 있다(그림 9-9).

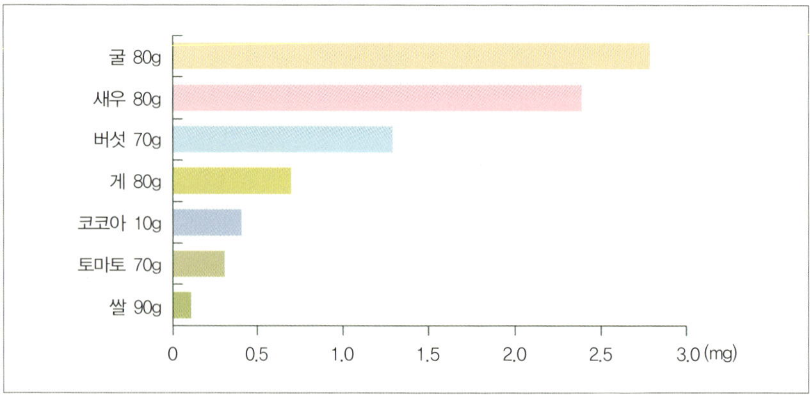

그림 9-9. 주요 식품 1회 분량당 구리의 함량

4 요오드

요오드는 갑상선호르몬을 구성하는 미량무기질로서 체내에 약 15~20mg 들어 있으며, 이 중 70~80%는 갑상선에 존재한다. 나머지는 근육을 비롯하여 골격, 피부, 다른 내분비조직 등에 들어 있다.

요오드
I : iodine

1) 흡수 및 대사

식품으로부터 섭취한 요오드는 주로 소장 상부에서 빠르게 흡수된다. 흡수된 요오드는 단백질과 결합한 후 혈액을 통해 갑상선으로 이동된다. 갑상선에서는 혈중 요오드의 30% 정도를 갑상선호르몬의 합성을 위해 흡수한다. 갑상선호르몬은 뇌하수체의 갑상선 자극 호르몬에 의해 조절되는데, 혈중 갑상선호르몬의 농도가 저하되면 갑상선에서 요오드의 흡수를 증가시켜 갑상선호르몬의 합성을 촉진한다.

혈액에 있는 요오드는 주로 소변으로 배설되고 일부는 담즙으로 배설된다.

2) 체내 기능

요오드는 갑상선호르몬을 합성하는데 있어 필수적인 성분이다. 갑상선호르몬은 아미노산인 타이로신과 요오드로부터 합성되며 기초대사의 조절 및 체온 조절, 그리고 신체의 성장발달에 관여한다.

3) 결핍증과 과잉증

(1) 결핍증

요오드가 적게 함유된 식사를 계속하는 경우 요오드 결핍이 나타날 수 있다. 요오드가 결핍되면 초기에는 갑상선 기능이 저하되어 피로감과 무기력증 등의 증상이 나타나며, 결핍이 계속되었을 때는 갑상선종이 발생한다(그림 9-10). 갑상선종은 요오드의 결핍으로 갑상선호르몬이 충분히 생산되지 않을 때 이를 보상하기 위해 갑상선 조직

갑상선종
simple goiter

이 비대해지는 현상을 말한다. 갑상선 조직이 점점 비대해지면 호흡곤란이 야기되는데, 갑상선종이 작고 초기단계일 때는 요오드의 보충 급여로 증상을 완화시킬 수 있다.

크레틴병
cretinism

임신 중 요오드의 결핍은 태아의 발달에 영향을 주어 유산이 될 수 있으며, 출생 후에는 정신박약, 성장지연, 왜소증 등의 크레틴병이 나타날 수 있다.

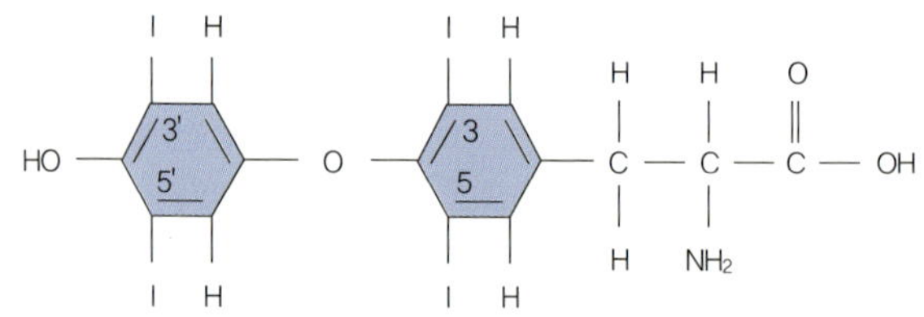

그림 9-10. 갑상선호르몬의 구조

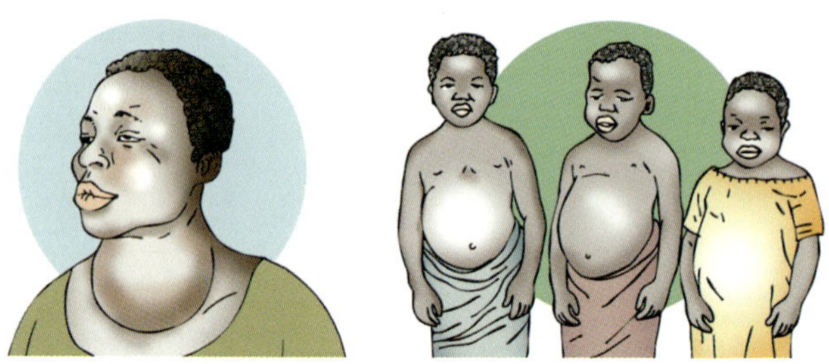

그림 9-11. 갑상선종과 크레틴병

(2) 과잉증

바세도우씨병
Basedow's disease

일상적인 식사를 통해서 요오드를 과잉 섭취하는 일을 흔하지 않다. 그러나 영양제 등 보충급여를 통해 요오드를 과잉 섭취하는 경우 갑상선기능항진증이나 바세도우씨병이 나타날 수 있다. 갑상선 기능이 항진되면 기초대사율이 증가하고 안구돌출, 체중 감소, 맥박수 증가 등의 증상을 보인다(그림 9-12).

그림 9-12. 갑상선과잉증

4) 영양섭취기준 및 급원식품

(1) 영양섭취기준

우리나라 성인의 1일 요오드 필요량은 남녀 모두 95μg이며, 권장섭취량은 150μg, 상한섭취량은 2,400μg이다.

(2) 급원식품

요오드의 가장 좋은 급원은 김, 미역, 다시마 등 해조류와 해산물이다. 곡류와 채소류 등은 토양에 따라 요오드 함량이 달라진다. 서구 여러 나라에서는 요오드를 첨가한 식탁염을 판매하기도 한다.

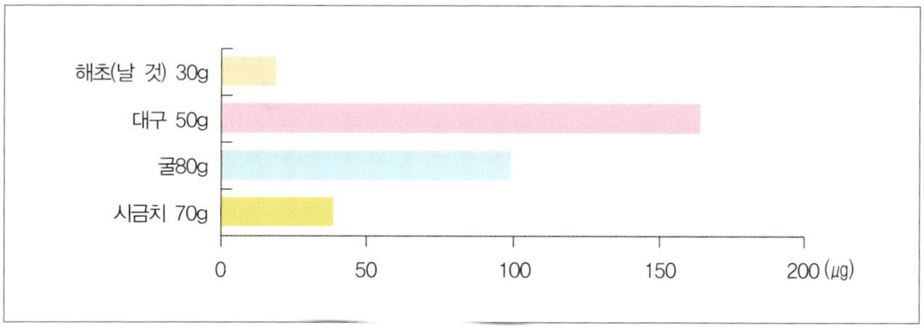

그림 9-13. 주요 식품 1회 분량당 요오드의 함량

5 불소

불소는 1900년대 초 역학조사를 통해 치아건강과의 관련성이 알려졌다. 체내에 있는 불소의 약 95%는 뼈와 치아에 존재한다.

1) 흡수 및 대사

식품으로부터 섭취한 불소는 소장에서 흡수되며, 주로 소변을 통해 배설된다. 일부는 대변과 땀을 통해서도 배출된다. 체내 불소는 뼈와 치아에 대한 친화력이 높아 섭취량이 많을수록 뼈와 치아에 많이 축적된다.

2) 체내 기능

(1) 충치 예방 및 억제

불소의 대표적인 기능은 충치를 예방하고 억제하는 것이다. 충치는 입 안에 있는 미생물이 생산한 산에 의해 치아 바깥쪽의 상아질이 부식되어 발생하는데, 불소는 산에 대한 저항력을 증진시켜 충치 발생을 억제시킨다.

(2) 골다공증 예방

불소가 풍부한 지역에서 골다공증의 발생률이 낮았다고 보고된 바 있으며, 뼈에서 무기질이 빠져나오는 것을 억제한다고 알려져 있다.

3) 결핍증과 과잉증

(1) 결핍증

불소가 부족하면 충치가 나타나기 쉽고 폐경기 및 노년기 여성의 골다공증 발생 가능성이 높아진다.

(2) 과잉증

장기간 불소를 과잉 섭취하면 오히려 뼈나 치아건강에 해가 될 수 있다. 불소가 치아에 축적되면 불소과잉증을 초래하여 치아에 반점이 생기고, 치아가 지나치게 단단해져서 쉽게 깨지는 반상치가 될 수 있다. 성인의 경우 과잉의 불소가 뼈에도 영향을 미쳐 쉽게 골절될 수 있다.

4) 영양섭취기준 및 급원식품

(1) 영양섭취기준

불소의 1일 영양섭취기준은 충분섭취량과 상한섭취량만 설정되었다. 불소의 충분섭취량은 남녀 각각 3.5mg, 3.0mg이며, 상한섭취량은 10mg이다.

(2) 급원식품

불소는 해조류, 생선류, 불소가 첨가된 식수나 차 등에 많이 함유되어 있다. 일반적으로 식품에 함유된 불소보다는 식수에 포함된 불소의 흡수율이 높아 서구 여러 나라에서는 수돗물에 불소를 첨가하기도 한다.

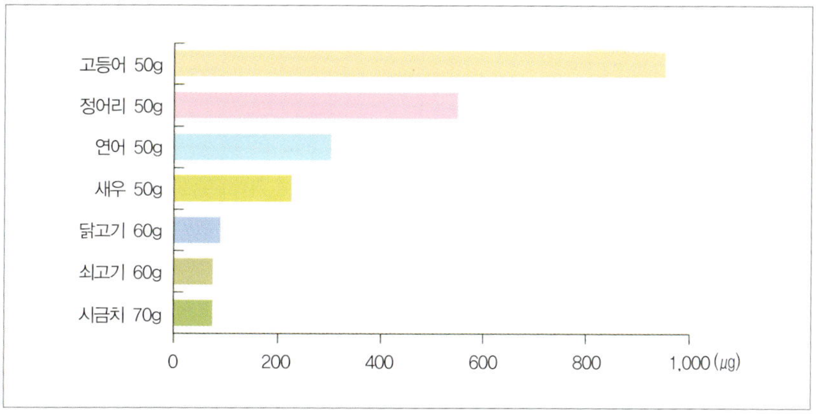

그림 9-14. 주요 식품 1회 분량당 불소의 함량

6 셀레늄

셀레늄은 20세기에 들어와서야 그 기능이 구체적으로 알려진 미량영양소이다. 셀레늄은 체내에 약 1.5mg이 들어 있으며 간, 심장, 신장 등에 분포되어 있다.

1) 흡수 및 대사

식품에 함유된 셀레늄은 대부분 아미노산인 메티오닌이나 시스테인의 유도체와 결합되어 있다. 체내로 들어온 셀레늄은 소장에서 80% 이상 흡수되어 생체 내 이용률이 다른 무기질에 비해 매우 높은 편이다. 셀레늄의 배설은 주로 소변을 통해 이루어지며 배설량은 섭취량에 비례하여 증가한다.

2) 체내 기능

(1) 글루타티온 과산화효소의 성분

글루타티온 과산화효소
glutathione peroxidase

셀레늄은 항산화작용을 하는 글루타티온 과산화효소의 구성성분이다. 과산화물은 인체 내에서 세포막이나 세포를 파괴시켜 노화를 촉진하는데, 글루타티온 과산화효소는 과산화물을 제거하여 세포를 보호하는 역할을 한다.

(2) 비타민E 절약작용

셀레늄은 세포에 유해한 과산화물을 직접 제거하는 역할을 하고, 비타민E는 세포막에서 일어나는 자유 라디칼 연쇄반응이 더 진행되지 못하도록 한다. 즉 비타민E는 세포막의 인지질을 구성하고 있는 불포화지방산의 산화를 막는 역할을 한다. 그러므로 셀레늄이 충분할 경우 항산화작용에 필요한 비타민E가 절약된다.

3) 결핍증과 과잉증

(1) 결핍증

셀레늄이 부족하면 근육이 손실되거나 무력해지고 관절이 굳어지는 증상이 나타나고 더 나아가 성장저하, 심근장애가 발생한다. 셀레늄의 결핍증은 케산병이라고도 하는데, 중국 케산지방에서 처음으로 보고된 것에 기인한다. 이 질병은 셀레늄이 매우 결핍된 케산지방의 어린이나 가임기의 젊은 여성에게 나타났으며, 울혈성 심부전과 같은 심장 질환이 발생하였다.

케산병
Keshan disease

(2) 과잉증

셀레늄의 과잉증은 셀레늄이 풍부한 토양에서 재배한 식품을 섭취하였거나 영양보충제 등을 통해 과잉 섭취하는 경우가 나타난다. 과잉증상으로는 구토, 설사, 피로감, 손톱과 발톱의 변형, 신경계 손상 등이 있다.

4) 영양섭취기준 및 급원식품

(1) 영양섭취기준

셀레늄의 1일 권장섭취량은 남녀 모두 60μg이며, 상한섭취량은 400μg이다. 임신부와 수유부는 성인 여성의 권장량 기준으로 각각 4μg와 10μg를 더하여 권장되고 있다.

(2) 급원식품

셀레늄이 풍부한 식품은 내장, 어패류, 육류, 견과류 등이다. 곡류는 재배된 토양에 따라 셀레늄 함량이 달라지며, 채소와 과일류에는 셀레늄이 많지 않다(그림 9-15).

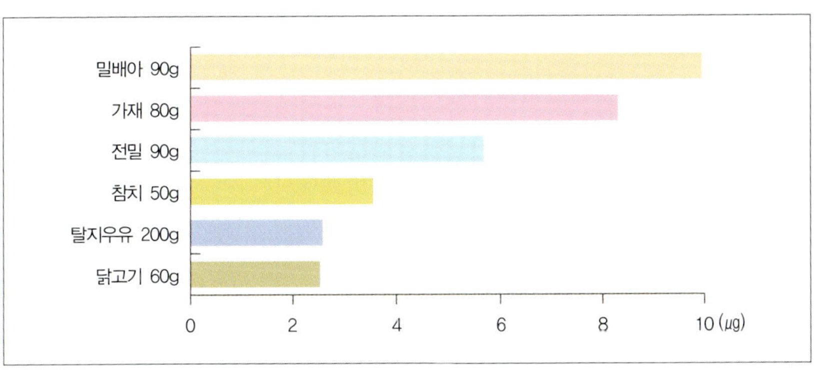

그림 9-15. 주요 식품 1회 분량당 셀레늄의 함량

7 망간

망간은 인체 내 약 10~20mg 들어 있으며 주로 간, 신장, 뇌하수체 등에 있다. 세포 내에서는 미토콘드리아에 집중되어 있다.

1) 흡수 및 대사

식품으로 섭취한 망간은 5% 정도만이 흡수된다. 주로 소장에서 흡수되는데, 다른 무기질이 존재하면 경쟁적으로 흡수되어 흡수율이 저하된다. 망간은 주로 담즙을 통해 대변으로 배설되며 소량만 소변으로 배출된다.

2) 체내 기능

망간은 철, 아연, 구리와 같이 금속효소의 구성성분으로 여러 가지 대사에 관여한다. 예를 들면, 망간은 당질 대사과정에 참여하는 피루브산 카르복실화 효소의 조효소이므로 망간이 부족하면 이 효소의 활성도가 떨어진다. 또한 망간은 지질 대사나 요소회로 등에 관여하는 효소의 구성성분이기도 한다.

3) 결핍증과 과잉증

(1) 결핍증

인간의 망간 결핍은 흔하지 않으나 망간이 결핍된 동물에서는 성장지연 및 생식장애가 나타나고 탄수화물 대사와 지방 대사가 제대로 일어나지 않는다. 망간 결핍의 임상증상으로는 혈액응고 지연, 체중 감소, 모발의 탈색, 머리카락 및 손톱의 성장속도 지연 등이 있다.

(2) 과잉증

망간의 과잉증은 일반인들에게보다는 탄광에서 일하는 광부들에게서 나타난다.

증세로는 환상, 정신적 장애, 근육의 이상 등이 있다.

4) 영양섭취기준 및 급원식품

(1) 영양섭취기준

망간의 영양섭취기준은 충분섭취량과 상한섭취량만 설정되어 있다. 1일 충분섭취량은 남녀 각각 4.0mg, 3.5mg이며, 상한섭취량은 11mg이다.

(2) 급원식품

망간은 주로 식물성 식품에 함유되어 있다. 망간의 좋은 급원으로는 견과류, 두류, 전곡류 등이며, 도정한 곡류에는 망간이 소량 들어 있다.

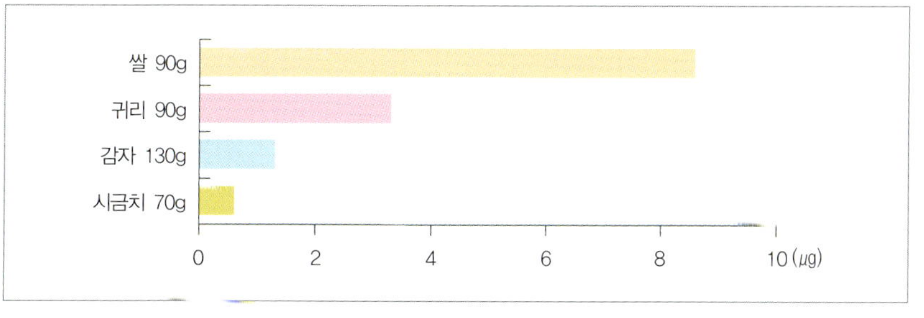

그림 9-16. 주요 식품 1회 분량당 망간의 함량

8 몰리브덴

몰리브덴은 인체 내 뼈, 간, 신장 등에 존재한다. 비교적 독성이 없는 편이나 체내에서 아주 적은 양만 필요로 한다.

1) 흡수 및 대사

식품으로부터 섭취한 몰리브덴은 여러 요인과의 상호작용에 의해 흡수율이 달라진다. 특히 구리와 경쟁적으로 흡수되며 흡수 후에는 소변을 통해, 일부는 담즙으로 배설된다.

2) 체내 기능

몰리브덴은 산화 환원과정에 관여하는 잔틴 산화효소, 잔틴 탈수소효소, 알데히드 산화효소 등 여러 효소의 조효소로 작용한다.

3) 결핍증과 과잉증

정상적인 식사를 하는 성인의 경우 몰리브덴의 결핍증은 거의 나타나지 않지만, 정맥영양 환자에게서는 심박동수 증가, 호흡곤란, 허약, 부종 등의 결핍 증상이 보고되었다.

몰리브덴은 비교적 독성이 적어 사람에게서 과잉증상은 드물지만, 동물에게서는 이상증세가 나타났다고 보고된 바 있다.

4) 영양섭취기준 및 급원식품

(1) 영양섭취기준

몰리브덴의 1일 상한섭취량은 성인 남자 550㎍, 여자 450㎍이다.

(2) 급원식품

몰리브덴은 육류의 내장, 전곡류, 두류 등에 많이 함유되어 있으며 채소, 과일 등에는 비교적 적게 들어 있다.

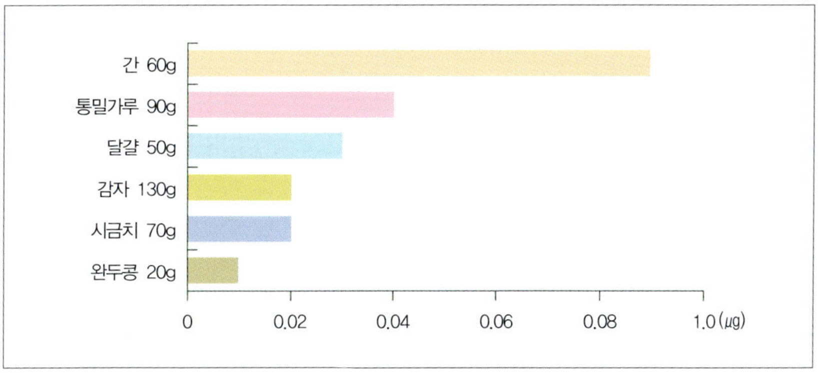

그림 9-17. 주요 식품 1회 분량당 몰리브덴의 함량

9 크롬

인체 내에서 크롬의 기능이 알려진 것은 비교적 최근의 일이다. 크롬은 체내에 6mg 정도 존재하는 미량 영양소로 뇌, 근육, 피부 등에 존재한다. 크롬은 동물실험의 결과 당질 대사에서 필수적인 요소로 알려졌다.

1) 흡수 및 대사

식품에서 얻어지는 크롬의 흡수율은 매우 낮은 편이다. 크롬의 흡수는 여러 가지 식이적 요인과 생리적 요인 등에 의해 영향을 받는다. 크롬은 소장에서 흡수되며 흡수된 크롬은 주로 소변을 통해 배설되고, 일부는 땀이나 모발, 담즙을 통해 배설된다.

2) 체내 기능

크롬은 인슐린을 활성화하여 포도당이 세포 내로 유입되는 것을 도와준다. 또한 지질 대사에 관여하고, 핵산구조를 안정화시키는 데에도 기여한다.

3) 결핍증과 과잉증

크롬 결핍증은 흔하지 않으나, 크롬이 결핍되면 포도당 내성이 감소하고 혈당이 상승한다. 그리고 혈중 콜레스테롤과 중성지방 수준이 증가하는 등의 지질 대사이상이 발생한다.

크롬의 과잉증은 산업체의 직업병 중 하나로 공기 중의 6가 크롬에 과다하게 노출되었을 때 나타난다. 증상으로는 알레르기성 피부 질환, 피부궤양 등이 있다.

4) 영양섭취기준 및 급원식품

한국인의 1일 크롬 섭취기준은 충분섭취량만 설정되어 있으며, 성인 남자 35μg, 여자 25μg이다. 크롬은 자연계에 널리 분포되어 있지만, 그 중에서도 육류, 간, 전곡류, 견과류, 두류 등에 많이 함유되어 있다.

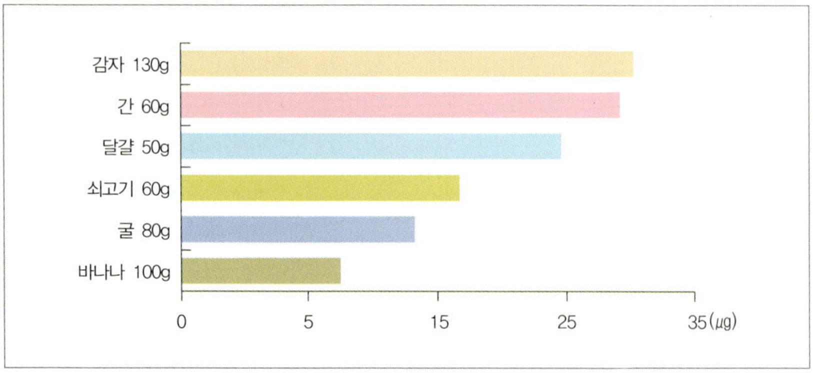

그림 9-18. 주요 식품 1회 분량당 크롬의 함량

미량무기질 요약

영양소	체내 작용	급원식품	결핍증	과잉증
철	산소의 운반과 저장 효소의 성분	육류(쇠간), 어패류, 가금류, 콩류, 시리얼	체내 철 감소, 철 결핍성 빈혈	혈색소증
아연	금속효소의 성분 세포막 구조의 안정화 핵산 합성 면역기능	패류, 육류, 곡류	성장 지연, 왜소증, 상처 회복 지연, 식욕부진, 미각 감퇴	철, 구리 흡수 저하, 설사, 구토, 면역기능 저하, HDL 낮춤
구리	금속효소의 성분 철의 흡수 및 이용 지원 항산화 기능 결합조직의 형성	육류(간, 내장), 패류, 곡류	빈혈, 뼈의 손실, 성장장애, 심장 질환	복통, 오심, 구토, 혼수, 간질환, 윌슨병
요오드	갑상선호르몬의 성분	해조류, 해산물, 요오드 강화식염	갑상선기능부전증(권태감, 기초 대사 저하), 갑상선종, 크레틴증(성장 지연)	갑상선기능 항진증
셀레늄	글루타티온 과산화효소의 성분, 항산화작용	새우, 패류, 어류, 견과류	근육약화, 성장장애, 심근장애, 심장기능 저하	구토, 설사, 피부 손상, 신경계 손상
불소	충치예방 및 억제 골다공증 예방	육류, 어류, 자연수	충치유발, 골다공증	위장장애, 치아반점
망간	금속효소의 성분(당질, 지방 대사)	전곡류, 녹색채소, 과일류	체중감소, 동물의 경우 성장장애, 생식장애	신경근육계 증세
몰리브덴	효소의 구성성분(잔틴 산화효소, 잔틴 탈수효소)	전곡류, 간, 우유, 시금치	잘 알려져 있지 않음	요산증가, 통풍
크롬	인슐린 활성화 지질 대사 핵산구조 안정화	달걀, 간, 전곡	성장지연, 콜레스테롤, 시질 대사에 이상	산업체에서 크롬에 과다 노출되면 피부염, 기관지암 발생

Quiz

1. 철의 흡수를 증진시키는 인자와 저해하는 인자는 무엇인가요?

2. 요오드의 결핍증과 과잉증에 대해 설명하시오.

3. 셀레늄이 체내에서 하는 역할에 대해 설명하시오.

Nutrition

10 수분

수분은 신체를 구성하고 있는 주요 성분으로 생명유지와 대사과정에 없어서는 안 되는 중요한 물질이다. 인체는 다른 영양소의 공급이 중단된 상태에서도 2~3개월간 버틸 수 있으나 물이 없이는 며칠 밖에 살 수가 없다. 또한 체내 수분의 20%를 상실하면 생명의 위험을 초래한다. 그러므로 물은 생명체에게 가장 중요하고 필수적인 영양소라 할 수 있다.

1 수분

1) 체내 분포

수분은 인체를 구성하고 있는 성분 중 가장 많은 부분으로, 체중의 50~70%를 차지한다. 총 체수분량은 성별, 연령, 체조직의 구성에 따라 다르다. 일반적으로 신생아는 약 75%의 수분을 함유하고 있는 데 비해, 연령이 증가할수록 점점 감소하여 남성은 55~60%, 여성은 50~55%의 수분을 함유하고 있다. 성인의 체수분량은 체지방량과 반비례한다. 여성과 비만한 사람은 남성과 마른 사람에 비하여 근육량은 적고 체지방량이 많아서 체수분량은 상대적으로 적다.

세포내액
ICF : intracellular fluid

세포외액
ECF : extracellular fluid

혈장
blood plasma

세포간질액
interstitial fluid

체내에 함유된 수분은 세포를 중심으로 세포내액과 세포외액으로 나뉘는데, 총 수분량의 약 67%가 세포내액에, 약 33%가 세포외액에 존재한다. 세포외액은 혈장과 세포간질액으로 구분된다. 혈장은 혈액의 액체 부분으로 세포외액의 20%를 차지하고 나머지 80%의 세포외액은 세포와 세포 사이에서 세포간질액으로 존재한다. 그 외 세포외액이면서 세포내액처럼 행동하는 세포횡단액이 있다. 세포횡단액에는 뇌척수액, 관절액, 복강액, 소화액, 안구액, 양수 등이 있다(그림 10-1, 그림 10-2).

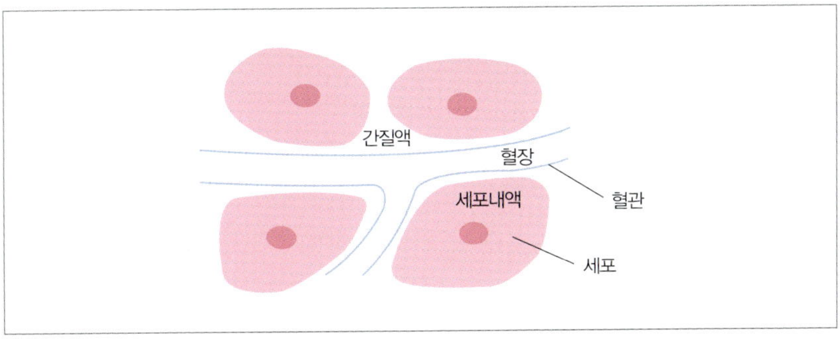

그림 10-1. 체액의 구획과 분포

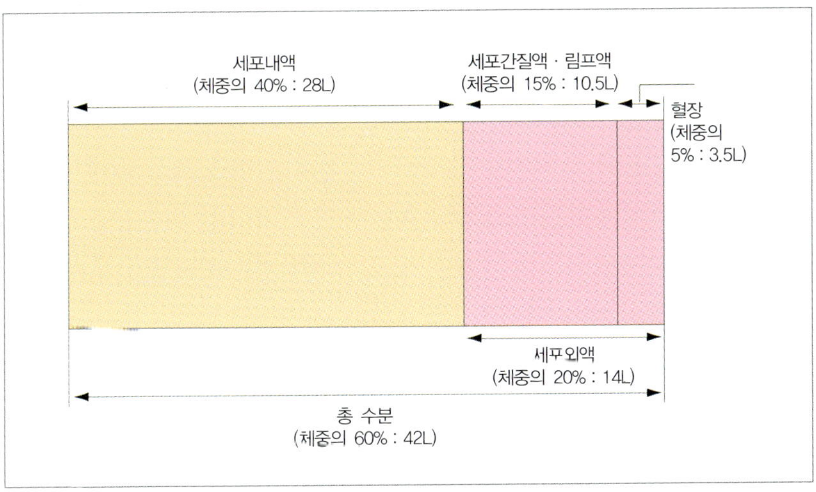

그림 10-2. 체내수분 분포(성인 70kg)

2) 수분의 기능

(1) 영양소와 노폐물의 운반

수분은 신체 내에서 수송을 담당하는 혈액의 주요 성분이다. 음식물을 통해 섭취된 영양소는 소화과정을 거쳐 혈액이나 림프로 흡수된 후 혈액을 통해 필요한 조직으로 운빈되어 사용되거나 저장된다. 또한 대사과정에서 생성된 질소화합물, 이산화탄소 등의 노폐물 역시 혈액을 통해 신장이나 폐, 피부로 운반되어 소변, 호흡 및 땀을 통해 체외로 배출된다. 세포간질액은 조직세포와 혈액 사이에서 물질교환이 일어나는 장소로서의 역할을 한다.

(2) 대사과정의 용매로 작용

체내의 모든 생화학적 대사반응들은 세포 내에서 일어나는데, 반응이 효율적으로 진행되려면 반응물질들이 물에 용해된 상태로 존재해야 한다. 세포내액은 각 세포 내에서 여러 물질을 용해시키는 용매로 작용하여 대사반응이 일어날 수 있도록 한다.

(3) 체온조절

체내에서는 에너지 대사 결과 열이 지속적으로 발생하므로 정상 체온을 유지하기 위해서는 필요 이상의 열을 체외로 발산시켜야 한다. 신체 구성성분의 2/3를 차지하고 있는 수분은 비열과 증발열이 커서 효율적으로 체온을 조절할 수 있다. 우리가 의식하지 못하는 가운데 하루 300~700ml의 수분이 피부와 폐를 통해 증발되는데, 이때 체온의 발산이 이루어진다. 심한 운동이나 발열 시 또는 여름철에 체온이 상승하면 인체는 땀의 형태로 수분을 증발시키는데, 빼앗기는 증발열이 체온을 낮춰 정상 체온을 유지시킨다.

(4) 전해질평형 유지

세포 내·외의 이온 조성은 세포를 둘러싸고 있는 세포막의 성질에 따라 현저한 차이가 있다. 그러나 총 양이온과 음이온의 농도는 정확하게 평형을 이루고 있다(그림 10-3). 세포내액의 주요 이온은 칼륨이온, 인산이온, 단백질이온 등인 반면, 세포외액은 나트륨이온, 염소이온, 중탄산이온 등이 주를 이루고 있다. 수분은 세포 내·외에 존재하는 전해질의 농도에 따라 주로 삼투현상에 의해 세포의 안과 밖으로 빠르게 이동함으로써 전해질의 평형을 조절한다(그림 10-4).

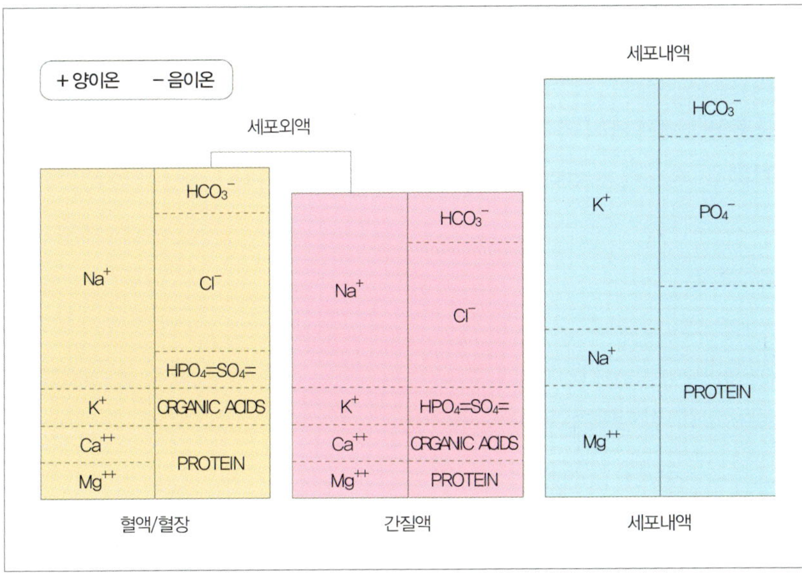

그림 10-3. 체액의 전해질평형

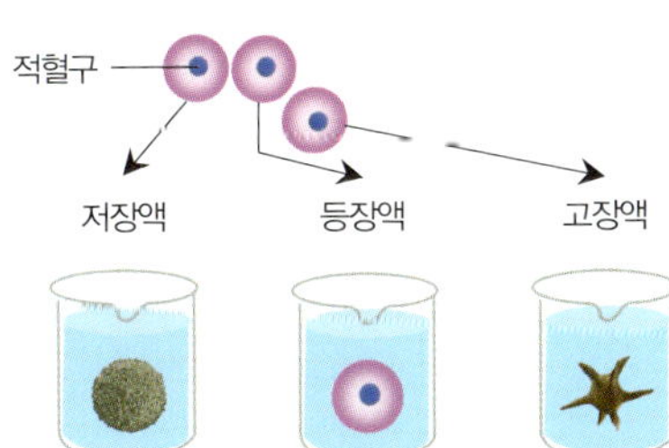

▷▷ 삼투와 수분의 이동

인체의 세포막은 선택성 반투과성막으로 용매는 통과시키나 용질은 잘 통과시키지 못한다. 반투과성막을 통한 물 또는 용매의 확산을 삼투라 하고, 삼투현상을 일으키는 힘을 삼투압이라 한다. 삼투현상은 세포 내 · 외의 수분이동을 일으키는 중요한 기전이다. 소금물에 배추를 넣으면 배추의 수분이 빠져나와 배추가 절여지듯이 신체도 짠 음식을 먹으면 세포외액의 나트륨 농도가 증가하게 되고, 이에 따라 세포내액을 세포외액으로 이동시키게 된다. 반대로 수분을 너무 많이 섭취하여 세포외액의 전해질 농도가 낮아지면 더 많은 양의 소변을 내보냄으로써 체수분의 양과 전해질 농도를 조절하게 된다.

- 저장액 : 생리식염수보다 삼투 농도가 낮은 용액
- 등장액 : 생리식염수와 삼투 농도가 동일한 용액
- 고장액 : 생리식염수보다 삼투 농도가 높은 용액

그림 10-4. 삼투현상에 의한 세포 내 · 외로의 수분이동

(5) 충격완화 및 윤활제 역할

세포 횡단수분 중 뇌척수액, 늑막액, 안구액, 양수 등은 외부의 충격으로부터 이들 조직을 보호하는 충격흡수제 역할을 하고 관절활액, 타액, 소화기관의 점액 등은 마찰을 방지하고 부드럽게 하는 윤활제로서의 역할을 한다.

3) 수분평형

수분평형이란, 수분의 섭취량과 배설량이 균형을 이루어 체내 수분 함량이 일정하게 유지되는 것을 말한다. 소화관에 들어온 수분의 95%는 소장에서 흡수되고 나머지는 대장에서 흡수된다. 흡수된 물은 삼투압의 차이에 의한 물의 확산에 의해 세포 내·외를 이동한다.

(1) 수분의 섭취

체내로 공급되는 수분량은 하루 평균 2,000~3,000ml 정도이다. 하루 필요한 수분의 대부분은 우리가 마시는 물과 음료수의 형태로 공급되는데, 하루 1,000~1,600ml 정도이며 밥, 국, 채소, 과일, 육·어류 등 음식물을 통한 수분 공급량이 800~1,000ml 정도이다. 또한 에너지를 생성하는 대사과정에서도 하루 200~400ml의 대사수가 생성된다. 탄수화물, 지질, 단백질이 100g 연소될 때마다 각각 55ml, 107ml 및 41ml의 대사수가 생성된다.

(2) 수분의 배설

체내 수분의 균형을 이루기 위해서는 1일 섭취한 수분량과 거의 같은 양이 배설되어야 한다. 체내 수분의 배설은 주로 소변을 통해 50~60%가 배설되고, 나머지 40% 정도가 피부, 호흡 및 대변을 통해서 이루어진다. 보통 하루 약 1,200~1,700ml의 수분이 소변을 통해 배설되며, 피부에서 땀 및 증발을 통해 450~900ml, 폐에서 호흡을 통해 250~500ml 그리고 대변을 통해 100~200ml의 수분이 배설된다(그림 10-5).

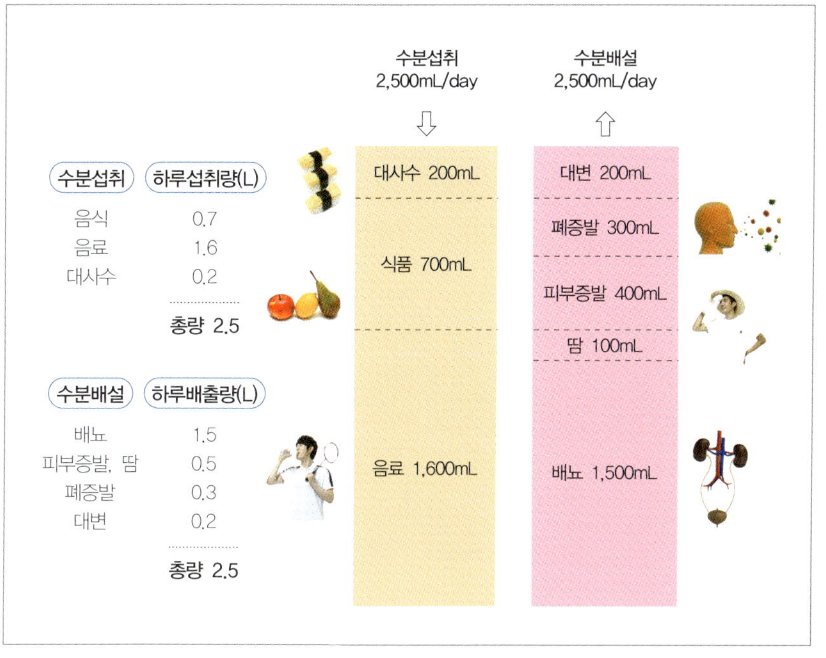

그림 10-5. 신체의 수분평형

(3) 수분평형의 조절

인체는 수분의 섭취량과 배설량을 조절함으로써 체내 수분 함량을 일정하게 유지하고 있다. 물을 필요 이상으로 마시면 세포외액량이 증가하게 된다. 세포외액량이 증가하면 삼투질 농도가 감소하게 되고 물은 세포 내로 이동한다. 이에 반응하여 뇌하수체후엽에서 항이뇨호르몬의 분비가 억제되어 소변의 배설량이 증가된다. 반대로, 심한 설사나 발한으로 인한 탈수나 짠 음식을 섭취한 경우 혈액량이 감소하거나 혈액 내 삼투질 농도가 증가하면 뇌하수체후엽에서 항이뇨호르몬이 분비되어 소변의 양을 감소시키고, 갈증을 느끼게 하여 물을 마시게 함으로써 수분의 균형을 이루게 한다(그림 10-6).

항이뇨호르몬
ADH : antidiuretic hormone

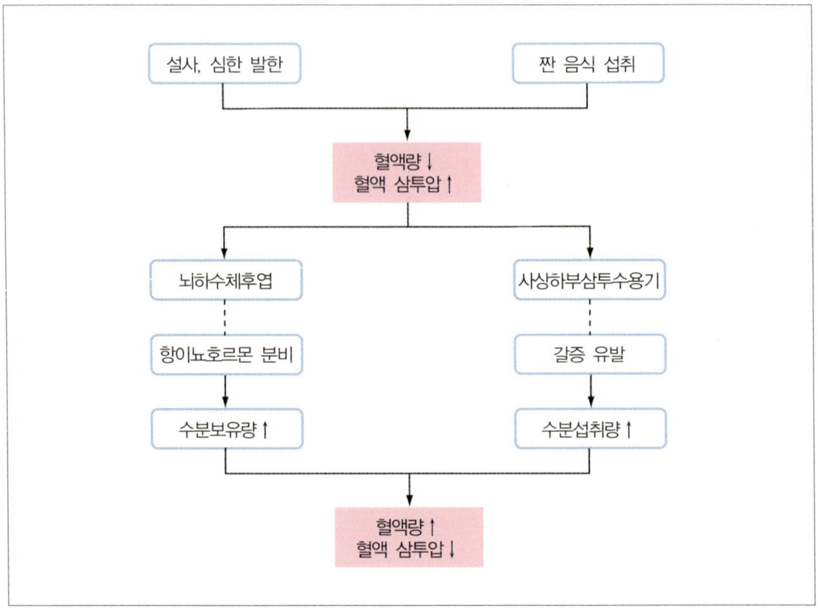

그림 10-6. 체내 수분평형의 조절

4) 수분과 건강

(1) 탈수

장기간의 설사, 감염에 의한 고열, 구토, 출혈, 화상 및 격심한 운동에 의해 과잉의 땀을 흘린 경우 체내 수분 함량의 감소로 탈수현상이 나타날 수 있다. 체내 총 수분량의 2%를 손실하게 되면 갈증을 일으키나 물을 마시면 곧 회복될 수 있다. 그러나 총 수분량의 4% 정도를 손실하게 되면 근육의 강도와 지구력이 현저히 떨어지고 탈수가 진행되어 10~12%의 수분이 손실되는 경우에는 근육경련이나 정신착란 증세를 보이고, 수분을 보충하는 기전만으로는 수분 균형을 회복하기 어렵다. 체내 수분의 20%를 손실하게 되면 순환부전, 신부전으로 인한 세포 손상으로 의식을 잃고 사망하게 된다(그림 10-7). 고열, 구토, 설사 등을 앓고 있는 영아나 노인 또는 장거리 비행기 여행을 하는 사람에게서 탈수 증세가 나타나기 쉽다. 노인들은 갈증감각이 둔해져 수분섭취량이 부족할 수 있고, 신체의 수분 보유능력이 저하되므로 특히 수분 섭취에 유의해야 한다.

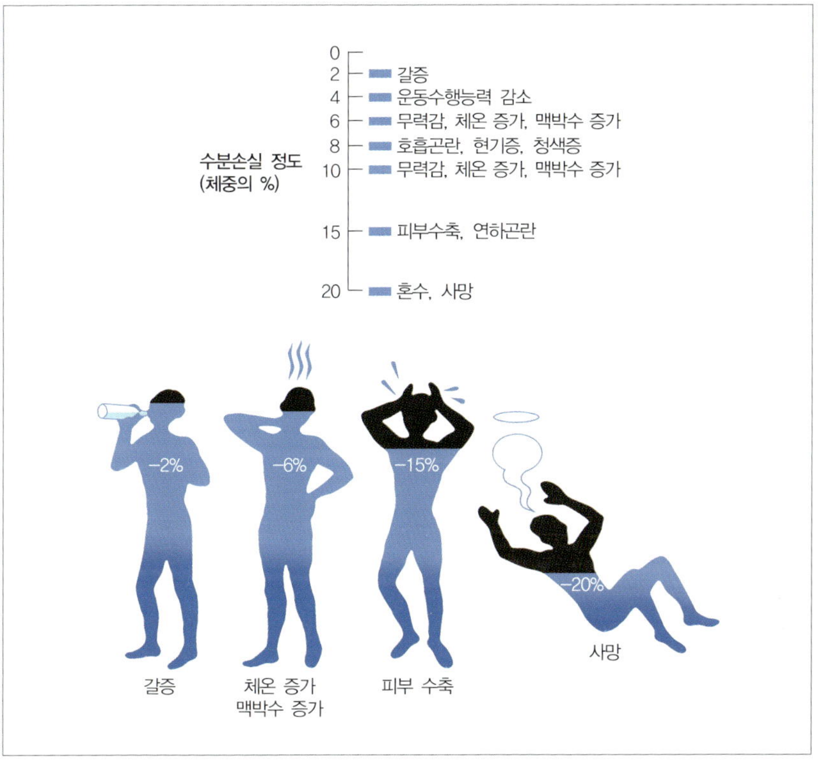

그림 10-7. 수분 손실에 의한 탈수증상

(2) 수분 과잉

전해질 섭취가 동반되지 않은 과도한 수분 섭취는 수분중독증을 일으킬 수 있다. 과도한 수분 섭취는 세포외액의 삼투질 농도를 감소시켜 세포외액으로부터 세포내액으로 수분이동이 일어나게 한다. 그 결과 세포내액이 증가하게 되는데, 특히 뇌세포의 팽창을 초래하여 두통, 메스꺼움, 구토, 근육경련, 발작, 혼수 및 사망에까지 이른다.

수분중독증
water intoxication

(3) 부종

세포와 세포 사이의 공간에 수분이 저류되어 있는 상태, 즉 세포간질액이 증가된 상태를 부종이라 한다. 부종은 단백질 결핍이나 나트륨 과잉 시 발생한다. 단백질은 고분자 물질이므로 세포막을 통과하기 어렵다. 따라서 모세혈관벽을 경계로 혈장과

부종
edema

간질액 사이의 혈장단백질의 농도 차이는 삼투압을 나타내고 수분이동의 원동력으로 작용한다. 영양실조로 단백질 부족이 심하면 혈장단백질 농도가 저하되고 그 결과 혈장의 삼투압이 저하되어 혈액 중의 수분이 간질액 쪽으로 이동하여 부종이 발생한다.

체내에 나트륨이 과잉 보유되면 세포외액의 삼투압이 높아진다. 삼투압이 높아지면 삼투압을 저하시키기 위하여 뇌하수체후엽에서 항이뇨호르몬이 분비되고 소변의 배설량이 감소하여 체내 수분보유량이 증가하고 부종이 발생한다. 부종이 있는 환자나 고혈압 환자에게 소금의 섭취를 제한하는 것은 이 때문이다.

5) 영양섭취기준과 급원식품

(1) 영양섭취기준

수분필요량은 대사 차이, 환경, 활동 정도 등에 따라 크게 변동되므로 평균필요량을 추정하기 어려우므로 섭취기준을 충분섭취량으로 설정하였다. 수분의 충분섭취량은 음식으로 섭취한 수분량과 액체 섭취량을 합하여 설정하였다. 19~29세 성인 남녀의 수분 충분섭취량은 각각 2,600ml(액체가 1,200ml), 2,100ml(액체가 1,000ml)로 책정되었다. 그 이후에는 연령이 증가함에 따라 감소한다.

표 10-1. 연령에 따른 단위체중당 일일 수분필요량

연령(세)	수분필요량(ml/kg/day)
1~6	90~100
7~10	70~85
11~19	40~50
성인	30~35

(2) 급원식품

총 수분섭취량의 1/2~2/3는 물과 음료수로부터 공급되며, 1/3~1/2은 음식으로부터 공급된다. 오이는 96%, 수박은 94%, 사과는 87%의 수분을 함유하고 있듯이 과일과 채소는 많은 양의 수분을 함유하고 있고, 육·어류 및 난류는 중간 정도의 수분을 함유하고 있으며, 곡류는 수분 함량이 낮은 편이다(그림 10-8).

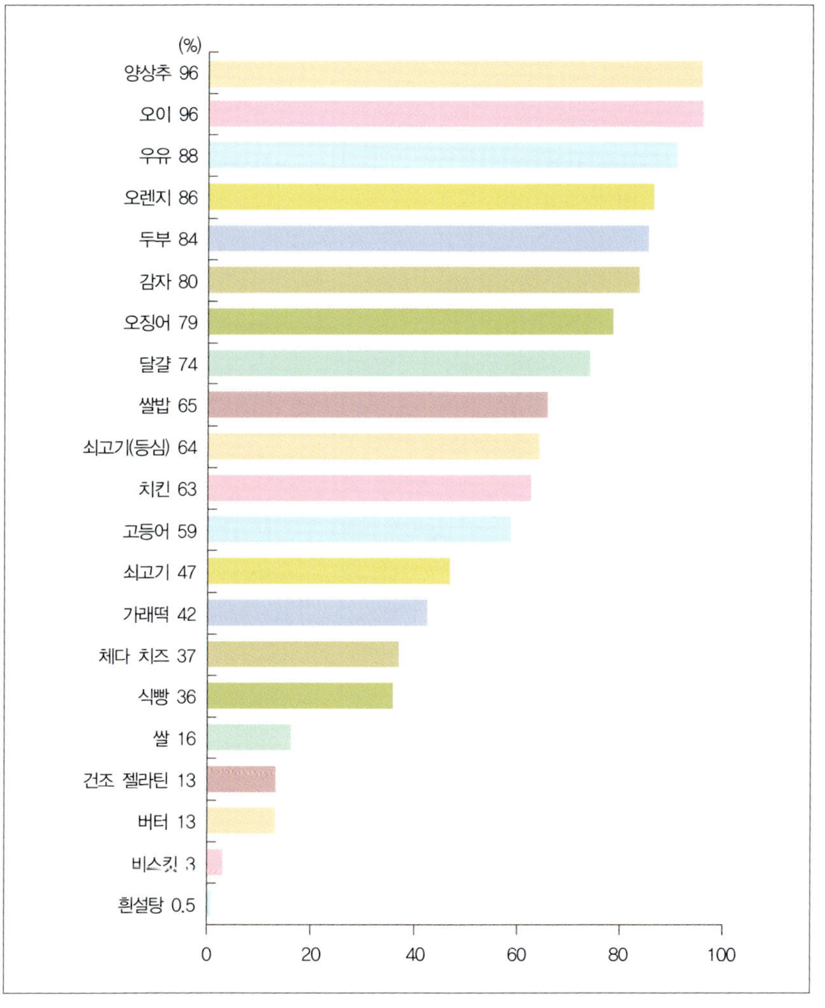

그림 10-8. 식품 중의 수분 함량

information

물, 커피, 주스 모두 같은 수분인가요?

목이 마를 때 주스나 청량음료 등을 마시면 바로 갈증이 해소된 듯하나, 시간이 지나면 갈증이 더 심해지는 것을 느끼게 된다. 이는 이들 음료수 속에 들어 있는 설탕을 비롯한 당질과 여러 염류들에 의해 혈액의 삼투 농도가 증가되면 수분이 세포 내에서 혈액 쪽으로 이동하여 소변으로 배설되기 때문이다. 또한 커피나 차 등 카페인 함유 음료나 알코올 음료는 항이뇨호르몬의 분비를 억제하여 소변량을 증가시킴으로써 체내 수분을 빼앗는 결과를 낳는다. 따라서 체내 수분필요량을 충족시키기 위해서는 순수한 물을 섭취하는 것이 가장 바람직하다.

Quiz

1. 남녀의 수분함량 차이에 대해 설명하시오.

2. 체내 수분의 기능에 대해 설명하시오.

3. 수분평형의 조절에 대해 설명하시오.

4. 단백질 섭취와 부종과의 관계를 설명하시오.

REFERENCES

1. 이상선 · 정진은 · 강명희 · 신동순 · 정혜경 · 장문정 · 김양하 · 김혜영 · 김우경 공역, 『영양과학』, 지구문화사(2008) (원저 : McGuire & Kathy A. Beerman, *Nutritional Sciences from Fundamentals to food*, Gengage Learning).
2. 문수재 · 김혜경 · 홍순명 · 이경혜 · 이명희 · 이영미 · 이경자 · 안경미 · 이민준 · 김정연 · 김정현, 『알기쉬운 영양학』, 수학사(2011).
3. 구재옥 · 임현숙 · 정영진 · 윤진숙 · 이애랑 · 이종현, 『이해하기 쉬운 영양학』, 파워북(2008).
4. 김숙희 · 유춘희 · 김선희 · 이상선 · 정진은 · 강명희 · 김양하 · 김우경 · 김주현, 『영양학』, 신광출판사(2009).
5. 최혜미 · 김정희 · 김초일 · 장경자 · 민혜선 · 임경숙 · 변기원 · 이홍미 · 김경원 · 김희선 · 김현아, 『21세기 영양학원리』, 교문사(2006).
6. 장유경 · 박혜련 · 변기원 · 이보경 · 권종숙, 『기초영양학』, 교문사(2006).
7. 서광희 · 서정숙 · 이승교 · 정현숙, 『New 영양학』, 지구문화사(2012).
8. 허채옥 · 권순형 · 김은미 · 원선임 · 박용순 · 박진희 · 김상연 · 정경아 · 김은영 · 박유신, 『기초영양학』, 수학사(2008).
9. 김숙희 · 김선희 · 이상선 · 정진은 · 강명희 · 김혜영 · 김우경 · 이다희, 『건강한 삶을 위한 영양학』, 신광출판사(2011).
10. 『2011 국민건강통계 : 국민건강영양조사 제5기 2차년도』, 보건복지부(2012).
11. 최혜미 · 김정희 · 이주희 · 김초일 · 송경희 · 장경자 · 민혜선 · 임경숙 · 변기원 · 송은승 · 여의주 · 이홍미 · 김경원 · 김희선 · 김창임 · 윤은영 · 김현아, 『21세기 영양학』, 교문사(2011).
12. 이양자 · 김수연 · 김은경 · 김혜경 · 김혜영 · 박연희 · 박영심 · 박태선 · 안홍석 · 염경진 · 오경원 · 이기완 · 이종호 · 정은정 · 정혜연 · 황진아 · 황혜진, 『고급영양학』, 신광출판사(2011).
13. 박태선 · 김은경, 『현대인의 생활영양』, 교문사(2011).
14. 서광희 · 김애정 · 김영현 · 오세인 · 이현옥 · 장재권 · 하귀현, 『알기 쉬운 영양학』, 도서출판 효일(2013).
15. 구재옥 · 임현숙 · 윤진숙 · 이애랑 · 서정숙 · 이종현 · 손정민, 『고급영양학』, 파워북(2013).
16. 이주희 · 이홍미 · 한성림 · 김혜경 · 박경애 · 김영호, 『대사를 중심으로 한 생화학』, 교문사(2013).

NUTRITION